Mosaik

W0358422

Bruno P. Kremer

Bäume

Heimische und eingeführte Arten Europas

Herausgegeben von Gunter Steinbach
Illustriert von Hans Held

Die Strauchgehölze
wurden in einem eigenen Band
dargestellt.

Mosaik Verlag

Beratung

Dipl.-Ing. Andreas Bärtels

Vorstandsmitglied der Deutschen Dendrologischen Gesellschaft und ehemaliger Technischer Leiter des Forstbotanischen Gartens der Universität Göttingen

Prof. Alfred Feßler (†)

Professor und Dekan der Fachhochschule Weihenstephan

Dr. Jürke Grau

Professor am Institut für Systematische Botanik der Universität München

Der Mosaik Verlag ist ein Unternehmen
der Verlagsgruppe Bertelsmann

Neue, bearbeitete Sonderausgabe

© 1984 Mosaik Verlag GmbH, München, 1996 / 5 4 3 2 1
Druck und Bindung: Graphischer Großbetrieb Pößneck GmbH
Printed in Germany · ISBN 3-576-10554-9

Inhalt

Vogel-Kirsche

Zum Buch

Die Gehölze bilden innerhalb des Pflanzenreichs eine überaus formenreiche Gruppe. Sie umfaßt einerseits nur wenige Zentimeter hohe Zwergsträucher, andererseits die größten Lebewesen, welche die Erde hervorbringt. Die augenfälligen Unterschiede zwischen Sträuchern und Bäumen ergaben die Aufteilung der Gehölze in zwei Bände. Diese Zuordnung nach der äußeren Gestalt (Habitus) der Bäume und Sträucher setzt allerdings eine botanisch willkürliche Grenze. Sie läuft durch Pflanzenfamilien, ja durch Gattungen. Selbst innerhalb mancher Art kann sich eine Pflanze je nach Standort und Lebensbedingungen zu einem Strauch oder zu einem Baum entwikkeln. Beispiele geben einige Weidenarten. Die Bruchweide *(Salix fragilis)* und die Silberweide *(Salix alba)* trifft man als eindeutige Buschformen, aber auch als stattliche Bäume an. Lorbeer *(Laurus nobilis)* und Granatapfel *(Punica granatum)*, zwei Vertreter der Mittelmeerflora, kann man je nach Wuchsart als Sträucher oder Bäume bezeichnen, ebenso spricht man vom Holunderbusch und vom Holunderbaum. In den genannten und ähnlichen Fällen findet sich die Art im Band Sträucher und wurde nicht gleichzeitig in den vorliegenden Bäume-Band aufgenommen.

Dem Standard unserer Naturführerreihe folgend, gruppierten wir die 130 mit jeweils ganzseitigen Texten vorgestellten Arten nach dem natürlichen System in Familien und ordneten diese nach pflanzenkundlichen Gesichtspunkten. So kommen gattungsgleiche Arten nacheinander zu stehen, verschiedene Baumarten ähnlicher Standorte können aber dadurch getrennt werden. Zum Aufsuchen einer Art bringt diese Handhabe eindeutig Vorteile, sie erleichtert zudem den Anschluß an weiterführende Fachliteratur.

Die 34 Familien des Bandes werden durch Randsymbole gekennzeichnet. Dadurch ergibt sich zwar eine gute Ordnungshilfe, aber keine immer befriedigende Bestimmungshilfe. Auch Bestimmungsschlüssel eignen sich nicht zum Zurechtfinden zwischen den Familien und setzen zudem einen botanisch vorgebildeten Benutzer voraus. Deshalb wählten wir den Weg, jede Art so ausführlich zu beschreiben, daß schon dadurch Verwechslungen auszuschließen sind. Darüber hinaus zeigen rund 200 Zeichnungen Einzelheiten, meist das Blatt; durchschnittlich 3–4 Fotos je Art vervollständigen die Darstellung.

Da im Text auf zahlreiche weitere, ähnliche oder nahe verwandte Arten hingewiesen ist, konnten zusammen rund 250 Baumarten berücksichtigt werden. Damit wurde ein recht umfassender Überblick, nicht aber Vollständigkeit der Baumarten erreicht, die man heute in Europa antreffen kann. Im Lauf der letzten Jahrhunderte wurde eine nicht mehr übersehbare Zahl an Baumarten aus anderen Erdteilen eingeführt, die besonders in den wärmeren Teilen Europas in Parks, aber auch in freier Natur Fuß fassen konnten. Von dieser Gruppe und den Kulturgehölzen wurden die wichtigsten Vertreter aufgenommen.

Was der Autor im letzten Kapitel über das Waldsterben sagt, muß alarmieren. Es steht zu befürchten, daß die Schadensentwicklung düsterste Vorhersagen überholt. Wir alle sind durch die uns selbstverständliche Inanspruchnahme von Zivilisation und Technik an der sich abzeichnenden Öko-Katastrophe beteiligt – und betroffen. Wir sind aufgerufen zu handeln. G. S.

Übersicht der Bildsymbole für die Pflanzenfamilien dieses Bandes

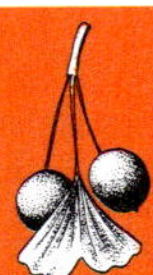
Ginkgo-
gewächse
Seite 14

Kiefern-
gewächse
Seite 16

Sumpfzypres-
sengewächse
Seite 60

Zypressen-
gewächse
Seite 68

Araukarien-
gewächse
Seite 84

Eiben-
gewächse
Seite 86

Walnuß-
gewächse
Seite 90

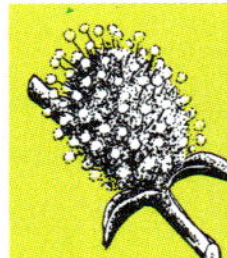
Weiden-
gewächse
Seite 96

Birkengew.
u. Haselgew.
Seite 106

Buchen-
gewächse
Seite 120

Ulmen-
gewächse
Seite 142

Maulbeer-
gewächse
Seite 150

Magnolien-
gewächse
Seite 156

Katsura-
gewächse
Seite 162

Platanen-
gewächse
Seite 164

Zaubernuß-
gewächse
Seite 168

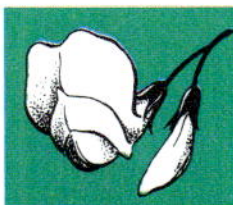

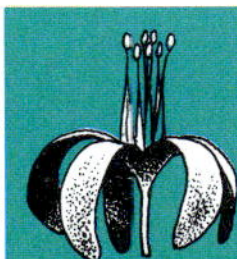

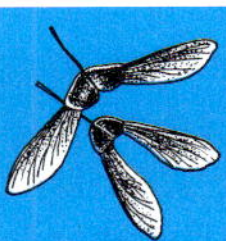

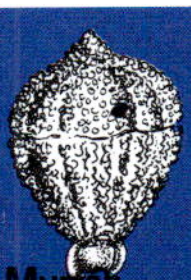

Zeichen
♂ = männlich
♀ = weiblich

Bäume als Lebewesen

Es gibt auf der Erde keine größeren und eindrucksvolleren Lebewesen als die zahlreichen Baumarten, die große Teile des Festlandes prägen. Wie die Kräuter und Sträucher, beginnen auch die höchsten Bäume ihr Leben zunächst als winzige, nur mit einer geringen Überlebenschance ausgestattete Sämlinge. Mit dem Heranwachsen erweisen sie sich an geeigneten Standorten jedoch allen übrigen Blütenpflanzen der Erdoberfläche überlegen. Das verdanken sie vor allem drei biologischen Besonderheiten, die so nur bei Bäumen zusammentreffen: dem Höhenwachstum, der Ausbildung eines überaus standfesten Vegetationskörpers und einer die meisten anderen Lebewesen übertreffenden Langlebigkeit. Für die weite Verbreitung in der langen Entwicklungsgeschichte der Bäume erwies sich diese Kombination als besonders erfolgreich.

Bäume können erstaunlich hoch hinaus. Es gibt kleine Bäume von arttypisch niedrigem Wuchs, daneben auch eine breite Palette zwergwüchsiger Zier- und Gartenformen, doch sind viele Baumarten in der Lage, Individuen von 30–50 m Wuchshöhe hervorzubringen. Bei manchen Arten stellen solche Abmessungen eher einen Durchschnitt, aber noch keine Obergrenze dar.

Die in Kalifornien beheimateten Mammutbäume erreichen Wuchshöhen von über 100 m. Absoluter Rekordhalter unter den bisher vermessenen Bäumen ist ein (heute nicht mehr stehender) Riesen-Mammutbaum von 135 m Höhe. Diese Nadelbaumart stellt alles übrige pflanzliche und tierische Leben buchstäblich in den Schatten. Sie wird auch wesentlich höher als die hochwüchsigsten Laubgehölze der Erde, die in Australien beheimateten Eukalyptus-Bäume, die es auf Höhen um 100 m bringen und damit etwa so hoch sind, wie ein Fußballfeld lang ist.

Bäume, deren Höhe man im Zehnmetermaßstab angeben kann, besitzen gewöhnlich auch eine prächtig entwickelte Krone und ein entsprechend großflächiges Blattwerk. Dessen Flächensumme kann bei einem mittelgroßen Baum bereits einige hundert Quadratmeter betragen. Bäume betreiben damit wie kaum ein anderes Lebewesen Oberflächenvergrößerung nach außen.

Die grünen Blätter eines Baums, gleichgültig ob als Nadelblätter oder als flächiges Laub entwickelt, sind so etwas wie eine Antenne, die gegen das Sonnenlicht gerichtet wird, um daraus bestimmte Anteile zu empfangen und aufzunehmen. Die Energie der aufgenommenen Strahlung wird im Blatt dazu benutzt, um in einem Prozeß vieler Teilschritte aus den beiden anorganischen Grundstoffen Kohlendioxid und Wasser hochmolekulare, energiereiche, organische Verbindungen aufzubauen.

Dieser Teil des pflanzlichen Stoffwechsels wird unter dem Begriff *Photosynthese* zusammengefaßt. Nur durch die pflanzliche Stoffwechselleistung der Photosynthese kann physikalische Energie der Sonnenstrahlung in die chemisch gebundene Energie von Zucker und verwandten organischen Stoffen umgewandelt werden. Diese Nährstoffe stellen die Bäume in ihren zahllosen kleinen Nadelblättern oder flächig ausgebreiteten Laubblättern im Licht zunächst als eigene Bau- und Betriebsstoffe her. Doch kommen sie auch anderen Lebewesen als Nahrung zugute.

Vom Stoffwechsel her unterscheiden sich die Bäume nicht grundsätzlich von den übrigen grünen Pflanzen mit ihrer Fähigkeit zur Photosynthese. In einer bedeutenden Einzelheit weichen die Gehölze von den meisten übrigen grünen Pflanzen ab: Diese geben in unserem Klima am Ende der Vegetationsperiode im Herbst zumindest ihre oberirdischen Teile auf oder sterben auch vollständig ab. Sie überdauern die ungünstige Jahreszeit in Form von Samen oder mit Knollen, Zwiebeln und Wurzelstöcken in der Erde. Was im Lauf eines Sommers an Zuwachsleistung erbracht wurde, geht durch den herbstlichen Abbau dem Pflanzenindividuum weitgehend wieder verloren.

Bäume dagegen legen ihre Produktion in Form von Stämmen, Ästen, Zweigen (und natürlich auch kräftigen Wurzeln) fest. Ob-

wohl die meisten Baumarten wie auch die Sträucher vom Frühjahr bis zum Herbst anteilig vergleichbar viel Zuwachsleistung erbringen wie die mehrjährigen Stauden und die einjährigen Kräuter, und von deren Rekordhaltern wie der Sonnenblume oder der Maispflanze sogar deutlich übertroffen werden, bleibt die zugewachsene Pflanzenmasse in ihrem Holzkörper zunächst einmal erhalten. Kommt nach der winterbedingten Ruhepause die Entwicklung im nachfolgenden Frühjahr erneut in Gang, kann der neue Zuwachs an der im Vorjahr gebildeten Pflanzenmasse fortgesetzt werden. Dadurch verlängern sich Äste und Zweige in jeder Vegetationsperiode um den Betrag des jeweiligen Jahrestriebs.

In dieser Hinsicht unterscheiden sich die Bäume von den Sträuchern; beide sind Vertreter der Holzpflanzen. Das Längenwachstum wird bei Bäumen überwiegend oder ausschließlich von den Gipfelknospen und den Knospen an den oberen Seitentrieben übernommen, während die tiefer am Baum sitzenden Knospen in der Entfaltung merklich gebremst oder sogar am Austrieb gehindert werden. Bei den Sträuchern ist es eher umgekehrt. Hier werden in erster Linie die nahe am Boden sitzenden Knospen gefördert, während die höher sitzenden nur verzögert, wenn überhaupt, in die Länge wachsen. Die Unterschiede im Wachstum der Erneuerungsknospen führen schon nach kurzer Zeit zu deutlich verschieden aufgebauten Sproßsystemen: beim Baum zu einem aufsteigenden Stamm mit artgemäß ausgebildeter Krone, beim Strauch zu einem meist vom Boden ab schon reich verzweigten Aufbau.

Bäume sind »Gewächse« im umfassenden Sinn, die sich in jedem Lebensjahr ein wenig vergrößern. Die erreichbaren Zuwachsleistungen lassen mit zunehmendem Alter jedoch merklich nach.

Alle einheimischen Bäume wachsen bei guter Besonnung besser als bei Beschattung. Man unterscheidet Lichthölzer, zum Beispiel Bergahorn und Lärche, die für ihre artgerechte Entfaltung einen lichten Stand mit Besonnung benötigen, und Schatthölzer, die auch im Waldesschatten noch gut gedeihen, zum Beispiel Rotbuche und Weißtanne. Unter einem dicht geschlossenen Kronendach verringert sich die Photosyntheseleistung aller Baumarten. Bei fortschreitendem Lichtmangel ist eine positive Stoffbilanz schließlich nicht mehr möglich. Hier werden dann keine Blätter oder Nadeln mehr angelegt, die vorhandenen sterben ab, der Stamm verkahlt in seinem unteren Teil. Eng gepflanzte, gleichaltrige Fichten wachsen schnell in die Höhe, weil sie nach dem Bestandsschluß durch ihre Äste nur noch im belichteten Wipfelbereich assimilieren können, während die unteren und später auch die mittleren Äste absterben.

Um über einer Grundfläche möglichst viele Blätter zur Erzeugung ihrer organischen Nährstoffe entfalten zu können, steht den Bäumen ein in der Natur einzigartiges Material zur Verfügung: der aus dreidimensional vernetzten Molekülen aufgebaute Holzstoff Lignin. Er stellt eine bemerkenswerte Entwicklung der Gehölze dar und bildet die Voraussetzung zur Eroberung festländischer Standorte durch die Pflanzen. Seine günstigen mechanischen Eigenschaften, wie Zug- und Druckfestigkeit bei hoher Elastizität, geringes Gewicht sowie seine Eignung zu spanabhebender Bearbeitung, gute Isolierfähigkeit und Atmungsaktivität, machen Holz zu einem seit Jahrtausenden geschätzten Werkstoff. Er ist auch in unserer Ära der Kunststoffe für viele Zwecke durch nichts zu ersetzen.

Die Baumkrone zeigt eindrucksvoll, wie mit einem Minimum an Material weit ausladende und tragfähige, auch gröberen Witterungseinflüssen standhaltende Konstruktionen erreicht werden – ein Ziel, das in der Bautechnik oft mit ganz ähnlichen Konstruktionsprinzipien, meist aber unter Verwendung von mehr und vielerlei Material verfolgt wird.

Im Kronenbereich der Bäume lassen sich bestimmte, für jede Baumart kennzeichnende Abweichungen vom Grundmuster »Baumkrone« erkennen, aus denen die Artzugehörigkeit auch im unbelaubten Zustand spricht. Eine Eiche läßt sich noch aus einiger Entfernung eindeutig von einer Esche unterscheiden. Selbst bei nahe verwandten Arten wie der Stiel-Eiche und der Trauben-Eiche zeigen sich geringfügige, aber gut wahrnehmbare und für die Art typische Unterschiede, die eine eindeutige Zuordnung auch im Winter allein aufgrund der Kronenarchitektur erlauben.

Darüber hinaus entwickelt jeder Baum in Kronenaufbau und Verzweigung eigene Züge. Im Rahmen seines genetisch festgelegten Bauplans, der die artkonstanten Merkmale festhält, kann der einzelne Baum in gewissem Umfang plastisch auf Standorteinflüsse reagieren und seine in ihren Einzelheiten jeweils einmalige Gestalt ausprägen. Ein Ahorn etwa sieht an der Baumgrenze im Hochgebirge anders aus als im Flachland.

Zu den zwei Organisationsmerkmalen, der Hochwüchsigkeit der meisten Baumarten sowie der Ausbildung eines kräftig bewurzelten, tragfähigen Stamms, der die statische Voraussetzung für die Entwicklung einer raumfüllenden Krone schafft, tritt das dritte gemeinsame Merkmal der Bäume: Langlebigkeit. Zwischen der Wüchsigkeit einer Baumart und ihrer Lebenserwartung besteht eine einfache Beziehung. Als Faustregel mit Einschränkungen und Ausnahmen gilt, daß raschwüchsige Gehölze kein sehr hohes Alter erreichen, nämlich nur einige Jahrzehnte oder vielleicht ein Jahrhundert alt werden. Birken und Erlen, die auf Rohböden bald die krautige Vegetation ablösen und den Bewuchs mit dauerhafteren Gehölzen einleiten, sind ziemlich rasch wachsende Bäume. Pappeln erreichen schneller als andere Baumarten beträchtliche Wuchshöhen. Nach einigen Jahrzehnten intensiver Holzproduktion läßt die Wachstumsgeschwindigkeit dieser Baumarten jedoch erheblich nach. Später verliert die Krone durch Astbruch ihre typische Gestalt, und der Baum geht infolge Überalterung allmählich in Zerfall über, bis ihn ein kräftiger Sturm vielleicht vollends hinstreckt und zerstört.

Ein Jahrhundert ist für Birken, Pappeln, Erlen und Weiden eine durchschnittliche Lebensspanne. Andere Baumarten entwikkeln sich etwas bedächtiger, sind dafür auf Dauer auch konkurrenzstärker als Birke oder Pappel und erreichen ein höheres Alter. Buchen und Fichten bringen es auf 200–300 Jahre. Von den einheimischen Laubbäumen werden Linde und Eiche unter Naturbedingungen am ältesten: ein Lebensalter von einem halben Jahrtausend und mehr wäre keine Seltenheit, wenn die Bäume nicht vorher gefällt würden. Deutschlands ältester Laubbaum ist die berühmte Feme-Eiche bei Bocholt im nördlichen Münsterland, die auf rund 1300 Jahre geschätzt wird. Aber auch dieses beachtliche Alter kann noch übertroffen werden.

Als besonders langlebig erwiesen sich vielfach die Nadelhölzer. Von den einheimischen Arten wächst die Eibe besonders langsam. Innerhalb eines Menschenalters läßt sie nur wenig Zuwachs erkennen, kann aber über 2000 Jahre alt werden. Für so alt hält man zwei Eiben, die im Allgäuer Voralpenland stehen. Als Europas ältester Baum gilt die berühmte Eibe von Fortingall in Schottland, die nahezu 3000 Jahre alt sein soll. Messungen an den herrlichen Beständen des Riesen-Mammutbaums in der kalifornischen Sierra Nevada ergaben für einzelne der dickstämmigen Giganten ein Alter von über 3000 Jahren. Aus Zählungen der Jahresringe an gefällten Exemplaren sind Altersbestimmungen auf über 2000 Jahre durchaus zuverlässig dokumentiert, wenngleich die meisten der heute unter Natur- und Denkmalschutz stehenden Exemplare kaum älter als rund 1500 Jahre sind. Als die ältesten heute noch stehenden Mammutbäume aus dem Samen keimten, ging in Mitteleuropa gerade die Bronzezeit zu Ende.

Die ältesten, noch lebenden Bäume der Erde sind krüppelige und verwachsen wirkende Grannen-Kiefern. Sie verdanken ihr Alter von über 4 Jahrtausenden (nachgewiesenes Höchstalter 4700 Jahre) möglicherweise der Tatsache, daß sie an ihrem Hochgebirgsstandort in der Sierra Nevada die längste Zeit des Jahres vereist bei Tiefkühltemperaturen zubringen müssen.

Kalifornische Grannen-Kiefer in 3500 m Höhe

Ginkgo, Ginkgobaum *(Ginkgo biloba L.)* Ginkgogewächse

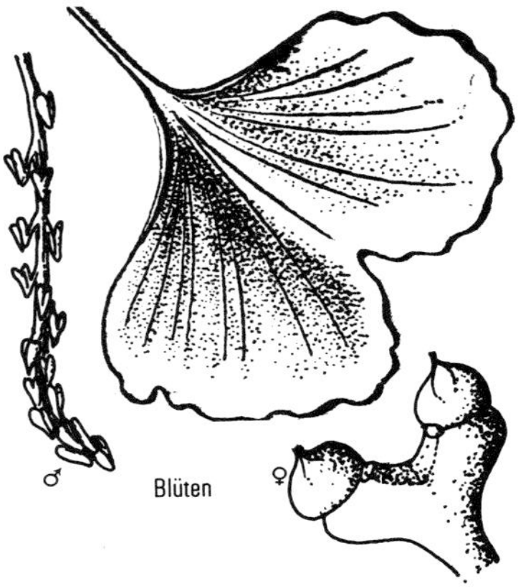

Merkmale: Sommergrüner, laubwerfender Baum bis etwa 30 m Höhe mit meist schlanker, kegelförmiger, schmaler Krone, ein- oder mehrstämmig.
Zweige und *Äste* spitzwinkelig abgehend und gewöhnlich steil aufrecht. Verzweigungen sehr locker und besonders an jüngeren Exemplaren zum Teil recht spärlich. Dabei sind jedoch auch die jüngeren Zweige schon ziemlich steif und verdickt.
Rinde braungrau bis dunkelbraun, tiefrissig oder netzartig gefurcht. Stamm mitunter mit mehreren Buckeln, nach oben jedoch gleichmäßig verjüngt.
Blätter an Langtrieben (Jahreszuwachs) weit entfernt stehend, sonst zu mehreren in Büscheln an Kurztrieben, die den winterkahlen Ästen ein bizarres Aussehen verleihen. Blätter fächerförmig, etwa 10 cm lang, gabelnervig, 2lappig bis 2spaltig, am Langtrieb gewöhnlich tiefer geteilt als am Kurztrieb, auffallend weich, lang gestielt, hell- oder mittelgrün. Zweihäusige Art.
Männliche *Blüten* in walzlichen, gelben Kätzchen, diese zu mehreren nur an den Kurztrieben. Weibliche Blüten zu je 2–3. Samenanlagen frei, ziemlich klein, hellgrün, eiförmig. Windbestäubung.
Nach der Befruchtung entwickelt sich ein steinfruchtähnlicher *Samen* mit einem fleischigen Samenmantel, der zur Reifezeit graugrün oder gelblich gefärbt ist und beim Zerquetschen sehr unangenehm riecht. Da Geschlechtsbestimmung an jungen Pflanzen nicht möglich, werden beide Geschlechter gepflanzt. Ginkgobäume fruchten allerdings nicht allzu häufig.
Standort: Überall als dekorativer Park- oder Straßenbaum angepflanzt.
Blütezeit: März bis April.
Allgemeines: Der Ginkgobaum ist der einzige heute noch lebende Vertreter einer Gruppe von Nacktsamern, die noch im Erdmittelalter mit zahlreichen Arten weltweit verbreitet war. Bei diesen früheren, durch Blattfossilien nachgewiesenen Formen fällt allerdings auf, daß die flächig entwickelten Nadelblätter zum Teil viel stärker geschlitzt waren als bei der heute noch vorkommenden Form. Im Lauf der Evolution sind demnach die Nadelblätter nicht in ihrem Bauplan, wohl aber in ihrer äußeren Formgebung mehrfach abgewandelt worden.
Unter den Nacktsamern ist der Ginkgobaum der einzige Vertreter, bei dem die Nadelblätter flächig entwickelt sind. Als besonders ursprüngliches Merkmal muß auch deren gabelteilige Blattnervatur angesehen werden, die vom Stielansatz fächerförmig auseinanderstrebt. Besonders gut erkennt man sie, wenn man das Blatt gegen das Licht hält. Diese Art der Nervatur erinnert an Aufbau und Gestaltung mancher Farnblätter und legt die Annahme nahe, daß die frühen Nacktsamer wohl aus dieser Gruppe abzuleiten sind. Wegen weiterer, entwicklungsgeschichtlich sehr ursprünglicher Merkmale nimmt der Ginkgobaum im System der Blütenpflanzen eine sehr isolierte Stellung ein. Er bildet sogar eine monotypische, das heißt nur aus einer einzigen Art bestehende Pflanzenklasse, ferner eine eigene Familie und Ordnung. Als Rest einer ursprünglich sehr viel umfassenderen Verwandtschaftsgruppe sowie als Baum, der heute noch so aussieht wie seine kreidezeitlichen Verwandten vor mehr als einhundert Millionen Jahren, gilt er in der Botanik als lebendes Fossil. Beheimatet ist der Ginkgobaum in China. In der Natur kommt er dort heute kaum noch vor. Alle im Westen seit etwa 1730 angepflanzten Exemplare stammen von Bäumen aus ostasiatischen Tempelgärten ab.

Ginkgo-
gewächse

Samen mit Samenmantel

Weiß-Tanne *(Abies alba* MILLER*)*

Merkmale: Immergrüner Nadelbaum mit meist kräftigem, geradem Stamm, kann etwa 50 m Höhe erreichen. Krone in der Jugend kegelförmig, ziemlich gleichmäßig, im Alter abgeflacht, im Gegensatz zur nah verwandten Fichte.

Ältere *Äste* fast waagerecht abstehend. Stämme im Freistand bis zum Grund beastet. Äste und Zweige der Gipfelregion schräg aufrecht.

Rinde glatt, dunkelgrau, im Alter zunehmend rissig oder gefeldert, manchmal (besonders an jüngeren Bäumen) mit Harzblasen. Junge Zweige behaart, Leittriebe etwas glänzend. Knospen rotbraun, oval, nicht harzend.

Nadelblätter ziemlich kurz, höchstens bis 3 cm lang, vorne stumpf, biegsam, auf der Unterseite mit 2 helleren Streifen, locker gestellt, 2zeilig gescheitelt, aber beidseits in mehreren Lagen, oberseits dunkelgrün. Einhäusig.

Männliche *Blüten* kugelig, gelblich, in den Nadelachseln an den Zweigenden.

Weibliche *Zapfen* meist um 10 cm lang, selten auch länger, aufrecht, walzenförmig, anfangs grünlich, später orangebraun und zur Reifezeit blaßbraun. Schuppen lösen sich schon am Baum einzeln ab, so daß nie Zapfen unter Weiß-Tannen zu finden sind.

Standort: Wichtiger Waldbaum, zusammen mit Buche, Kiefer und Fichte oft bestandsbildend in Höhen zwischen 400–900 m auf frischen, kühlen, mittelgründigen Böden.

Verbreitung: Typischer Waldbaum in natürlichen Nadelwaldungen vor allem in Mitteleuropa, daneben aber auch in Frankreich, Korsika und in den Gebirgen des Balkans.

Blütezeit: April bis Mai.

Allgemeines: Die einheimische Weiß-Tanne wird in Gärten und Parkanlagen längst nicht so häufig angepflanzt wie andere Arten der gleichen Gattung. Einzelne Bäume können erstaunliche Abmessungen erreichen und dabei etwa 200–300 Jahre alt werden. Umgangssprachlich wird zwischen Tannen und Fichten kaum unterschieden, obwohl die einzelnen Vertreter der jeweiligen Gattungen kaum miteinander zu verwechseln sind.

Tannen sind gegen industrielle Rauchgase und saure Niederschläge ebenso empfindlich wie Fichten. In den bodenständigen Tannenbeständen sind während der letzten Jahre erhebliche Schäden beobachtet worden.

Nadelunterseiten

Blütenstände ♀, darüber ♂

Nordmanns-Tanne *(Abies nordmanniana* (STEVEN) SPACH*)* Kieferngewächse

Merkmale: Immergrüner, 25–30 m hoher Nadelbaum. Anfangs mit schmaler, kegelförmiger Krone, im Alter zunehmend säulig, mit ziemlich spitz zulaufendem Gipfel.
Äste im Mittelteil der Krone waagerecht abstehend, ziemlich dicht stehend. Obere Äste weniger aufwärts gerichtet als bei der Weiß-Tanne.
Rinde anfangs glatt, stumpf grau, erst an alten Bäumen gefeldert oder plattig zerrissen.
Nadelblätter etwa 2–3 cm lang, vorne leicht ausgerandet, sehr dicht, linealisch, deutlich gefurcht, oberseits dunkelgrün glänzend, unterseits mit 2 weißen Stomabändern, 2zeilig angebracht, etwas nach vorne gerichtet, beim Zerreiben von fruchtigem Duft.
Weibliche *Zapfen* nur in der Gipfelregion älterer Bäume, zur Reifezeit um 15 cm lang, zylindrisch, anfangs blaßgrün, zuletzt bräunlich.
Verbreitung: Wichtiger Waldbaum in der nordöstlichen Türkei und im westlichen Kaukasus. Zunehmend auch in anderen Regionen Europas forstlich kultiviert oder als Parkbaum angepflanzt.
Blütezeit: April bis Mai.
Verwandte Arten: **Bornmüllers-Tanne** *(Abies bornmuelleriana)* unterscheidet sich durch ihre auffällig glatte, schwarz-rötliche Rinde. Nadeln dicht und nicht gescheitelt. Ziemlich selten in den Gebirgswäldern Kleinasiens. Nur wenig als Park- und Zierbaum verwendet.
Veitchs-Tanne *(Abies veitchii)* besitzt eine graue bis graubraune, mit feinen waagerechten Linien gezeichnete Rinde. Nadelblätter 2zeilig, weisen alle nach vorne, ziemlich dicht, an der Spitze gespalten. Unten 2 kalkweiße Stomabänder. Ursprünglich nur in Ostasien (vor allem in Japan) beheimatet, bis jetzt nur wenig in Parks oder Anlagen gepflanzt.
Die **Purpur-Tanne** *(Abies amabilis)* ist ein Baum, der in seiner Heimat etwa 50–60 m Wuchshöhe erreichen kann. Rinde ziemlich glatt, grau-purpurn, mit auffälligen, waagerecht sitzenden Harzblasen, die auch an älteren Exemplaren zu beobachten sind. Nadelblätter sehr dicht, vorwärts gerichtet, um 3 cm lang, duften beim Zerreiben deutlich nach Orangen. Reifer Zapfen bräunlich, etwa 12 cm lang. Ursprünglich nur im westlichen Nordamerika

(Oregon und Britisch Kolumbien) verbreitet. Stellenweise als Parkbaum angepflanzt, meist jedoch nur in größeren Sammlungen zu sehen.
Allgemeines: Ein zuverlässiges Kennzeichen für alle Arten der Gattung *Abies*, das bei den hier vorgestellten Arten gut feststellbar ist, betrifft den Ansatz der einzelnen Nadelblätter auf den Zweigen: Tannen-Nadeln sitzen den Zweigen immer mit einer kleinen, rundlichen Haftscheibe an, die keine bleibenden Reste hinterläßt. Bei Fichten bleiben dagegen immer kleine Schuppen stehen, so daß sich die Zweige nach der Abnadelung rauh wie eine Feile anfühlen.
Bei der nahe verwandten Küsten-Douglasie (vgl. S. 33) sind die Nadeln dagegen etwas gestielt. Im Unterschied zu den echten Tannen bleibt beim Abreißen eine vorspringende Blattnarbe zurück.

Blütenstände ♂

Nadeln von unten

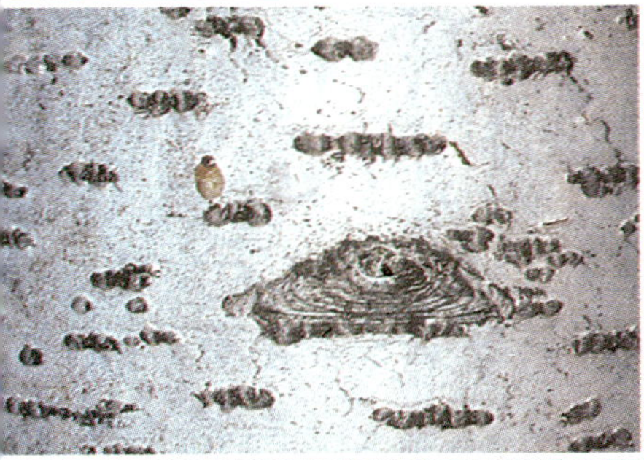

Nadeln von oben

Merkmale: Immergrüner Nadelbaum mit ziemlich regelmäßiger, kegeliger, im Alter auch etwas breiterer Krone.
Äste zunächst waagerecht abstehend, später hängend oder an den Enden wiederum aufsteigend. Die Riesen-Tanne erreicht in ihrem Ursprungsgebiet 100 m Höhe und gehört damit zu den höchsten Nadelbäumen der Welt.
Nadelblätter zwischen 2 und 6 cm lang, dünner als bei anderen Tannen in 2–3 Reihen 2zeilig gescheitelt, mittel- oder dunkelgrün, am Rand nach unten eingerollt. Beim Zerreiben sehr aromatisch duftend.
Weibliche *Zapfen* nur in der Gipfelregion, gemessen an der Baumhöhe ziemlich klein und etwa 6–8 cm lang, bräunlich.
Verbreitung: Die Heimat der Riesen-Tanne sind die Gebirgsurwälder des westlichen Nordamerika, dort besonders auf Vancouver Island und in Britisch Kolumbien verbreitet. In Mittel- und Nordeuropa wird die Art neuerdings forstlich angepflanzt. Sonst gelegentlich in großen Parkanlagen oder Arboreten als Zierbaum. Die in Europa seit etwa 1830 gepflanzten Exemplare sind durchweg noch unter 50 m hoch.
Blütezeit: April bis Mai.
Verwandte Arten: Colorado-Tanne *(Abies concolor)*, der vorigen Art im Aussehen ähnlich, jedoch mit glatter Rinde und nahezu gleichfarbenen blau-graugrünen, sichelförmig aufwärts gekrümmten Nadelblättern, die beim Zerreiben aromatisch nach Zitrone duften. Ursprünglich nur im südwestlichen Nordamerika, jedoch in vielen Formen in Parks und Gärten gepflanzt.
Griechische Tanne *(Abies cephalonica)*, Baum bis 30 m Höhe, mit graubrauner, glatter Rinde und scharf zugespitzten, ziemlich starren, oberseits glänzenden Nadelblättern, die nicht 2zeilig gescheitelt sind wie bei anderen Arten. Bestandsbildend in höheren Lagen der Waldgebirge Griechenlands.
Spanische Tanne *(Abies pinsapo)*, Nadelblätter wirtelig gestellt, steif, stachelspitzig, ziemlich kurz. Seltener Baum in den Kalkgebirgen Südspaniens (um Ronda) in Höhen bis 2000 m. Gelegentlich auch angepflanzt.
Wichtiger Holzlieferant, daher im Ursprungsgebiet forstlich kultiviert.

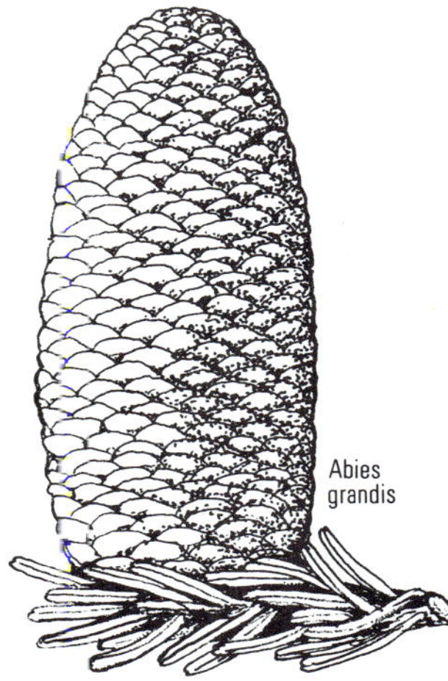

Abies grandis

Abies pinsapo

Abies cephalonica

Merkmale: Immergrüner Nadelbaum mit anfangs schlank-kegelförmiger, später zunehmend säulenförmiger Krone, bei sehr alten Bäumen zuweilen recht breit. Im Ursprungsgebiet bis 80 m Höhe.

Rinde bei jungen Bäumen glatt und silbrig-grau bis leicht rötlich, bei älteren Exemplaren rissig grau-braun. Junge Triebe fein behaart, rötlichbräunlich.

Nadelbätter unten kammförmig, oben dicht gestellt, 2zeilig gescheitelt und deutlich aufwärts gebogen, vorne stumpf, ziemlich schlank, oberseits grüngrau, flach, gefurcht, derb, unterseits mit 2 grauen Längsbändern.

Männliche *Blüten* sehr zahlreich auf der Unterseite jüngerer Zweige, vor allem im oberen Kronenbereich, anfangs auffallend karminrot, beim Ausstäuben zunehmend hellgelb, kugelig und etwa 6 mm im Durchmesser.

Weibliche *Zapfen* senkrecht auf stärkeren Ästen im Innern der Krone, seltener auf jüngeren Ästen (dann jedoch etwas zur Seite weisend), anfangs gelblich, entwickeln sich nach der Bestäubung zu ansehnlichen, etwa 12–20 × 5–9 cm großen Gebilden. Zur Reifezeit hellbräunlich bis purpurbraun, zylindrisch, an der Spitze etwas zusammengezogen, auffällig durch die langen, herausragenden Fortsätze der einzelnen Deckschuppen. Auch an sehr jungen Bäumen werden schon Zapfen angelegt, aber nur bei veredelten »Glauca«-Formen.

Verbreitung: Die Edel-Tanne ist ursprünglich im westlichen Nordamerika, vor allem in den Staaten Washington und Oregon in den bodenständigen Gebirgswäldern der Küstengebirge beheimatet.

Blütezeit Mai, in südlicheren Gegenden einige Wochen früher.

Allgemeines: Die Edel-Tanne wird in Europa im Unterschied zu vielen ihrer nordamerikanischen Verwandten kaum forstlich kultiviert, dagegen recht häufig in Gärten und Parks angepflanzt. Am häufigsten sieht man eine Kulturvarietät mit silbrig-blaugrünen Nadeln, die gärtnerisch als **Silber-Tanne** bezeichnet wird. Wie bei allen Vertretern der echten Tannen lösen sich die großen Zapfen nicht als Ganzes vom Baum, sondern zerfallen bei der Reife in einzelne Zapfenschuppen. Dadurch werden die geflügelten Samen freigegeben.

Verwandte Art: Die **Balsam-Tanne** *(Abies balsamea)* fällt durch ihre sehr schlanke, spitz zulaufende, kegelförmige Krone auf. Heimat: Kanada bis Virginia. Nadelblätter um 2,5 cm lang, vorne leicht eingekerbt oder stumpf, glänzend dunkelgrün, unterseits mit 2 auffälligen, silbrigen Längsstreifen. Rinde junger Bäume mit recht auffälligen, großen Harzbukkeln oder -blasen, die ein sehr klares, hellgelbes Harz liefern. Diese Flüssigkeit wird unter der Handelsbezeichnung Kanadabalsam schon seit langem als Einschlußmittel in der Mikroskopie verwendet und konnte bis jetzt seinen Platz neben synthetischen Produkten behaupten. Wichtiger Lieferant von Bauholz. In Parks nur selten angepflanzt, doch in großen Sammlungen meist vorhanden.

Glauca

Blütenstand ♀

Glauca

Atlas-Zeder *(Cedrus atlantica* (ENDL.) CARR.*)* — Kieferngewächse

Merkmale: Immergrüner Nadelbaum bis etwa 40 m Höhe, mit breiter, im Umriß aber immer kegelförmiger Krone, die in einer stumpfen Spitze endet.
Größere *Äste* schräg aufrecht und dann ausgebreitet, jedoch nicht in flachen, etagenförmig gestaffelten Partien angebracht.
Rinde dunkel braungrau, plattig zerrissen und gefurcht.
Nadelblätter etwa 1–3 cm lang, dunkel- oder blaugrün, kaum gekantet, vorne scharf zugespitzt, zahlreich (bis etwa 40) in Büscheln an Kurztrieben, an Langtrieben spiralig und entfernt stehend.
Männliche *Blüten* braun-gelblich, etwa 3–5 cm lang, zylindrisch, nach vorne verschmälert, leicht gekrümmt. Weibliche Zapfen zylindrisch, zur Reifezeit etwa 6 × 4 cm groß, mit sehr breiten Schuppen, vorne oft leicht eingedrückt.

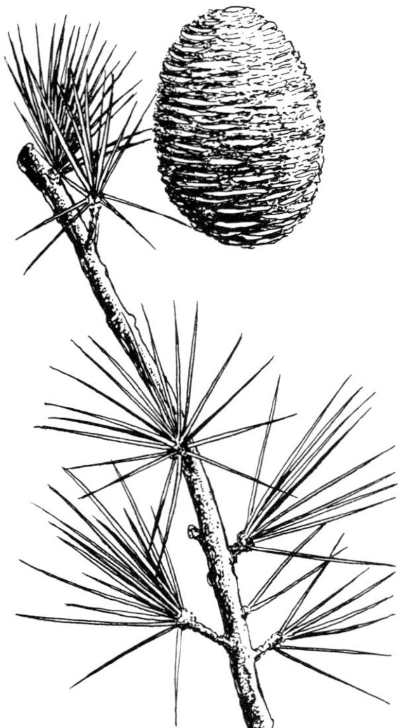

Verbreitung: Ursprünglich nur in den Waldanteilen des Atlas-Gebirges in Marokko und Algerien. Seit langem jedoch in vielen Varietäten (besonders in blaunadeligen Formen) angepflanzt.
Blütezeit: September.
Die Abbildungen unten stammen von der blauen Varietät »Glauca«.
Verwandte Arten: Libanon-Zeder *(Cedrus libani),* immergrüner Nadelbaum bis etwa 40 m Höhe, besonders im Alter mit charakteristisch tafelartig, etagenförmig gestellten Astenden und Zweigen auf sehr kräftigen, steil aufrechten Hauptästen. Stamm gewöhnlich sehr dick und schon in geringer Höhe unregelmäßig verzweigt. Nadelblätter zu 10–20 büschelig in Kurztrieben, an Langtrieben spiralig, um 3 cm lang, dunkelgrün. Weibliche Zapfen faßförmig. Heimisch nur im Libanon, in Syrien und der östlichen Türkei. Im Süden häufiger angepflanzt als in Mitteleuropa, dort auf Parks und Gärten in wintermilden Lagen beschränkt.
Die **Himalaja-Zeder** *(Cedrus deodara)* zeichnet sich durch eine recht schlanke, fast ein wenig spindelförmig aussehende Krone aus, deren langer Leittrieb gewöhnlich überhängt. Rinde anfangs glatt und dunkelgrün-bräunlich, später schwarzbraun und rissig. Triebe blaß rötlich und dicht behaart, mit spiralig gestellten, sehr weichen Nadelblättern. Nadelblätter sonst büschelig an Kurztrieben, um 3 cm lang, dunkelgrün oder blaugrün. Häufig als Zierbaum verwendet, jedoch meist nur in relativ wintermilden Gegenden anzutreffen.
Die **Zypern-Zeder** *(Cedrus brevifolia)* wird etwa 20 m hoch und besitzt nur sehr kurze, etwa 1 cm lange Nadelblätter. Von allen Zedern-Arten hat diese Art das kleinste natürliche Verbreitungsgebiet: Sie ist auf das Troodos-Gebirge auf Zypern beschränkt. Nur selten angepflanzt.
Allgemeines: Ein gemeinsames Merkmal der Zedern ist die Blütezeit: Im Unterschied zu allen anderen Nadelhölzern blühen sie erst im Herbst.
Zedernholz wird seit dem Altertum im Haus-, Möbel- und Schiffsbau verwendet. Bereits die Bibel berichtet im ersten Buch der Könige von umfangreichen Importen.

Blütenstände ♂

Glauca

Europäische Lärche *(Larix decidua* Miller*)* — Kieferngewächse

Merkmale: Sommergrüner, laubwerfender Nadelbaum um 40 m Höhe, mit recht schlanker, kegelförmiger Krone und regelmäßiger, ziemlich dichter Beastung.

Ältere *Äste* hängend und an den Enden wieder aufsteigend, mittlere meist abstehend und nur im oberen Kronenbereich schräg aufrecht.

Rinde anfangs glatt und graubraun-grünbraun, später eher rosabraun und tiefrissig geschuppt. Die Triebe sind strohfarben, kahl und nur stellenweise gefurcht.

Nadelblätter weich, 2–3 cm lang, in Büscheln zu 20–40 an Kurztrieben oder einzeln, aber ziemlich dicht an den Langtrieben, stumpf oder nur wenig zugespitzt, reingrün, auf der Unterseite mit 2 helleren Längsstreifen.

Weibliche *Zapfen* anfangs karminrot, zur Reifezeit dunkelbraun und etwa 3 × 2 cm groß, kegelig-eiförmig, häufig in ganzen Serien an den Zweigen und Ästen, bleiben oft mehrere Jahre am Baum. Zapfenschuppen rundlich, locker anliegend, jedenfalls nicht auffällig umgerollt oder auswärts gebogen, mit feinem Streifenmuster versehen.

Standort: Ziemlich häufig und stellenweise bestandsbildend in sommerwarmen, lufttrockenen Klimalagen auf frischen und basenreichen Böden.

Verbreitung: Ursprünglich nur in den Zentralalpen und in den östlichen Sudeten, der Tatra und den polnischen Tieflagen. Durch Forstkultur heute weit verbreitet und nahezu überall eingebürgert.

Blütezeit: März bis April.

Allgemeines: Die Lärche ist der einzige einheimische Nadelbaum, der im Herbst seine Nadelblätter abwirft. Zuvor färben die Blätter in ein kräftiges Gelb um, was in manchen Gegenden, beispielsweise in den Dolomiten, einen großartigen landschaftlichen Farbenzauber hervorruft. Lärchen sind in Großstädten sehr schlechtwüchsig, weil sie die Belastung durch Rauchgase nicht ertragen.

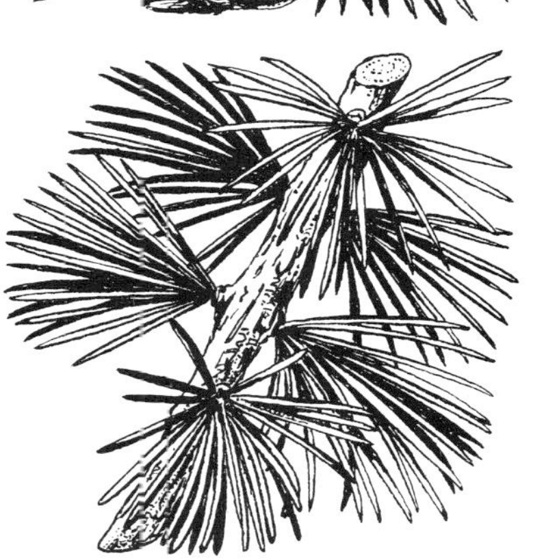

Blütenstand ♀, unten ♂

Merkmale: Sommergrüner, laubwerfender Nadelbaum, erreicht etwa 40 m Höhe und besitzt eine breit-kegelförmige Krone, die nicht so schlank bleibt wie bei der vorigen Art. Leittriebe hängen nicht über.

Untere *Äste* breit ausladend und an den Enden wieder aufsteigend. Mittlere Äste ausgebreitet. *Rinde* rötlich-braun, schuppig und mitunter in kleinen Längsschuppen ablösend. Junge Triebe und Zweige wesentlich dunkler als bei der vorigen Art, meist dunkel orange-rot bis bräunlich oder bräunlich-purpurn und grau bereift, daher auch im Winterkleid meist deutlich von der Europäischen Lärche zu unterscheiden. Knospen an den Trieben spitz und kegelig, harzend.

Nadelblätter verhältnismäßig weich, spitz oder wenig abgestumpft, oberseits blaugrün, niemals grasgrün, unten mit 2 weißen Stomabändern, etwa 2–3 cm lang, zahlreich zu 30–40 in Kurztrieben gebüschelt, unterseits mit 2 deutlichen, hellgrauen Längsbändern.

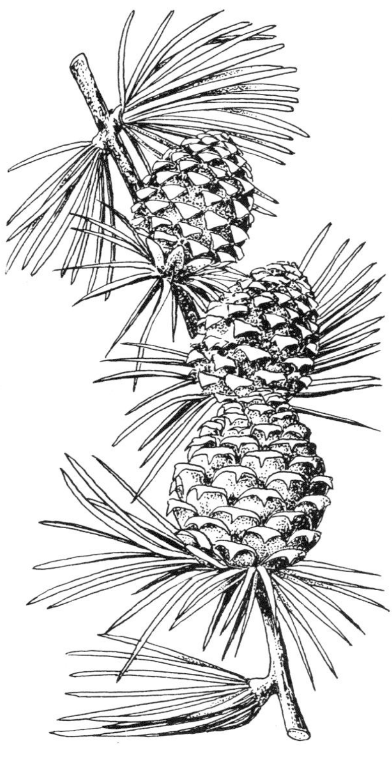

Weibliche *Zapfen* zahlreich in den oberen Abschnitten stärkerer Zweige, anfangs hell rötlich oder gelblich, später grün oder dunkel gelb und zur Reifezeit braun, um 3 cm breit und hoch, rosettig, flacher als bei der vorigen Art. Zapfenschuppen am Rand deutlich nach außen gerollt.

Verbreitung: Ursprünglich ist diese Lärchen-Art nur in Japan vertreten. Seit geraumer Zeit wird sie in erheblichem Umfang forstlich angepflanzt, da sie ihren europäischen Verwandten im Wuchs deutlich überlegen ist.

Blütezeit: März.

Allgemeines: Die Japanische Lärche ist gegen industrielle Rauchgase offenbar weniger empfindlich als ihre europäische Verwandte und wird daher in städtischen Parkanlagen zunehmend häufiger angepflanzt. Lärchen scheinen nach bisherigem Kenntnisstand auch gegen saure Niederschläge etwas resistenter zu sein als andere einheimische oder eingebürgerte Nadelhölzer. Worauf solche Unterschiede beruhen, ist noch nicht bekannt. Möglicherweise ist die geringer ausgeprägte Anfälligkeit gegen Schadstoffbelastung nur eine Frage der Wachsschichten auf den Nadeln. Außerdem werfen Lärchen ihre Nadeln am Ende der Vegetationsperiode immer wieder ab, so daß eventuell aufgenommene Schadstoffe sich nicht so stark im Holzkörper des Baums anreichern können, wie dies bei Arten mit mehrjährigen Nadeln der Fall ist.

Um die Jahrhundertwende entstand zwischen der Europäischen und der Japanischen Lärche durch Kreuzung ein Bastard, die **Hybrid-Lärche** *(Larix x eurolepis)*, die in allen kennzeichnenden Merkmalen zwischen ihren Eltern steht. Meist in Mischbeständen gepflanzt.

Lärchenholz gilt als besonders beständiger Werkstoff. Das äußere Splintholz ist anfangs sehr hell, dunkelt jedoch allmählich nach. Das Kernholz ist auch frisch bereits dunkelbraun. Verwendung als Bauholz im Haus- und Schiffsbau, wegen seiner Beständigkeit vor allem für Planken und Vertäfelungen.

Blüten ♀ und ♂ (kleiner)

Merkmale: Immergrüner Nadelbaum mit Wuchshöhen bis 70 m (meist nur 30–50 m) und damit höchster in Europa heimischer Baum. Krone besonders im Freistand sehr regelmäßig kegelig.

Wirtelig gestellte *Äste*, die im unteren Stammteil hängen, in der Stammitte jedoch meist ziemlich gerade abstehen oder leicht aufsteigen. Sehr alte, bodennahe Äste richten sich an den Enden sehr steil auf.

Rinde kupferfarben bräunlich-rot, fein geschuppt, jedoch insgesamt wenig ablösend, nur bei sehr alten Bäumen in rundliche, abspringende Platten aufgelöst. Jungtriebe rötlich, etwas behaart oder kahl, matt, ziemlich dick. Knospen dunkel, oval, etwas zugespitzt.

Nadelblätter 1–2,5 cm lang, ziemlich starr, spitz, dunkelgrün, im Querschnitt rautenförmig vierkantig, wirtelig gestellt oder sehr undeutlich 2seitig gescheitelt, weisen überwiegend nach vorne, seltener gerade abstehend. Auf der Unterseite und der Oberseite mit feiner, hellerer Linie.

Männliche *Blüten* karminrot, beim Aufblühen etwa 1 cm lang. Weibliche *Zapfen* länglich, gewöhnlich zu mehreren im oberen Kronenbereich. Junge Zapfen grün, reife hellbraun, etwa 12–16 cm lang. Schuppen mit glatten Rändern.

Standort: Flachwurzler in lockeren, humosen, winterkalten Böden, Rohhumusbilder, führt in Monokulturen daher zur Versäuerung des Bodens, weshalb die Wiederbestockung mit Laubhölzern sehr erschwert ist.

Verbreitung: Ursprünglich von Skandinavien bis zum Balkan in Höhen oberhalb 800 m, dort bestandsbildend. Durch forstliche Kultivierung heute überall eingebürgert.

Blütezeit: April bis Mai.

Verwandte Arten: Die **Sitka-Fichte** *(Picea sitchensis)* zeichnet sich durch sehr dicht gestellte, meist steil aufrechte Triebe aus. Nadelblätter abstehend, abgeflacht, deutlich gekielt, frisch grün, etwas glänzend, mit stechender Nadelspitze. Heimisch ist sie in einem schmalen Küstengebiet vom mittleren Alaska bis nach Kalifornien. Stellenweise forstlich verwendet, sonst nur gelegentlich als Parkbaum.

Blüten ♂

Blütenstände ♀

junger Zapfen

reife Zapfen

Merkmale: Immergrüner Nadelbaum mit sehr schmaler, kegelförmiger oder fast schlanksäulenförmiger Krone, meist kleiner als die Gemeine Fichte und nur bis 30 m hoch.
Beastung des schlanken Stammes gewöhnlich sehr dicht. Äste über den größten Teil der Krone hinweg waagerecht abstehend, nur im unteren Teil leicht hängend und an den Enden wiederum leicht aufsteigend. Kronenspitze sehr schmal und hochgezogen.
Rinde eher braun-orange, rötlich oder fuchsbraun, in dünne, sehr klein gefelderte Schuppen gegliedert, an älteren Exemplaren auch in größere Platten aufgelöst. Trieb ziemlich hell bräunlich-gelb, mit feiner Behaarung.
Nadelblätter etwa 1–2 cm lang, vorne etwas zugespitzt oder (besonders an älteren Bäumen) auch stumpflich, biegsam, etwas abgeflacht, oberseits frisch grün bis bläulich-grün, unterseits gekielt und mit 2 breiteren, hellen Längsstreifen, von den Zweigachsen (zumindest im mittleren Teil) deutlich abstehend, nur im vorderen Abschnitt stärker gebogen und zur Spitze gekrümmt.
Männliche *Blüten* vor dem Ausstäuben karminrot.
Weibliche *Zapfen* anfangs hellrot, später blaupurpurn-grünlich, zuletzt zur Reifezeit dunkelbraun, schmal-spindelförmig und etwa 6–8 cm lang. Zapfenschuppen meist dicht anliegend, mit unregelmäßiger, randlicher Zeichnung.

Standort: Bergwälder auf flachgründigen, verhältnismäßig trockenen und sommerwarmen Böden, bis in Höhen um 1800 m.
Verbreitung: Die Serbische Fichte ist nur in einem kleinen Gebiet am Mittellauf der Drina im Umkreis von Sarajewo in Jugoslawien heimisch. Dort wurde der Baum erst um 1890 entdeckt. Der hinsichtlich Klima und Bodenqualität anspruchslose Baum wird seither häufig in Gärten und Parks als Ziergehölz gepflanzt und wegen seines Holzwerts auch forstlich kultiviert.
Blütezeit: April bis Mai.
Allgemeines: Die Serbische Fichte gilt unter allen bisher untersuchten Arten als eine der resistentesten Formen gegen industrielle Schadstoffe, besonders gegen den sauren Regen, der ihr weniger zu schaffen macht als der in Mitteleuropa bodenständigen Gemeinen Fichte (vgl. vorige Art). Worin solche Unterschiede in der Schadstofftoleranz begründet sind, ist noch nicht genügend erforscht. Wahrscheinlich muß mit feinen Unterschieden in der Wachsbeschichtung der Nadeln gerechnet werden. Je dicker eine Wachsschicht ist, um so weniger können Schadstoffe (außer den Bestandteilen des sauren Regens auch noch eine Vielzahl weiterer Verbindungen) in die Nadeln eindringen und dort Stoffwechselstörungen hervorrufen.
Ob solche Stoffwechselstörungen die alleinige Ursache für das gegenwärtige Waldsterben sind, muß nach den vorliegenden Untersuchungen bezweifelt werden. Wahrscheinlich handelt es sich um ein ganzes Problembündel mit vielen Einzelfaktoren.

Blüten ♂

junger Zapfen

reife Zapfen

Merkmale: Immergrüner, sehr stattlicher Nadelbaum bis etwa 50 m Wuchshöhe, meist jedoch wesentlich darunter bleibend (30–40 m). Krone recht dicht beastet und von regelmäßiger, kegelförmiger, recht schlanker Gestalt.

Größere *Äste* waagerecht abstehend. Nur bei älteren Exemplaren richten sich die bodennahen Äste leicht abwärts.

Rinde ziemlich grob geschuppt und braun-purpurn oder braun-grau. Junge Zweige gelblichbraun oder fast weißlich, nahezu unbehaart. Knospen schmal-oval, um 6 mm lang, mit zahlreichen lanzettlichen Knospenschuppen.

Nadelblätter stehen rings um die Triebe, zur Oberseite hin jedoch gehäuft oder zumindest aufwärts gekrümmt. Einzelne Nadelblätter etwa 2–3 cm lang, ziemlich starr und vorne scharf zugespitzt, bei der Ursprungsform dunkelgrün, meist bläulich-grün, nur selten ganz grün, bei den meist verwendeten Kulturvarietäten blaugrün oder graugrün.

Weiblicher *Zapfen* anfangs bräunlich-purpurn, später zur Reifezeit graubraun, überwiegend leicht gekrümmt und bis 12 cm lang. Knospenschuppen locker, sehr dünn und am vorderen Rand unregelmäßig gezähnt.

Verbreitung: Ursprünglich stammt die Stech-Fichte aus dem südwestlichen Nordamerika (Colorado). Heute noch ansehnliche Bestände, kommt nie in Reinbeständen vor. Seit einigen Jahrzehnten wird sie überall in Europa forstlich angebaut und als Zierbaum in Gärten verwendet. Die Stech-Fichte gehört zu den bekanntesten nordamerikanischen Koniferen, die in europäischen Gärten zu sehen sind.

Blütezeit: Mai.

Allgemeines: Die dunkelgrüne Stammform ist eigenartigerweise nur sehr selten in Gärten oder Sammlungen zu sehen, während die blaugrünen Varietäten mit ihren sehr auffällig blauweiß schimmernden Nadeln fast überall vertreten sind. Diese gärtnerisch häufig auch als Blau-Fichten bezeichneten Sorten bilden den Formenkreis »Glauca« der Stech-Fichte. Sie stammen alle von einer Baumpopulation ab, die auch im ursprünglichen Verbreitungsgebiet mit blaugrünen beziehungsweise graugrünen Exemplaren vertreten ist.

Die starke Bereifung der Nadeln mit einer dikken Wachsschicht, die für die hellere Ausfärbung und Erscheinung der Nadelblätter verantwortlich ist, muß man wohl als besonderes Anpassungsmerkmal werten. In den Rocky Mountains, ihrer Heimat, müssen die Bäume sehr kalte Winter und trockenheiße Sommer ertragen. Ein solches Klima stellt an die Wasserversorgung und an den Wasserhaushalt der Nadelblätter besonders harte Anforderungen. Eine dicke Wachsschicht hilft, die Sonneneinstrahlung zu mindern und damit auch Erwärmung und Wasserverlust einzuschränken.

In Garten- oder Forstkultur werden Stech-Fichten nicht selten von der Sitkalaus befallen und bei zunächst nicht erkanntem Befall stark geschädigt. Die biologische Schädlingsbekämpfung ist recht schwierig.

Glauca globosa

Glauca

Merkmale: Immergrüner Nadelbaum mit meist sehr unregelmäßiger, ziemlich breiter, aber dicht beasteter Krone. Der Baum erreicht etwa 30 m Wuchshöhe. Gipfeltriebe undeutlich entwickelt, Spitzen der Gipfel- und Seitentriebe überhängend.

Untere *Äste* meist sehr stark, so daß manchmal der Eindruck der Mehrstämmigkeit entsteht.

Rinde anfangs braun-orange, mit zunehmendem Alter des Baums dunkler und schließlich in ein Netzwerk aus flachen Furchen oder Leisten zerrissen. Trieb hell bräunlich, mit dichter, rötlicher Behaarung.

Nadelblätter abgeflacht, zur Spitze hin allmählich verschmälert, 2zeilig gescheitelt und an jeder Seite in 2–3 Reihen. Die Nadeln der mittleren Reihe sind häufig umgedreht und weisen mit ihrer weiß-längsstreifigen Unterseite nach oben. Einzelne Nadelblätter vorne rundlich, anfangs kräftig grün, später etwas dunkler, matt, etwa 8–18 mm lang, zur Spitze hin stets etwas verschmälert.

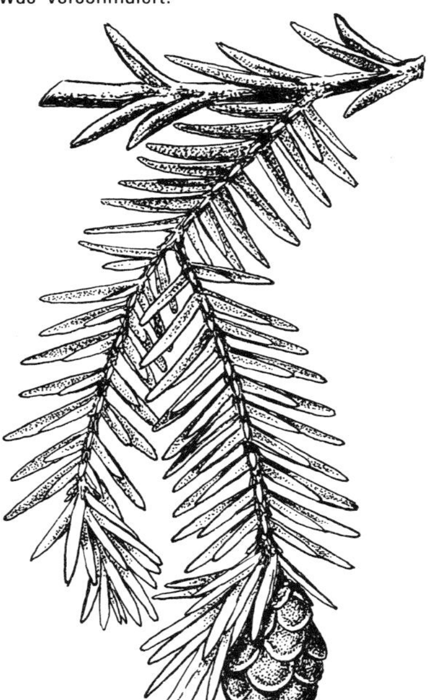

Weibliche *Zapfen* kegelig-oval, bis etwa 15 mm lang, zur Reifezeit dunkelbraun, mit wenig verdickten Schuppenrändern.

Verbreitung: Die Kanadische Hemlockstanne kommt ursprünglich nur im östlichen Nordamerika, von Kanada bis etwa Alabama vor. Forstlich wird sie in Europa kaum genutzt, findet sich jedoch ziemlich häufig in Parks oder Gärten.

Blütezeit: April bis Mai.

Verwandte Arten: Die **Westliche Hemlockstanne** *(Tsuga heterophylla)* unterscheidet sich von der vorigen Art durch ihren schlanken, säulenförmigen Wuchs und Höhen bis über 50 m. Die Rinde ist anfangs glatt und dunkelgrau, später rissig gefeldert. Trieb hellbräunlich, auf der Unterseite heller, längs gefurcht und dicht behaart. Nadelblätter 2zeilig gescheitelt, auf jeder Seite in 2 übereinanderliegenden Reihen, in der oberen bis 7 mm lang, in der unteren bis 18 mm, jeweils um 2 mm breit (*heterophylla* = verschiedenblättrig, namengebendes Merkmal!). Nadeln sind linearisch (im Gegensatz zu *Tsuga canadensis*), kräftig grün oder dunkelgrün und leicht glänzend, unterseits mit 2 weißlichen Längsstreifen. Weibliche Zapfen auffallend klein, nur aus wenigen Schuppen bestehend und um 2,5 cm lang. Ursprünglich nur im westlichen Nordamerika von Alaska bis Kalifornien beheimatet, bildet dort in den Gebirgswäldern große Bestände mit Exemplaren bis 70 m Höhe. Häufig in Gärten und Parks angepflanzt und wegen des raschen Wuchses vielfach auch forstlich kultiviert. Das Holz wird als Bauholz oder als Holzschliff in der Papierindustrie verwendet. Weniger häufig als die beiden vorigen Arten ist die **Südjapanische Hemlockstanne** *(Tsuga sieboldii)* in Gärten oder Anlagen anzutreffen. Auffällig sind der sehr helle, gelbliche Trieb sowie die unregelmäßig 2zeilig gestellten, sehr kurzen und gedrungenen Nadelblätter. Wuchshöhe bis 12 m.

Meist sind die Bäume bereits von der Basis an vielstämmig und dabei bis in den äußeren Kronenbereich ziemlich dicht verzweigt. Die Zapfen sind wie bei den amerikanischen Arten auffallend klein, nur etwa 2 cm lang, mit undeutlich zugespitzten Zapfenschuppen, dunkelbraun, hängend.

reife Zapfen

Blütenstände ♂

Merkmale: Immergrüner Nadelbaum mit Wuchshöhen um 50 m (im Ursprungsgebiet fast doppelt so hoch!).
Krone im Vergleich zur erreichten Höhe ziemlich schlank und gerade, regelmäßig kegelig aufgebaut und nicht sehr spitz zulaufend.
Äste wie bei einer Fichte oder Tanne quirlig und etagenartig gestellt, an jüngeren Bäumen meist ziemlich waagerecht, an älteren aufsteigend oder (besonders in der Gipfelregion) schräg aufwärts gerichtet.
Rinde an jüngeren Bäumen ziemlich glatt, dunkelgrau bis grüngrau mit zahlreichen, waagerecht verlaufenden Harzblasen, an älteren Bäumen gröber rissig und borkig gefurcht, zuletzt tief schwarzbraun mit helleren, zuweilen auch orangefarbigen Rissen.

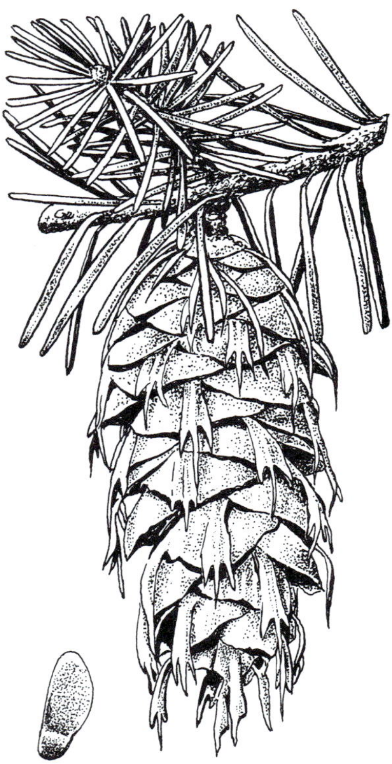

Triebe hellgrün und behaart.
Knospen hellbraun, spitz-kegelig, etwa 5–7 mm lang.
Nadelblätter 2–3 cm lang, mitunter auch noch etwas länger, weich und biegsam, ziemlich schmal und schlank, oberseits gefurcht, mittel- bis dunkelgrün, meist matt, vorne kaum zugespitzt. Nadeln am Grund deutlich gestielt, hinterlassen beim Abreißen (im Unterschied zu Tannen-Nadeln) etwas vorstehende, polsterartige Narben. Beim Zerreiben angenehm nach Orangen duftend.
Männliche Blüten in zierlichen, gelb-bräunlichen Zapfen zusammengefaßt, diese zu mehreren an den Zweigenden.
Weibliche Blütenstände pinselartig an den Zweigspitzen, grünlich mit rötlich-weißen Schuppen. Reifer Zapfen etwa 8 cm lang und bis 3 cm breit, länglich-walzlich, hängend, löst sich als Ganzes ab, hellbraun. Samenschuppen sehr breit und rundlich. Deckschuppen länglich und in 3 Spitzen geteilt; diese hängen sehr lang aus den Samenschuppen heraus und geben dem Douglasien-Zapfen damit ein unverwechselbares Aussehen. Samenreife im ersten Jahr.
Verbreitung: Ursprünglich nur in den küstennahen Gebirgen des westlichen Nordamerika von Britisch Kolumbien bis Kalifornien. Seit langem aber häufig in Gärten und Parkanlagen gepflanzt sowie in großem Umfang forstlich kultiviert.
Blütezeit: Mai.
Allgemeines: Die höchste Douglasie, die man bisher gefunden und leider auch gefällt hat, war 133 m hoch und damit weitaus höher als jeder heute noch aufrecht stehende Baum. Kräftige, ausgewachsene Exemplare erreichen an der Basis einen Stammdurchmesser um 4 m. Das Holz wird wie bei den Kiefern-Arten, denen es im Aussehen ähnelt, verwendet. Ihren Namen erhielt dieser wichtige nordamerikanische Wald- und Forstbaum nach dem schottischen Botaniker D. Douglas, der die Art in Kanada entdeckt hatte und als erster auch Proben davon nach England schickte.
Auch von der Küsten-Douglasie gibt es eine gärtnerisch häufiger verwendete Varietät »Glauca« (vgl. Abbildung rechts unten).

Blütenstände ♀

junge Zapfen

reife Zapfen

Merkmale: Stattlicher Nadelbaum mit Wuchshöhen bis über 20 m, seltener auch noch höher (35 m). Krone säulenförmig, mit stumpfer Spitze, bei älteren Bäumen (besonders im Freistand) etwas unregelmäßig erscheinend.
Äste verhältnismäßig kurz, aber sehr gedrungen, überwiegend waagerecht abstehend. Jüngere Zweige an den Astenden steil aufsteigend.
Rinde anfangs glatt, grünlich-grau, später zunehmend rauh und schuppig, stellenweise mit Harzblasen, im Alter bräunlich, mit breiten, rötlichen Furchen zwischen den Feldern. Triebe grünlich, mit dichter Behaarung besetzt. Knospen lang zugespitzt, kegelig.
Nadelblätter 5–8 cm lang und etwa 1 mm dick, zu je 5 in Büscheln an Kurztrieben, ziemlich starr, aufrecht, besonders zu den Zweigenden gedrängt und dicht wachsend, außen dunkelgrün, auf der Innenseite eher graugrün und mit blau-weißen Stomabändern.
Männliche *Blüten* zur Blütezeit purpurbraun. Weibliche Zapfen anfangs grünlich-violett, später braun-purpurn und zur Reifezeit dunkelbraun, etwa 5–8 cm lang, dabei aber höchstens eineinhalbmal so lang wie breit, auf kurzen, kräftigen Stielen. Zapfenschuppen rundlich, lösen sich nicht einzeln ab.

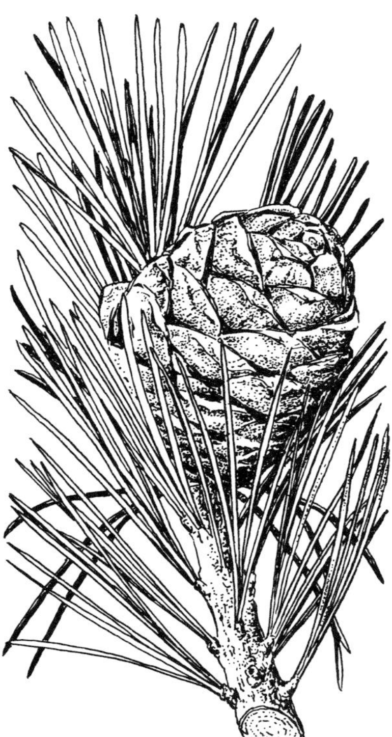

Standort: Bevorzugt sauer-humose Steinböden in kalt-kontinentalen Klimalagen. Lichtholz.
Verbreitung: Ursprünglich nur in den Zentralalpen und in den Karpaten beheimatet, steigt von Natur aus selten unter 1700 m herab, kommt aber noch bis 3000 m an der Waldgrenze vor.
Blütezeit: Mai bis Juni.
Allgemeines: Zirbel-Kiefern werden eigentlich in Parks und Gärten nur selten angepflanzt, obwohl sie nicht unbedingt auf das Klima ihrer alpinen Heimat angewiesen sind. Sie sind dort allerdings gegenüber anderen hochwüchsigen Kiefern-Arten im Konkurrenzvorteil. Aus diesem Grund werden Zirbel-Kiefern auch in Skandinavien, vor allem in Norwegen, in Regionen forstlich angepflanzt, die klimatisch den Alpen ähneln. Die Zirbel-Kiefer ist die einzige 5nadelige Art der Gattung *Pinus*, die in Mitteleuropa beheimatet ist. Außerdem erreicht sie von allen europäischen Arten das höchste Alter: 1000 Jahre dürften die Obergrenze darstellen. Prächtige Bestände von Zirbel-Kiefern trifft man etwa im Schweizerischen Nationalpark in Graubünden an.
Die großen, leicht geflügelten Samen, botanisch nicht ganz korrekt als Zirbelnüsse bezeichnet, sind eßbar. Sie bleiben bis zur völligen Reife im Zapfen. Aus aufgelesenen Zapfen sind sie am besten dadurch zu gewinnen, daß man die Zapfenschuppen im Backofen bei mäßiger Hitze zum Klaffen bringt.
Das anfangs helle, später stark nachdunkelnde Arvenholz ist technisch und wirtschaftlich von großem Wert. Es eignet sich wegen seiner gleichmäßigen Struktur sehr gut für Drechsel- und Schnitzarbeiten, wird aber auch (besonders im alpinen Raum) für den Hausbau verwendet.

Blütenstände ♂

junge Zapfen

Merkmale: Immergrüner Nadelbaum mit offener Krone, anfangs ziemlich regelmäßig quirlig verzweigt und deshalb in der Jugend sehr licht erscheinend.

Äste nach dem Erstarken etwas unregelmäßiger und dann auch zunehmend breiter ausladend. Wuchshöhen bis 50 m, meist jedoch darunter.

Rinde auffallend dünn, zunächst glatt und graubraun, später mit feinem Riß- und Furchenmuster. Triebe anfangs bereift, aber kahl, gelblich grün oder braun. Knospenschuppen länglich-lanzettlich. Knospen um 6 mm lang, etwas zugespitzt, kegelig.

Nadelblätter zu je 5 büschelig auf Kurztrieben, an den Leittrieben mehr oder weniger aufrecht, sonst durchweg hängend, 8–20 cm lang und deutlich unter 1 mm dick, sehr biegsam und weich, vorne zugespitzt, am Rand leicht angerauht, graugrün bis bleichgrün, aus der Entfernung mitunter auch bläulich-grün erscheinend. Männliche *Blüten* meist zu mehreren am Grund junger Triebe. Weibliche Zapfen zur Reifezeit sehr groß, geschlossen etwa 15–25 × 3 cm, im geöffneten Zustand sogar bis 10 cm breit. Zapfenschuppen längsfurchig, an der Spitze immer mit klarem oder weißlichem Harz überzogen. Leere Zapfen können mehrere Jahre lang am Baum verbleiben.

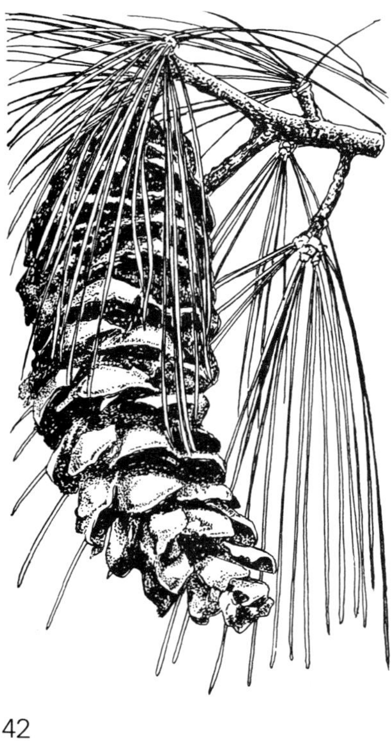

Verbreitung: Ursprünglich stammt die Tränen-Kiefer aus Afghanistan und Nepal, wo sie im Himalaja Höhenlagen zwischen 2000 und 4000 m besiedelt. Seit Jahrzehnten wird sie ziemlich häufig in Parks und Gärten als Zierbaum gepflanzt und gehört zu den am meisten verwendeten asiatischen Kiefern-Arten.

Blütezeit: April bis Mai.

Allgemeines: Aufgrund ihrer sehr offenen, lockeren Wuchsform kann die Tränen-Kiefer (botanisch auch unter den Namen *Pinus excelsa* oder *Pinus griffithii* geführt) mit keiner anderen Kiefern-Art verwechselt werden, wenn auch eine gewisse Ähnlichkeit zu anderen Arten besteht, beispielsweise zu denen der folgenden Gruppe. Insgesamt stellen die *Pinus*-Arten unter den Nadelhölzern eine sehr bemerkenswerte Gruppe dar. Keine Gattung enthält mehr Arten – rund 80 sind weltweit bekannt, wovon die meisten nicht in Asien, sondern im subtropischen Amerika vorkommen. Die Kiefern stellen außerdem die ältesten Bäume der Welt dar. Rekordhalter ist die in hochalpinen Gebirgen Kaliforniens (White Mountains) beheimatete **Grannen-Kiefer** *(Pinus aristata)*, bei der nach Jahresmessungen ein Alter von bis zu 4700 Jahren festgestellt wurde und die damit ein höheres Alter erreicht als die Mammutbäume, die landläufig als Methusalems unter den Bäumen gelten.

Im Gegensatz zu den Zapfen der Tannen und Douglasien können an den Zapfen der Kiefern die verschiedenen Schuppentypen (Samenschuppen, Deckschuppen) nicht mehr eindeutig unterschieden werden. Praktisch besteht der gesamte Zapfen aus den verdickten Samenschuppen, die sich bei einigen Arten zu sehr massiven Gebilden entwickeln, bei anderen dagegen nur schmal-schindelförmige Schuppen bilden.

Blütenstand ♂

Weymouths-Kiefer, Strobe *(Pinus strobus L.)*

Merkmale: Stattlicher, immergrüner Nadelbaum bis etwa 50 m Wuchshöhe, im Heimatgebiet sogar bis 80 m hoch. Krone bei jungen Bäumen noch schmal-kegelförmig, später zunehmend unregelmäßig mit gebogenen und gewundenen *Hauptästen.* Krone zuletzt sehr flach, nachdem die bodennahen Äste abgestorben sind.
Rinde schwärzlich-rötlich, etwas runzelig und mit kräftigen, dunkleren Furchen und Rissen. Junge Triebe sehr schlank. Knospen ziemlich harzig, gedrungen oval, spitz.
Nadelblätter zu je 5 büschelig in Kurztrieben, etwa 5–15 cm lang, ziemlich schlank und biegsam, vorne zugespitzt, bläulich-grün, randlich sehr fein gezähnt.
Weibliche *Zapfen* 8–20 cm lang, meist etwas gekrümmt. Zapfenschuppen ziemlich locker, dünn, glatt, hellbraun, harzig; im Vergleich zur Zapfenlänge auffallend groß.

Verbreitung: Ursprünglich nur im östlichen Nordamerika (Neufundland bis Georgia). In Europa in vielen Gegenden forstlich kultiviert oder als Parkbaum angepflanzt.
Blütezeit: April bis Mai.
Verwandte Arten: Die **Mazedonische Kiefer** *(Pinus peuce)* zeichnet sich durch eine breit säulenförmige, stets geschlossene Krone aus (Bild S. 46). An jungen Bäumen ist die Rinde graugrün. Nadelblätter dunkelgrün oder graugrün, sehr dicht zu 5 an Kurztrieben. Heimat in den balkanischen Gebirgen zwischen 600 und 2000 m Höhe. Bei der **Mädchen-Kiefer** *(Pinus parviflora)* sind die zu 5 stehenden Nadeln höchstens 6–8 cm lang und deutlich gedreht und gekrümmt (Bild S. 46). Diese Art stammt aus Japan und wird in Europa nur als Zierbaum verwendet. In ihrem Heimatgebiet findet man sie häufig auch als Bonsai, als kunstvoll gezogenen Zwergbaum, der zunehmend auch in Europa oder in anderen Gegenden der Welt Freunde findet.
In der Gruppe der 3nadeligen Kiefern ist die **Gelb-Kiefer** *(Pinus ponderosa)* ein wirtschaftlich wichtiger Holzproduzent (Bild S. 47). Die Rinde junger Bäume ist ähnlich wie bei der einheimischen Wald-Kiefer graurosa und glatt, später jedoch zunehmend rissig gefeldert. Trieb recht kräftig, hellbraun oder leicht rötlich. Nadelblätter flach, um 20 cm lang, ziemlich steif, vorne abgerundet, an Kurztrieben, diese zu den Zweigenden hin gehäuft. Weiblicher Zapfen zur Reifezeit braun, oval, etwa 9 × 5 cm groß. Zapfenschuppen mit kräftigen, dornigen, vorstehenden Fortsätzen. Kräftiger Baum bis etwa 70 m Wuchshöhe, ursprünglich nur in den Küstengebirgen des westlichen Nordamerika beheimatet, jedoch gelegentlich auch in Parks und Gärten. Ähnlich ist die **Jeffrey-Kiefer** *(P. jeffreyi)* (Bild S. 47), bei der die 3 Nadelblätter am Kurztrieb jedoch noch steifer und starrer ausfallen und außerdem blaugrau oder graugrün gefärbt sind. Wichtigstes Unterscheidungsmerkmal: Bei *P. ponderosa* sind die Jungtriebe bräunlich bis grünlich, bei *P. jeffreyi* stets deutlich blauweiß bereift. Zapfen etwa 12 × 8 cm groß und meist über 500 g schwer. Stammt aus dem südwestlichen Nordamerika. In Europa nur als Zierbaum.

junge Triebe

Pinus peuce

Pinus parviflora

Pinus ponderosa

junge Triebe (P. jeffreyi)

Merkmale: Immergrüner Nadelbaum mit breiter, überwiegend flacher und etwas ausladender Krone. Stamm schon an jüngeren Bäumen gekrümmt.

Hauptäste sehr weit gestellt, mehrfach gebogen und gekrümmt, Krone daher recht locker erscheinend.

Rinde bei jungen Exemplaren noch hellgrau, später zunehmend dunkler und zuletzt schwarzrötlich, mit rechteckigen Platten felderig untergliedert. Junge Triebe anfangs grünlich mit dunkleren Flecken, später gelblich-braun und etwas streifig. Knospen glänzend bräunlich, wenig zugespitzt.

Nadelblätter zu je 2 an Kurztrieben, etwa 10–25 cm lang und unter 2,5 mm dick, spitz, ziemlich fest und steif, im Querschnitt halbkreisförmig, undeutlich grünlich-grau, fühlen sich sehr kräftig an.

Männliche *Blüten* über die jüngeren Triebe verteilt. Weibliche Zapfen meist zu 2–3, anfangs grünlich, zur Reifezeit glänzend hellbraun, etwa 10–22 × 5–8 cm im geschlossenen Zustand, sehr kräftig und schwer, kegelig-oval, an der Basis meist etwas schief, aber sonst annähernd symmetrisch, bleiben mehrere Jahre am Baum. Zapfenschuppen außen mit breiten rhombischen Schuppenschilden.

Standort: Die Seestrand-Kiefer bevorzugt arme, saure Sandböden und besiedelt daher vorwiegend Dünen und küstennahe Standorte.

Verbreitung: Wichtiger und stellenweise bestandsbildender Baum des Mittelmeergebiets, besonders im westlichen Mittelmeerraum weit verbreitet und häufig. Auch an den portugiesischen und französischen Atlantikküsten anzutreffen. In Südafrika wird die Art großflächig als Forstbaum verwendet.

Blütezeit: April bis Mai.

Allgemeines: Seestrand-Kiefern wird man außerhalb ihres natürlichen Verbreitungsgebiets nur relativ selten als Zierbaum antreffen. Das liegt an ihren klimatischen Ansprüchen: In den meisten Gegenden Mitteleuropas mit ihrem stellenweise stärker kontinental geprägten Klima findet diese Kiefern-Art keine zusagenden Bedingungen, obwohl die Bodenvoraussetzungen hier und da gegeben wären. In Frankreich spielen die Seestrand-Kiefern eine gewisse wirtschaftliche Rolle. Das Holz wird wegen seines Harzgehalts nur wenig für die Tischlerei, dafür aber um so mehr als Bauholz oder als Holzschliff für die Papierindustrie verwendet. Außerdem kann man die Stämme dieser Kiefern-Art anzapfen und das ablaufende Harz in größeren Mengen gewinnen. Es wird destilliert und liefert nach weiteren Arbeitsgängen Terpentin und Kolophonium (Geigenharz). Von gewisser Bedeutung sind auch die sehr großen Zapfen, die in Gärtnereien und Bindereien gern als Dekorationsmaterial verwendet werden.

An den großen, formschönen Zapfen der Seestrand-Kiefer kann man sehr gut beobachten, warum die Nadelhölzer von den Botanikern zu den Nacktsamern gestellt werden. Sobald die recht massiven Zapfenschuppen im trockenen Zustand zu klaffen beginnen und man damit sozusagen Einblick in den Zapfenaufbau gewinnt, erkennt man, daß die geflügelten Samen auf den Zapfenschuppen-Oberseiten in kleinen Vertiefungen liegen. Sie befanden sich dort in gleicher Weise auch als Samenanlagen. Weil sie an dieser Stelle nicht von zusätzlichen Hüllvorrichtungen eingeschlossen werden, sondern frei zugänglich (nackt) auf den Schuppen untergebracht sind, erhielten die nadelblättrigen Gehölze ihre Zugehörigkeit zur übergeordneten Gruppe der Nacktsamer.

Harzgewinnung

Blütenstand ♂

Gemeine Kiefer, Föhre *(Pinus sylvestris* L.*)*

Merkmale: Immergrüner Nadelbaum bis etwa 30 m Wuchshöhe, gelegentlich auch höher. Krone bei jungen Bäumen noch regelmäßig kegelig mit dreieckigem Umriß. Quirlständige Beastung, bei älteren Exemplaren eher unregelmäßig-kugelig bis schirmförmig und aufgelokkert, nach Abgang der unteren und bodennahen Äste. Stamm häufig gebogen.

Stärkere *Äste* fast immer gekrümmt und verhältnismäßig kurz.

Rinde anfangs grau oder braungrau, später graurosa und im Alter in große Platten aufgegliedert, die durch tiefe, schwärzliche Furchen getrennt werden. Triebe zunächst grünlich, glatt, wenig glänzend, später grüngrau. Knospen um 1 cm lang, mit zahlreichen Schuppen, länglich.

Nadelblätter zu je 2 an einem Kurztrieb, zum Ende der Triebe büschelig gehäuft, etwa 3–8 cm lang, kurz zugespitzt, etwas abgeflacht und mit feinen Längsstreifen versehen, mitunter auch leicht gedreht, an jungen Bäumen immer etwas länger als bei ausgewachsenen Exemplaren, blau- oder graugrün.

Weibliche *Zapfen* einzeln oder in Büscheln zu 2–3 auf kurzen, gedrungenen Stielen, spitzoval, zur Reifezeit dunkelbraun oder fast schwärzlich und bis 8 cm lang. Zapfenschuppen länglich, mit leicht vorgewölbten Zapfenschilden.

Standort: Bevorzugt mäßig trockene, basenarme Lockerböden, auf Lehm ebenso anzutreffen wie auf Sandböden, auch auf Kalkböden.

Verbreitung: Die Föhre hat von allen europäischen *Pinus*-Arten die weiteste Verbreitung und wächst von Lappland bis Spanien, östlich bis nach Sibirien, von der Ebene bis in Höhen um 1300 m. Wichtiger Forstbaum. Sehr formenreich

Blütezeit: April bis Mai.

Verwandte Art: In den Trockenwäldern Südosteuropas wird die Föhre häufig von der **Schwarz-Kiefer** *(Pinus nigra) (S. 54)* abgelöst, einer ebenfalls sehr formenreichen Art, die sich durch ihre kräftigen, dunkelgrünen Nadelblätter und die glänzend gelbbraunen Zapfen unterscheidet.

junger Zapfen

Blütenstände ♀, darüber ♂

Merkmale: Immergrüner Nadelbaum von etwa 25–30 m Wuchshöhe mit auffallender, ziemlich dicht geschlossener, schirmförmiger Krone, diese im Umriß rundlich bis halbkugelig. Stamm oft etwas gekrümmt, oft schon in geringer Höhe in mehrere starke *Äste* geteilt.
Rinde an jungen Exemplaren grau oder hellgrau, an älteren Bäumen stärker schuppig gefeldert und mit tiefrissigem Leistenmuster überspannt. Junge Triebe anfangs graugrün. Knospen an den Triebenden mit hellbraunen, an den Rändern unregelmäßig ausgefransten Schuppen.
Nadelblätter zu je 2 an Kurztrieben, etwa 10–20 cm lang und um 2 mm breit, spitz zulaufend, manchmal leicht gedreht, mit mehreren, sehr feinen Längsbändern, dunkelgrün bis graugrün, insgesamt recht locker gestellt.

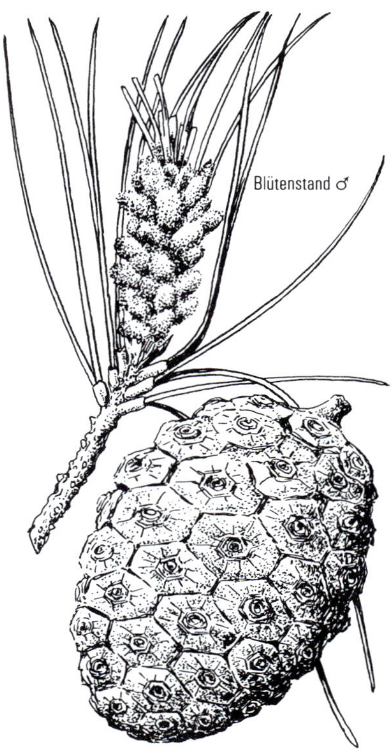

Männliche *Zapfen* um 1 cm groß, oval, meist sehr zahlreich. Weibliche Zapfen zur Reifezeit etwa 8–14 × 10 cm groß, glänzend hellbraun oder braunrot, ziemlich symmetrisch, von ovalem Umriß, kaum zugespitzt. Schilder der Zapfenschuppen nur wenig gewölbt. Reife erst im 3. Jahr nach der Blüte.
Standort: Pinien bevorzugen trocken-warme Lockerböden und kommen deshalb von Natur aus in küstennahen Sandfluren vor. Wegen ihrer ausgeprägten Frostempfindlichkeit außerhalb des Mittelmeergebiets kaum anzutreffen.
Verbreitung: Typischer, stellenweise bestandsbildender Nadelbaum des Mittelmeergebiets, überwiegend in Küstennähe des westlichen Mittelmeerraums beheimatet, aber auch in den ostmediterranen Gebieten häufig angepflanzt. Auch in Deutschland oder in milden Lagen Mitteleuropas nicht winterhart.
Blütezeit: Juni bis Juli.
Allgemeines: Die Pinie gilt mit ihrer breitschirmförmigen Krone als Charakterbaum der Mittelmeerländer und bildet dort malerische, landschaftsbestimmende Haine. Seit dem Altertum wird sie auch entlang von Straßen und Alleen als Schattenspender angepflanzt. Berühmt waren beispielsweise die von mehreren lateinischen Schriftstellern erwähnten Pinien an der Via Appia, die Rom mit dem südlichen Italien verbindet. Pinien sind im Unterschied zu anderen Kiefern-Arten wenig empfindlich gegen Windbelastung. Ständiger Wind aus der gleichen Richtung verformt zwar die Krone zu einem einseitig ausgezogenen Gebilde, kann aber insgesamt die Entwicklung des Baums kaum hemmen. Außerdem ertragen sie erstaunlich gut längere Trockenperioden. Eine weitere Besonderheit sind die sehr großen, ölhaltigen Samen, die ebenso wie bei der Zirbel-Kiefer eßbar sind und als *pinocchi* oder *pignons* sogar im Handel erhältlich sind.
Sie gelten als Delikatesse und werden bei verschiedenen traditionellen Gerichten der italienischen Küche benötigt. Pinienholz ist sehr fest und hart. Es führt dabei im Vergleich zu anderen Arten nur wenig Harz und wird gern als Bauholz (Treppen, Fenster, Türen) und neuerdings auch zunehmend für Küchenmöbel verwendet.

Blütenstand ♂

Merkmale: Immergrüner Nadelbaum von etwa 20–30 m Wuchshöhe. Jüngere Bäume zunächst mit kegelförmigem oder unregelmäßig-säuligem Wuchs.
Krone bei älteren Exemplaren im unteren Teil sehr unregelmäßig und meist offen, im oberen Teil dagegen dichter beastet und von ovalem Umriß.
Äste meist steiler ansteigend, kandelaberartig, seltener auch waagerecht abgehend und ausgebreitet. Insgesamt sehr veränderlich und formenreich.
Rinde an jungen Bäumen noch glatt, später sehr grob gefurcht und schuppig gefeldert, dann auch braunschwarz oder schwarzgrau. Meist auch schon an jüngeren Ästen sehr dunkel gefärbt und manchmal sogar rußig schwarz erscheinend (namengebendes Merkmal!). Triebe sehr kräftig und dick, längsfurchig, gelblich-braun.
Knospe gedrungen, mit schlanker, aufgesetzt erscheinender Spitze, stark verharzt, an den Seitentrieben von papierdünnen, weißlichen, ziemlich langen Knospenschuppen eingeschlossen.
Nadelblätter zu je 2 an Kurztrieben, sehr kräftig, im Querschnitt halbkreisförmig oder beidseits abgeflacht, etwa 10–15 cm lang, starr, leicht zugespitzt, dunkelgrün bis schwarzgrün, meist gerade oder nur leicht bogig gekrümmt.
Männliche *Blüten* (Blütenstände) am Grund der neuen Triebe meist zahlreich zu einer breiten Manschette gruppiert, hell-bräunlichgelb und je etwa 2,5–3 cm lang. Weiblicher Zapfen ähnlich wie bei der Wald-Kiefer, jedoch deutlich größer und bis 8 cm lang, zur Reifezeit dunkelbraun.

Standort: Wichtiger waldbildender Baum in trockenen Lagen der Kalkgebirge Mittel- und Südeuropas.
Verbreitung: Im südlichen Mitteleuropa und auf dem Balkan sowie in Teilen des Mittelmeergebiets weit verbreitet und häufig. Nicht selten auch in großen Parks und Gärten sowie forstlich angepflanzt.
Blütezeit: Mai bis Juni
Allgemeines: Die Schwarz-Kiefer wird in eine Reihe geographischer Rassen gegliedert, die man außerhalb ihres angestammten Verbreitungsgebiets nur schwer unterscheiden kann. Von der Flächenausdehnung ist die wichtigste die **Österreichische Schwarz-Kiefer** *(Pinus nigra ssp. nigra),* die von Österreich bis zum Balkan verbreitet ist. Sie entspricht am ehesten den oben beschriebenen Merkmalen. Die **Korsische** oder **Kalabrische Schwarz-Kiefer** *(Pinus nigra ssp. laricio)* trägt gedrehte, graugrüne Nadeln. Sie kommt auf Korsika, Sardinien sowie in Süditalien vor. Die **Spanische Schwarz-Kiefer** *(Pinus nigra ssp. salzmannii)* kommt in Südwestfrankreich und in Spanien vor. Sie unterscheidet sich von der Typform durch ihre biegsamen Nadeln und den eher kegelförmigen Wuchs. An der jugoslawischen Küste kommt noch eine *ssp. dalmatica* mit relativ kurzen (ca. 5–8 cm langen) Nadeln vor.
Das Holz aller Schwarz-Kiefern ist sehr harzig und meist gelblich getönt. Es eignet sich weniger als Möbelholz, sondern wird vorwiegend als Baumaterial oder für Zellstoff verwendet.

Blütenstände ♂ und junge Zapfen

Merkmale: Immergrüner, aber meist kleiner Nadelbaum mit Wuchshöhen um 15–20 m. Krone bei jungen Exemplaren schmal-kegelförmig, später zunehmend säulenförmig oder unregelmäßig. Stamm vergleichsweise kurz, meist gekrümmt.
Durch *Äste* schon in geringer Höhe über dem Boden gegabelt. Diese sind kräftig, gewunden und gekrümmt.
Rinde anfangs silbergrau, glatt und leicht schimmernd, im Alter zunehmend rissig gefeldert und in kleinen rötlich-braunen Platten ablösend. Triebe ziemlich schlank, hell bräunlichgrün oder graugrün, kahl. Knospen um 8 mm lang, meist etwas gebogen, länglich.
Nadelblätter zu je 2 in Kurztrieben, auffallend locker angebracht und meist nur im vorderen Teil der Zweige und Triebe, recht schlank und biegsam, vorne spitz und mitunter mehrfach gedreht, leicht glänzend grün.
Weibliche *Zapfen* einzeln oder in Gruppen zu 2–3 an kurzen, abwärts gekrümmten Stielen, etwa 5–12 × 4 cm groß, zugespitzt, sehr schlank wirkend, bleiben mehrere Jahre am Baum und treten daher gehäuft an den stärkeren Zweigen auf, zur Reifezeit glänzend braun bis dunkelbraun. Schilder der Zapfenschuppen stärker vorgewölbt.

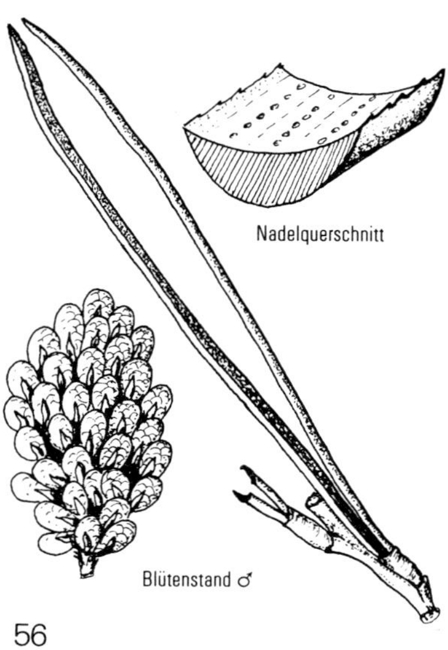

Nadelquerschnitt

Blütenstand ♂

Standort: Die Aleppo-Kiefer bevorzugt warme, trockene zum Teil recht steinige Böden und ist wegen ihrer Widerstandsfähigkeit gegen Hitze- und Trockenperioden vielen anderen Nadelhölzern überlegen.
Verbreitung: Im gesamten Mittelmeergebiet beheimatet und meist nur in den unmittelbaren Küstenregionen bestandsbildend, im Hügelland des Landesinnern dagegen wesentlich weniger häufig. Außerhalb des natürlichen Verbreitungsgebiets eigentlich nur wenig angepflanzt und aus klimatischen Gründen nur selten als Zierbaum verwendet.
Blütezeit: Juni bis Juli.
Allgemeines: Die Aleppo-Kiefer dringt gern in aufgegebene landwirtschaftliche Anbauflächen oder in Brachland ein und übernimmt dort die Rolle eines Pioniergehölzes. Wegen ihres häufig auch nur strauchförmigen Wuchses in dichten Beständen wird diese Art ebenso wie die verwandte Seestrand-Kiefer gerne in Windschutzpflanzungen verwendet. Ihr Holz ist im Kern dunkel rötlich, im Splint dagegen gelblich. Es gilt als minderwertig und wird technisch kaum genutzt. Der Aleppo-Kiefer ähnlich ist die **Kanaren-Kiefer** *(Pinus canariensis).* Bei dieser Art stehen die Nadelblätter jedoch zu 3 an einem Kurztrieb und sind außerdem bis 20 (30) cm lang. Nur auf den Kanarischen Inseln beheimatet (Insel-Endemit), im Mittelmeergebiet jedoch stellenweise als Zierbaum angepflanzt.

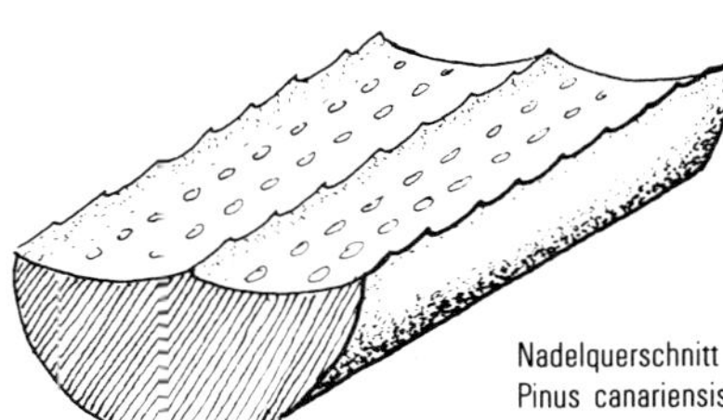

Nadelquerschnitt
Pinus canariensis

Bei Kiefern-Arten mit kräftiger Benadelung erkennt man mit einer mittelstarken Lupe deutlich die Längsreihen der zahlreichen Spaltöffnungen, die sich unter weißlichen Wachsanhäufungen verbergen.

junger Zapfen

Merkmale: Immergrüner Nadelbaum mit Wuchshöhen bis 20 m, selten darüber, oft jedoch wesentlich kleiner. Kronenaufbau ziemlich regelmäßig mit dichter Beastung, von kegelförmigem und stets geschlossenem Umriß. Stamm sehr dick und nach oben gleichmäßig verjüngt.

Äste waagerecht abstehend oder leicht hängend, nur im oberen Kronenbereich steiler auf-

Rinde anfangs glatt und grünlich-grau, später hellgrau oder aschgrau und in einzelne rechtekkige Felder aufgelöst, deren Linienmuster zum namengebenden Merkmal wurde. Triebe anfangs etwas bereift, kahl, blaugrün. Knospen dunkelbraun, ohne Harz, ziemlich gedrungen, mit langer, aufgesetzter Spitze.

Nadelblätter zu je 2 in Kurztrieben, diese an

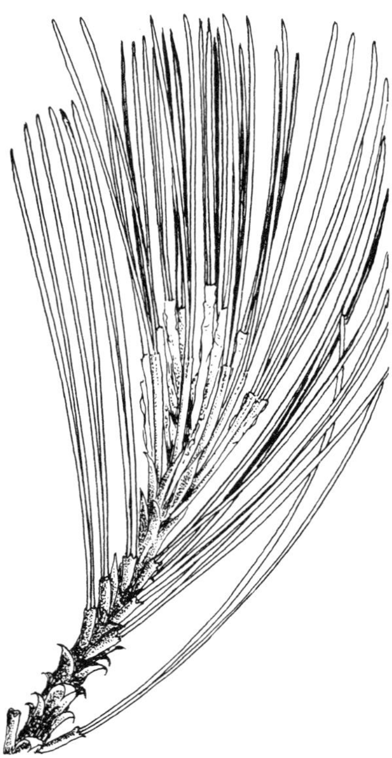

den Zweigenden gehäuft, stellenweise auch durch nahezu unbenadelte Abschnitte getrennt. Einzelne Nadelblätter etwa 7–9 cm lang, starr und steif, meist deutlich nach vorne gerichtet, schwärzlich-grün, stechend zugespitzt, auf allen Seiten mit feinen Längsbändern.

Männliche *Blüten* zahlreich im unteren Teil neuer Triebe. Weibliche Zapfen zur Reifezeit eiförmig, zu 2–3 an den Zweigenden, zunächst blaupurpurn, dann blauschwarz und zuletzt purpurbraun bis dunkelbraun, leicht glänzend. Schilder der Zapfenschuppen vorgewölbt und mit dornartigem Fortsatz.

Standort Die Schlangenhaut-Kiefer bevorzugt flachgründige, verhältnismäßig trockene Standorte in Kalkgebieten.

Verbreitung: In den waldbestandenen Gebirgsregionen des Balkans von Istrien bis Bulgarien weit verbreitet und häufig. Stellenweise auch forstlich angebaut. Gedeiht auch auf sauren Böden und ist in den Balkanländern ein wichtiger Holzproduzent.

Blütezeit: Mai bis Juni.

Allgemeines: Bei oberflächlicher Betrachtung könnte man die Schlangenhaut-Kiefer mit einer der geographischen Rassen der recht ähnlich aussehenden Schwarz-Kiefer *(S. 54)* verwechseln, deren jeweilige Verbreitungsgebiete sich überlagern. Ein sicheres Unterscheidungsmerkmal sind jedoch nur die bei der Schlangenhaut-Kiefer eigenartig schwarzblau gefärbten Zapfen sowie die deutlich bereiften Triebe, die bei der Schwarz-Kiefer in jedem Fall fehlen.

Verwandte Art: Die **Haken-Kiefer** *(Pinus uncinata)* erreicht etwa 20 m Wuchshöhe. Sie ist die baumförmige Ausgabe der in der alpinen Krummholz-Region vorkommenden Latsche oder Berg-Kiefer, die sich nur strauchförmig entwickelt. Nadelblätter zu je 2 an einem Kurztrieb, etwa 5–7 cm lang, sehr starr, innen gefurcht. Vorkommen in den Alpen und den Pyrenäen. Selten auch angepflanzt.

Die nebenstehenden Abbildungen zeigen beispielhaft, daß männliche Blüten und weibliche Zapfen (= Blütenstände) verschiedene Positionen an den jungen Trieben einnehmen. Diese Art der Verteilung gilt in gleicher Weise für die übrigen Kiefern.

Blütenstände ♂

junge Triebe und Zapfen

Küsten-Sequoie, Redwood *(Sequoia sempervirens* (LAMB.) ENDL.*)* Sumpfzypressengewächse

Merkmale: Immergrüner Nadelbaum mit recht breit-säulenförmiger Krone, bei jungen Bäumen durch die quirlständige Beastung sehr gleichförmig und regelmäßig erscheinend. Stamm sehr gerade, walzlich, bei älteren Exemplaren sehr ansehnlich und in Bodennähe immer deutlich verdickt, nach oben allmählich verschmälert. Im Ursprungsgebiet erreicht dieser Baum Wuchshöhen bis über 100 m und gehört damit sicher zu den höchsten Bäumen der Welt.

Rinde an älteren Bäumen auffallend fuchsrot oder rötlichbraun, tief längsfurchig und mit langen, feinen Fasern ablösend, ziemlich weich. Triebe unregelmäßig gabelig verzweigt, grün, mit anliegenden Schuppenblättern. Seitentriebe mit flachen, 2zeilig gestellten Nadelblättern.

Nadelblätter bis 2 cm lang, linealisch bis lanzettlich, vorne zugespitzt, oberseits dunkelgrün, leicht glänzend, unterseits mit 2 deutlichen, weißlichen oder grauen Längsbändern. Männliche *Blüten* zu mehreren endständig an den Enden junger Triebe, gelb, um 2 mm lang. Weibliche Zapfen überwiegend an älteren Zweigen, 2–2,5 cm lang, kugelig und oval, mit runzeligen, verholzten, spiralig angeordneten Zapfenschuppen, die zur Reifezeit weit klaffen.

Verbreitung: Ursprünglich stammt die Küsten-Sequoie aus einem schmalen Streifen im westlichen Nordamerika, vom südlichen Oregon bis zum mittleren Kalifornien. Sie bewohnt dort das Flachland und die Hügelregion des nebelfeuchten Küstengebiets. Seit dem vorigen Jahrhundert wird sie auch in vielen Gegenden Europas als Zier- und Parkbaum gepflanzt, gedeiht hier jedoch nur in sehr wintermilden, feuchteren Klimagebieten.

Blütezeit: Februar bis März.

Allgemeines: Der größte bisher bekannt gewordene Vertreter dieser Art erreichte eine Höhe von ziemlich genau 120 m und einen Stammumfang von nahezu 20 m – er trug seinen Namen Küsten-Mammutbaum sicherlich zu Recht. Im geschlossenen Bestand bilden diese Baumriesen ein eindrucksvolles Bild. Große Teile ihres natürlichen Verbreitungsgebiets sind als »Provincial Park« ausgewiesen und damit unter Naturschutz gestellt. Hier werden die größten und beeindruckendsten Exemplare vom Holzeinschlag ausgenommen. In Amerika wird die Küsten-Sequoie »Redwood« genannt. Diese Bezeichnung nimmt auf die kräftig rötlich-braune Färbung des Kernholzes Bezug, das früher überwiegend als Bauholz verwendet wurde, jetzt aber wegen seiner Flammenmaserung auch für die Möbeltischlerei genutzt wird. Besonders beliebt sind Eßtischplatten, die aus Stammquerschnitten eines einzigen Baumes gefertigt werden. Küsten-Sequoien kann man aus Zweigstecklingen auch vegetativ leicht vermehren.

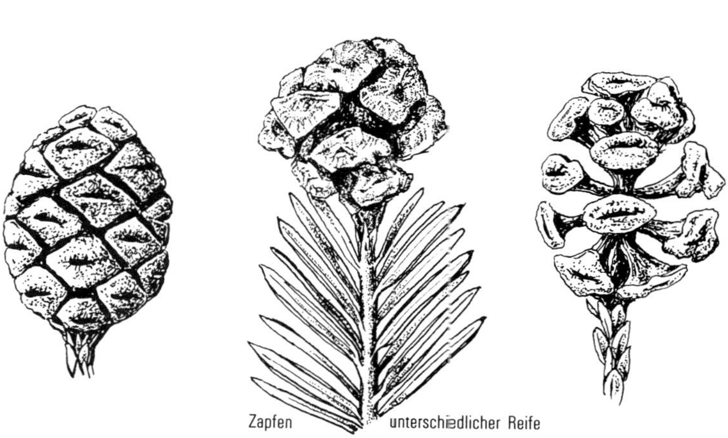

Zapfen unterschiedlicher Reife

Blüten ♂

Zapfen

Mammutbaum, Riesen-Sequoie *(Sequoiadendron giganteum* (LINDL.) BUCHHOLZ*)*

Sumpfzypressengewächse

Merkmale: Immergrüner, bis 80 m hoher Nadelbaum mit kegelförmiger Krone und ziemlich dichter, nur wenig lückiger Beastung. Stamm an der Basis auffällig verdickt, erst plötzlich, dann allmählich verschmälert.

Äste bei älteren Exemplaren erst in größerer Höhe über dem Boden, kräftig, in der Jugend quirlig, im Alter unregelmäßig aus dem Stamm wachsend.

Rinde auffallend weich und dick (bis 50 cm), bei alten Bäumen tief furchig und rissig, in verschiedenen Farbtönen zwischen fuchsrot und schmutzig dunkelbraun, faserig ablösend. Junge Triebe sehr steif und derb, grünlichgrau.

Nadelblätter spiralig oder in 3 Längsreihen angeordnet, etwa 5–10 mm lang, lanzettlich oder schuppenförmig, lang zugespitzt auf der Oberseite flach, unterseits längsfurchig, an den unteren Enden der Triebe anliegend, in der Spitzenregion mehr abstehend, dunkelgrün oder bläulich-grün, mitunter auch glänzend, duften beim Zerreiben nach Anis.

Männliche *Blüten* immer einzeln an den Triebenden. Weibliche Zapfen einzeln oder zu 2 an dickeren Enden, länglich-kugelig, etwa 4 × 3 cm groß, zur Reifezeit dunkelbraun. Schilder der Zapfenschuppen mit deutlichem Dornfortsatz.

Verbreitung: Der Mammutbaum kommt heute von Natur aus nur in Höhen zwischen etwa 1500 und 2500 m an den Westhängen der Sierra Nevada in Kalifornien vor, wurde jedoch überall in Europa als Zier- und Parkbaum eingeführt.

Blütezeit: März bis April.

Allgemeines: Mammutbäume erreichen ein biblisches Alter, wenngleich sie nicht zu den Altersrekordhaltern gehören (vgl. Grannen-Kiefer, *S. 42*). Dennoch sind 2000–3000 Jahre ein beachtlicher Zeitraum, der der gesamten abendländischen Geschichte entspricht. Die Vertreter dieser Art werden um 100 m hoch, erreichen damit nicht ganz die Höhe der Küsten-Sequoie, sind dafür aber insgesamt viel massiger entwickelt. Der Holzinhalt des größten bekannten Exemplars, des »General Sherman Tree«, entspricht ungefähr dem Holzertrag von einem halben Hektar Fichten! Die ansehnlichsten Exemplare wachsen in Kalifornien im Sequoia National Park, wo sie unter Naturschutz gestellt wurden.

Schon bald nach der Entdeckung dieser Giganten setzten sich mehrere amerikanische Präsidenten persönlich für die Erhaltung der Riesenbäume ein.

Verwandte Art: Die **Sichel-Tanne** *(Cryptomeria japonica)* wird längst nicht so hoch und mächtig wie ihre nordamerikanischen Verwandten. Sie trägt spiralig gestellte, um 15 mm lange, sehr steife und spitze Nadelblätter, deren Spitzen sichelförmig eingekrümmt sind. Heimisch ist diese Art in Japan, wird in Europa jedoch vielfach als Park- und Zierbaum verwendet. Ihre Zapfen sind wie bei allen Mammutbaum-Verwandten erstaunlich klein. Sie werden nur etwa 2 cm lang.

(Kalifornien)

junge Zapfen

Merkmale: Sommergrüner, laubwerfender, einhäusiger Nadelbaum mit Wuchshöhen bis 50 m. Krone bei jungen Bäumen schmal kegelig entwickelt, später zunehmend rundlich gewölbt und an der Spitze fast immer abgerundet. Stamm am Grund sehr breit, bald verschmälert und gerade in die Gipfelregion auslaufend.

Stärkere *Äste* abstehend oder leicht hängend, mit sehr feiner Bezweigung.

Rinde hell rötlichbraun oder blaßbraun, faserig, löst sich in längeren Längsstreifen ab. Triebe auffällig dünn, rötlich, belauben sich erst sehr spät.

Nadelblätter am Langtrieb spiralig, Kurztriebe wechselständig, um 10 cm lang, mit 2zeilig gestellten Nadelblättern, diese bis 2 cm lang, flach, linealisch, ihrerseits wechselständig, auf der Unterseite mit feinen Längsstreifen, beim Austrieb frisch hellgrün, später etwas dunkler. Nadelblätter werden im Herbst zusammen mit den Kurztrieben abgeworfen.

Männliche *Blüten* zahlreich an den Enden vorjähriger Zweige (Langtriebe), gelblich oder purpurn.

Weibliche *Zapfen* 1–3 cm lang, annähernd kugelig oder leicht tropfenförmig länglich, nur aus wenigen Schuppen bestehend.

Verbreitung: Die Sumpfzypresse ist im südöstlichen Nordamerika (Florida, Mississippi-Gebiet) heimisch, wird aber schon seit geraumer Zeit als Park- und Zierbaum in Europa gepflanzt.

Blütezeit: April bis Mai.

Allgemeines: Von Natur aus ist dieser Baum ein Bewohner feuchter Niederungen mit hohem Grundwasserstand oder zeitweiser bis dauernder Überflutung. An solchen Biotopen gibt es häufig Probleme für den Wurzelbereich, der nicht zuverlässig mit Sauerstoff versorgt werden kann, wegen der regen Atmungstätigkeit der Wurzeln aber einen hohen Sauerstoffbedarf hat. Um den Wurzelhorizont dennoch ausreichend zu versorgen, besitzen die Sumpfzypressen eine besondere Einrichtung: Sie entwickeln eigenartige, bis etwa 40 cm hohe »Atemknie«, die als stubbenförmige Auswüchse überall im Umkreis des Baums unter der Erde angelegt werden und schließlich die Oberfläche durchbrechen. Durch das Lockergewebe dieser Sondereinrichtung kann nun atmosphärischer Sauerstoff bis in die tieferen Wurzelregionen geführt werden. Diese Besonderheit ist manchmal auch bei angepflanzten Parkbäumen zu beobachten, vorausgesetzt natürlich, daß man sie in Gewässernähe gepflanzt hat und sie bereits alt genug sind.

Sumpfzypressen waren noch im Tertiär weltweit verbreitet. In etwa 20 Millionen Jahre alten Tonschichten über der rheinischen Braunkohle finden sich Blattfossilien, die von rezenten Sumpfzypressen kaum zu unterscheiden sind.

Sumpfzypressen gehörten zumindest zeitweise zu den wichtigsten Braunkohlebildnern in Europa.

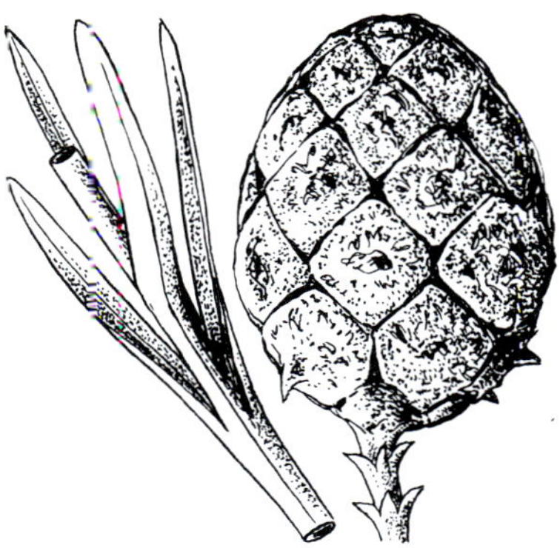

Urwelt-Mammutbaum *(Metasequoia glyptostroboides* HU ET CHENG*)* Sumpfzypressengewächse

Merkmale: Sommergrüner, laubwerfender Nadelbaum mit Wuchshöhen bis etwa 30 m Höhe. Krone bei jungen Bäumen ziemlich regelmäßig kegelförmig mit schlanker, aber nicht abgesetzter Spitze, erscheint wegen der quirlständigen, lockeren Beastung recht offen.

Äste waagerecht abstehend oder leicht ansteigend.

Rinde blaßbraun oder leicht gelbbraun, löst sich im unteren Stammteil in kleinen Längsstreifen oder plattigen Teilen ab. Stamm unterhalb der Astabgänge auffällig eingedellt. Triebe hell-rötlich oder blaß purpurn, sehr dünn und zart, leicht abgeflacht.

Nadelblätter 2zeilig an gegenständigen Kurztrieben, mit denen zusammen sie im Herbst abgeworfen werden. Einzelne Nadelblätter 1–3 cm lang, linealisch, flach, vorne abgerundet oder undeutlich zugespitzt, auffallend weich, um 2 mm breit, beim Austrieb frisch grasgrün, später etwas dunkler. Herbstfärbung je nach Standort und Witterungsverlauf blaßgelb, lachs- oder rubinrot.

Männliche *Blüten* zu mehreren am Grund des Leittriebs, klein, kugelig.

Weibliche *Zapfen* lang gestielt, kugelig oder leicht tropfenförmig länglich, bis etwa 2,5 cm lang, nur aus wenigen, sehr breiten Zapfenschuppen aufgebaut, zur Reifezeit hellbraun.

Verbreitung: Der Urwelt-Mammutbaum wurde erst 1941 im Südwesten Chinas entdeckt und löste damals unter den Fachleuten eine kleine Sensation aus. Von Amerika aus wurde während der Kriegsjahre eine umfangreiche Expedition zum Sammeln von Samen ausgerüstet, doch entdeckte man schon ziemlich bald, daß dieser Baum auch vegetativ durch Stecklinge sehr gut zu vermehren ist. Diese Art der Vermehrung ist auch heute noch für die gärtnerische Anzucht sehr wichtig, da die ersten im Westen angepflanzten Exemplare erst vor wenigen Jahren zum erstenmal geblüht haben.

Blütezeit: April bis Mai.

Allgemeines: Der Urwelt-Mammutbaum ist wie der Ginkgobaum *(S. 14)* eigentlich ein lebendes Fossil, und zwar eines, dessen fossile Vorfahren man früher kannte als den heute noch lebenden Vertreter dieser Verwandtschaftsgruppe. *Metasequoia*-ähnliche Blattfossilien finden sich nämlich fast überall dort, wo Braunkohleflöze abgebaut werden. Noch im Tertiär muß deswegen das Verbreitungsgebiet dieser Art oder ihrer unmittelbaren Vorfahren wesentlich ausgedehnter gewesen sein. Das hohe stammesgeschichtliche Alter der gesamten Familie Sumpfzypressengewächse ist unter anderem auch daran abzulesen, daß sie kein geschlossenes Verbreitungsgebiet mehr aufweist, sondern mit ihren meist monotypischen Gattungen in ganz verschiedenen Teilen der Welt in kleinen Arealen vorkommt.

Die Zeit ihrer größten Entfaltung hatten diese Bäume und ihre nähere Verwandtschaft im Erdmittelalter, als Laubgehölze noch nicht entwickelt waren.

junge Zapfen

Kalifornische Flußzeder *(Calocedrus decurrens* (TORREY) FLORIN*)* Zypressengewächse

Merkmale: Immergrüner Nadelbaum mit auffallend schlanker, säulenförmiger, sehr regelmäßig geformter Krone, deren oberes Ende im Unterschied zu vielen Zypressen- oder Scheinzypressen-Arten nicht spitz zuläuft, sondern deutlich abgerundet ist. Wuchshöhen um 30 m. Am natürlichen Standort ist die schlanke Säulenform weniger häufig zu sehen, dafür treten auch kegelförmige und breiter ausladende Kronen auf.

Äste vergleichsweise kurz, schräg aufwärts steigend oder umbiegend, selten hängend oder abwärts gebogen.

Stamm bis dicht über den Boden beastet, nur im geschlossenen Bestand im unteren Teil lokker oder überhaupt nicht beastet.

Rinde dunkelbraun oder braunrötlich, in größere, plattige Portionen gefeldert und unregelmäßig zerrissen, an beiden Enden vom Stamm weggebogen.

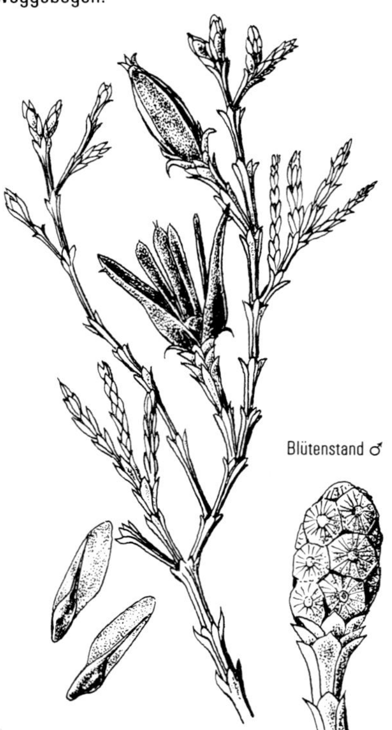

Blütenstand ♂

Triebe anfangs grünlich, später braun werdend.

Blätter schuppenförmig, 3eckig, zur Spitze hin leicht verbreitert, dort aber deutlich eingekrümmt, zu je 4 in sehr regelmäßigen Wirteln – Zweiglein erinnern im Aussehen daher entfernt an einen Schachtelhalm. Beim Zerreiben stark nach Terpentin beziehungsweise Bohnerwachs riechend. Flachzweige auf beiden Seiten nahezu gleichfarbig, auf der Unterseite jedoch wenig heller als oben, stark verzweigt, Zweiglein dabei mehr oder weniger in der gleichen Ebene angeordnet. Baum einhäusig, männliche und weibliche Blüten getrennt am gleichen Baum.

Männliche *Blüten* (Zapfen) sehr klein, nur etwa 3 mm lang, an den Spitzen der Seitenzweige, beim Stäuben hellgelb oder goldgelb, dennoch unauffällig. Weibliche Zapfen ebenfalls endständig, zur Blütezeit sehr unscheinbar grünlich, zur Reifezeit etwa 2 cm lang, bestehen nur aus 6 Zapfenschuppen, von denen nur 2 Samenanlagen tragen und Samen hervorbringen. Zapfen erinnern in der Form an die entsprechenden Gebilde der *Thuja*-Arten, jedoch sind bei der Flußzeder die einzelnen Zapfenschuppen an der Spitze etwas ausgefranst.

Samen mit je einem großen Flügel, der der Windverbreitung dient, daneben aber auch noch mit einem stark zurückentwickelten Flügelansatz, außerdem mit Harzdrüsen besetzt.

Verbreitung: Ursprünglich ist die Flußzeder nur in den westlichen USA vertreten, besonders in den Staaten Oregon und Kalifornien. Wegen ihrer eleganten Erscheinung wird diese Art sehr gern als Park- und Zierbaum verwendet.

Blütezeit: März, in milden Gegenden auch früher.

Allgemeines: Bei der Flußzeder ist eigenartigerweise das Kernholz heller als das Splintholz. Es wird in Amerika gelegentlich für die Möbelherstellung verwendet.

Da das Holz sehr weich und gleichmäßig strukturiert ist, kann es auch besonders ebenmäßig und glatt bearbeitet werden. Es eignet sich daher gut für verschiedene Schnitzarbeiten und für die Modelltischlerei.

Blütenstände ♂ und reife Zapfen

Lawsons Scheinzypresse, Oregonzeder *(Chamaecyparis lawsoniana* (MURRAY) PARL.*)*

Zypressengewächse

Merkmale: Immergrüner Nadelbaum mit sehr hoher, dabei aber auffallend schmaler, kegelförmiger Krone und meist überhängendem Leittrieb, im Freistand bis zum Boden dicht und gleichmäßig beastet. In der Heimat bis 60 m, bei uns kaum mehr als 20 m hoch. Krone wegen Stammgabelung nicht selten auch mehrgipfelig.

Rinde zunächst graubraun oder grünlich und glatt, später dunkler graubraun und in große, längsstreifige Platten aufgelöst, die sich an den Enden abheben.

Äste ziemlich kurz, aber reich verzweigt.

Nadelblätter schuppenförmig, kreuzgegenständig, etwa 0,5–2 mm lang, den Achsen sehr dicht anliegend, auf der Oberseite dunkelgrün, auf der Unterseite deutlich heller grün und durch weißliche Nähte voneinander getrennt.

Männliche *Blüten* karminrot an den Zweigenden.

Weibliche *Zapfen* mit nur 4 Paar Zapfenschuppen, kugelig, etwa 8 mm dick, zur Reifezeit hellbraun.

Verbreitung: Ursprünglich nur im westlichen Nordamerika in den Staaten Oregon und Kalifornien. In zahlreichen Gartenformen in allen Gegenden Europas als Zierbäume gepflanzt.

Blütezeit: März bis April.

Verwandte Arten: Die **Nootka-Scheinzypresse** *(Chamaecyparis nootkatensis)* ist der Oregonzeder in der Erscheinung ähnlich, besitzt jedoch eine etwas einheitlichere, regelmäßigere Krone. Als Zier- und Parkbaum seltener verwendet als die vorige Art. Die **Hinoki-Scheinzypresse** *(Chamaecyparis obtusa)*, in Japan heimisch, zeichnet sich durch sehr kleine Schuppenblätter aus, die allerdings in der Spitzenregion deutlich abgerundet sind und dem Trieb dicht anliegen. Oberseits sind sie glänzend dunkelgrün, auf der Unterseite dagegen heller und an den Überdeckungsstellen weißlich besäumt. Beim Zerreiben deutlich duftend, erinnern etwas an Eukalyptus-Bonbons. In zahlreichen Formen in Gärten und Parkanlagen angepflanzt. Im Ursprungsgebiet wird das Holz in der Möbeltischlerei, für Schnitz- und Lackarbeiten sowie beim Tempelbau benutzt.

Die **Sawara-Scheinzypresse** *(Chamaecyparis pisifera)* trägt Flachzweige, deren Schuppenblätter spitz zulaufen, wobei die Spitzen jedoch einwärts gekrümmt sind. Blätter frischgrün, etwas glänzend, beim Zerreiben etwas aufdringlich duftend. Weibliche Zapfen sehr klein, nur etwa erbsengroß (namengebendes Merkmal, *pisum* = Erbse). Ursprünglich ebenfalls nur in Japan beheimatet, jedoch sehr häufig in vielen Formen in Parks und Gärten angepflanzt, zum Teil auch in Zwergformen oder strauchigen Sorten.

Eine sehr eigenartige Erscheinung ist die **Leyland-Zypresse** *(Cupressocyparis leylandii)*. Sie ist ein Bastard von Elternarten aus verschiedenen Gattungen (Gattungsbastard) und innerhalb der Koniferen die einzige bekannte Hybride dieser Art. Elternarten sind die Nootka-Scheinzypresse (siehe oben) und die **Monterey-Zypresse** *(Cupressus macrocarpa;* *S. 74)*. Der Baum wird etwa 30 m hoch und trägt eine kegel- bis säulenförmige, sehr dicht beastete Krone auf geradem, meist schlankem Stamm. Je nachdem, welche Art als weiblicher Elter bei der Kreuzung verwendet wurde, unterscheiden sich die Hybriden geringfügig. Sofern die Verzweigungen der Flachzweige in einer Ebene angeordnet sind und zweizeilig stehen, war *Chamaecyparis nootkatensis* der ♀-Elter. Bei der reziproken Kreuzung werden die Zweige in mehreren Ebenen angeordnet und erscheinen deswegen etwas unregelmäßiger. Elternformen und Gattungsbastard sind daher an verschiedenen Merkmalen recht gut kenntlich.

Blütenstände ♂

Zypressen-
gewächse

junge Zapfen

reife Zapfen

Merkmale: Immergrüner Nadelbaum bis etwa 30 m Wuchshöhe. Krone in der typischen Form zusammengeklappter Regenschirme, meist sehr schmal und schlank, in eine dünne Spitze ausgezogen, nur selten mit ausgebreiteten Ästen.

Rinde auch an älteren Bäumen ziemlich glatt, graubraun, nur wenig rissig oder gefurcht.

Nadelblätter schuppenförmig, kreuzgegenständig, etwa 1 mm breit und ebenso lang, vorne abgerundet, sehr eng anliegend, dunkelgrün, beim Zerreiben ohne deutlichen Duft.

Männliche *Blüten* bis 8 mm lang, gelblich, einzeln an den Zweigenden.

Weibliche *Zapfen* kugelig oder leicht länglich, bis 4 cm dick, bestehen aus 4–7 Paar schildartiger Zapfenschuppen, die am Rand leicht aufgebogen sind und in der Mitte einen kleinen, nicht sehr kräftig entwickelten Schildknopf tragen.

Standort: Die Italienische Zypresse liebt trokkene, verhältnismäßig flachgründige und steinige Böden und ist recht frostempfindlich.

Verbreitung: Im gesamten Mittelmeergebiet eingebürgert, ursprünglich in Nordpersien, Kleinasien, auf Kreta und Zypern. Nur noch selten in geschlossenen Beständen (Kreta).

Blütezeit: März.

Allgemeines: Zypressenholz war in der Antike als Bauholz sehr gefragt, weshalb die ursprünglich reichen Bestände fast gänzlich dem Holzeinschlag zum Opfer fielen. Heute gibt es fast nur noch angepflanzte Exemplare.

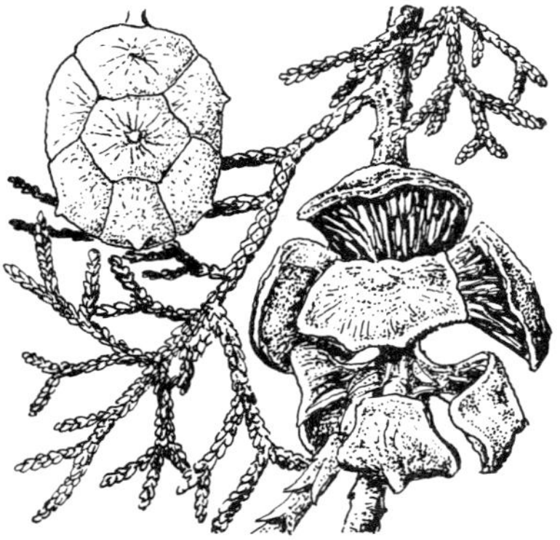

Verwandte Arten: Die **Monterey-Zypresse** *(Cupressus macrocarpa)* hat eine eher rundliche, zuweilen flache Krone, die sich jedoch erst bei älteren Exemplaren entwickelt (Bild S. 74). Die schuppenförmigen Blätter laufen in einer deutlichen Spitze aus und tragen eine etwas unsymmetrisch eingesenkte, dunklere Drüse. Beim Zerreiben sehr angenehm nach Zitrone duftend. Weibliche Zapfen zur Reifezeit kugelig, etwa 3–4 cm breit, glänzend rötlichbraun, mit nur 7–9 Schuppen, die in der Mitte einen dornförmigen Höcker tragen. Ursprünglich nur auf der Monterey-Halbinsel im mittleren Kalifornien. In wärmeren Gegenden des atlantischen Bereichs vielfach angepflanzt. Kann mit der Nootka-Scheinzypresse *(Chamaecyparis nootkatensis)* gekreuzt werden und liefert dann als Bastard die Leyland-Zypresse *(S. 70)*.

Die **Arizona-Zypresse** *(Cupressus glabra)* unterscheidet sich von der vorigen Art unter anderem durch die schuppig abgebende Rinde (Bild S. 75). Außerdem sind die schuppenförmigen, dicht anliegenden Blätter meist graugrün oder sogar graublau gefärbt und tragen eine weißliche Drüse. Beim Zerreiben duften sie leicht nach Grapefruit. Der Baum stammt aus dem westlichen Nordamerika (Arizona) und wird in verschiedenen Formen und Gartenrassen als Zierbaum verwendet.

Dieser Baum ist der einzige bekannte Fall, in dem sich gattungsverschiedene Elternarten erfolgreich miteinander kreuzen lassen. Sonst ist bei den Nadelhölzern nicht einmal eine Kreuzung verschiedener Arten der gleichen Gattung besonders erfolgversprechend. Leyland-Zypressen gewinnen ein etwas unterschiedliches Aussehen, je nachdem welche Art als weiblicher (mütterlicher) Elter verwendet wurde. War es eine Nootka-Scheinzypresse, so ergibt sich ein Baum mit recht locker verzweigter Krone und unregelmäßig gestellten, etwas zusammengezogenen Zweigenden. Er wurde im Jahre 1888 entdeckt und ist unter der Handelsbezeichnung »Haggerston Grey« bekannt. Im anderen Fall sind die Bäume schmalkronig und tragen zweizeilig gestellte, flach ausgebreitete Zweigenden.

Blütenstände ♂

junge Zapfen

reife Zapfen

Cupressus macrocarpa

Cupressus macrocarpa

Cupressus glabra

Zapfen

Cupressus glabra

Zapfenlängsschnitt

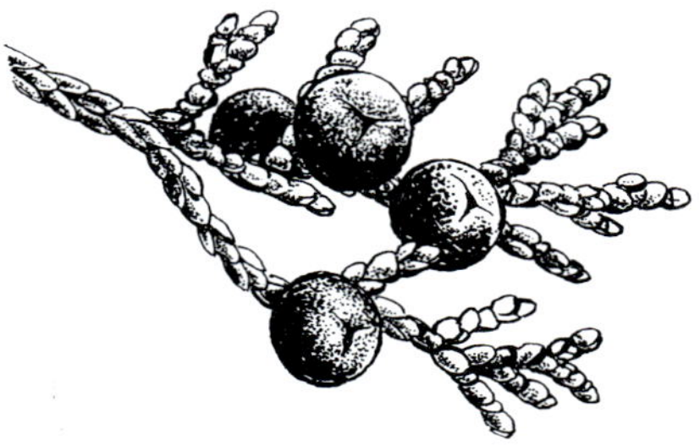

Merkmale: Immergrüner, zweihäusiger Baum, mit meist schlanker, säulenförmiger oder spitzkegeliger Krone. Wuchshöhe bis 30 m, meist jedoch erheblich darunter.
Rinde auch an älteren Bäumen rötlich braun, schilfert in schmalen Längsstreifen ab.
Zweige mit zweierlei Blättern:
Nadelblätter nur an den Zweigenden, um 5 mm lang, linealisch, sehr spitz, auf der Oberseite mit einem hellen Längsstreifen, unten einheitlich grün.
Schuppenblätter nur 1,5 mm lang, vorne stumpf oder mit schlanker Spitze und dann leicht abstehend, mit kleiner Drüse auf der Oberseite.
Männliche *Blüten* einzeln an den Zweigenden, gelblich.
Weibliche *Zapfen* bis 6 mm dick, oval-rundlich, zur Reifezeit violett-bräunlich. Alle Teile mit charakteristischem Duft nach Seife oder Farbe.
Verbreitung: Der Virginische Wacholder stammt aus dem östlichen Nordamerika und wird im Mittelmeergebiet (vor allem in Jugoslawien) stellenweise als Forstbaum kultiviert. Sonst wird die Art in verschiedenen Gartenformen als Ziergehölz verwendet.
Blütezeit: März bis April.
Allgemeines: Das Holz des Virginischen Wacholders wird vorzugsweise für die Herstellung von Bleistiften (Bleistift-Zeder!) oder Zigarrenkisten verwendet.
Verwandte Arten: Im Mittelmeergebiet gibt es noch eine Reihe weiterer *Juniperus*-Arten, die jedoch seltener angepflanzt werden. Der **Griechische Wacholder** *(Juniperus excelsa)* ist ein Baum bis etwa 20 m Wuchshöhe, mit rundlicher oder kugelig gewölbter Krone. Die Zweige sind 4kantig oder rundlich. Nadelförmige Blätter erscheinen nur an den Triebspitzen, sonst sind nur schuppenförmige Blätter vorhanden. Diese tragen eine scharf zulaufende Spitze und 2 deutliche, hellere Längsstreifen, sind nur wenig über 1 mm lang und liegen den Zweiglein dicht an. Weibliche Zapfen zur Reifezeit etwa 8 mm breit, kugelig, purpurn-bräunlich und etwas wachsig bereift. Ursprünglich nur im östlichen Mittelmeergebiet und am Schwarzen Meer beheimatet. Außerhalb des natürlichen Verbreitungsgebiets nur selten angepflanzt.
Häufiger wird man dagegen dem **Phönizischen Wacholder** *(Juniperus phoenicea)* als Strauch oder kleiner Baum in Macchien und Trockengebüschen rund um das Mittelmeer begegnen. Wuchshöhe bis etwa 8 cm, nicht selten mit gewundenem, niederliegendem oder schräg aufsteigendem Stamm. Äste ziemlich schlank. Nadelförmige Blätter nur an jungen Trieben, sonst an den älteren Zweigen nur mit schuppenförmigen Blättern besetzt, diese um 1 mm lang, von rhombischem Umriß, undeutlich zugespitzt, etwas unregelmäßig kreuzgegenständig, liegen den Zweiglein sehr dicht an. Weibliche Zapfen um 1 cm breit, kugelig oder leicht oval-länglich, zur Reifezeit purpurn oder bläulich-grün. Windverträglich, deshalb entlang der Küsten auch in Schutzpflanzungen anzutreffen. Als Zierbaum seltener verwendet.
Allgemeines: In der artenreichen Gattung *Juniperus* fallen zwei Merkmale besonders auf, die anderen Koniferengattungen fehlen. Einerseits ist diese Gattung durch ihre eigenartigen, oft fälschlicherweise als »Beeren« bezeichneten Zapfen gekennzeichnet, bei denen die Schuppen nicht (wie üblich) verholzen, sondern fleischig werden. Weil sich diese Gebilde entwicklungsgeschichtlich von Zapfen ableiten, darf man sie nicht als Beeren und auch nicht als Früchte bezeichnen. Korrekt wäre Beerenzapfen. In der Fachliteratur wird dieser Unterschied oft nicht genau genug herausgestellt. Zum anderen kommen nur in dieser Gattung zweierlei Blätter vor: Neben den vom einheimischen Wacholder bekannten Nadelblättern gibt es an der gleichen Pflanze auch die eher zypressentypischen Schuppenblätter.

Zapfen

Merkmale: Immergrüner Nadelbaum bis etwa 20–30 m Wuchshöhe. Krone bei jüngeren Bäumen schmal kegelförmig, zum Teil auch mehrgipfelig, bei älteren Bäumen etwas breiter und mitunter ohne festgelegte arttypische Form.

Äste vergleichsweise kurz, ziemlich locker angebracht, fast immer steil aufwärts gerichtet und im unteren Abschnitt nahezu kahl. Zweige immer senkrecht (vertikal) orientiert.

Rinde matt braunrot oder bräunlich, wenig gefurcht, löst sich in schmalen Längsstreifen ab.

Schuppenblätter dicklich, abgestumpft, an den Enden leicht einwärts gekrümmt, auf beiden Seiten gleichfarben grün. Abgestorbene Teile verfärben sich rostbraun (wichtiger Unterschied zu den sehr ähnlich aussehenden *Chamaecyparis*-Arten!).

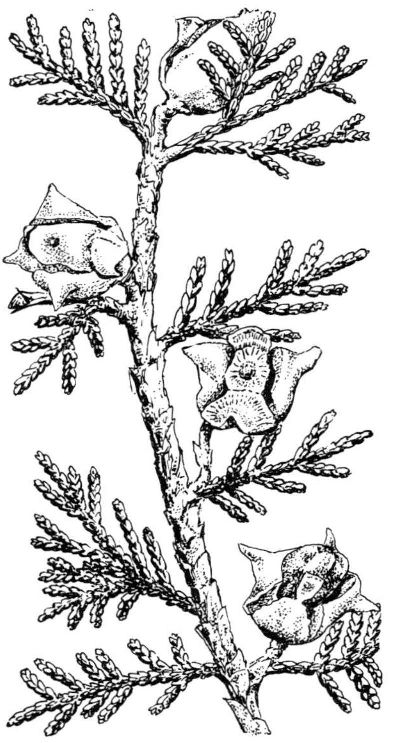

Männliche *Blüten* ziemlich klein, an den Zweigspitzen, gelblich, leicht nickend oder abgewinkelt.

Weibliche *Zapfen* schmal oval mit länglichen Zapfenschuppen, die von der Basis zur Spitze gespreizt abstehen und sich dadurch von der Kugelzapfenform der Scheinzypressen und Zypressen deutlich unterscheiden, einzelne Zapfenschuppen an der Spitze mit hakenförmigen Anhängseln, in 2 Reihen angeordnet und um 1 cm lang, zur Reifezeit bräunlich. Beim Zerreiben fehlt den grünen Teilen des Morgenländischen Lebensbaums ein typischer fruchtiger oder obstartiger Duft!

Verbreitung: Die Art stammt aus China, Japan, der Mandschurei und Korea. Sie wird in vielen Varietäten in Gärten und Parkanlagen, vor allem auch auf Friedhöfen angepflanzt. Neben den normalwüchsigen, meist sehr schlanken Formen gibt es auch etliche zwergwüchsige Rassen, die besonders zahlreich in Vorgärten oder Kübelbepflanzungen zu finden sind.

Blütezeit: März bis April.

Allgemeines: Die Lebensbaum-(= *Thuja*-)Arten sind auf den ersten Blick sicher nicht leicht von den sehr ähnlichen Scheinzypressen *(Chamaecyparis)* zu unterscheiden. Beide weisen nämlich eine sehr ähnliche Wuchsform mit nur geringfügigen Abweichungen in der Gestaltung etwa des Leittriebs auf. Beide tragen auch die für die Zypressengewächse so charakteristischen Flachzweige mit schuppenförmigen Blättern, die man am besten mit einer guten Handlupe untersucht, um die feineren Einzelheiten genau zu erkennen. Dennoch gibt es einige sichere Kennzeichen. Neben den schon benannten Merkmalen der Laubverfärbung und der Zapfenform (siehe oben) gibt es noch ein zuverlässiges Kennzeichen an den Zweigenden: Lassen sich dort die Knospen deutlich fühlen, liegt fast immer eine *Thuja*-Art vor. Bei den Scheinzypressen sind die Knospen zu klein, um ertastet werden zu können.

Das Holz der Lebensbaum-Arten ist sehr fest, dabei aber gewöhnlich recht leicht. Man verwendet es in der Möbeltischlerei und im Modellbau. Für Außenverbau ist es weniger brauchbar

junge Zapfen

reife Zapfen

Abendländischer Lebensbaum *(Thuja occidentalis* L.*)* Zypressengewächse

Merkmale: Immergrüner Nadelbaum bis ungefähr 20 m Wuchshöhe mit schmaler, kegelförmiger, an der Spitze aber stets etwas abgerundeter Krone.

Zweige und *Äste* meist ziemlich locker angebracht, und nur bei einigen Wuchsformen auch dichter stehend. Zweige meist etwas schlaff hängend, auf der Unterseite immer deutlich heller grün als auf der Oberseite oder (bei manchen Formen) fast gelblich, jedoch immer ohne weißliche Zeichnung.

Rinde heller oder dunkler orangebraun, bei älteren Bäumen auch zunehmend graubraun, deutlich längsrissig und in schmalen Streifen ablösend.

Schuppenblätter kreuzgegenständig, breit oval, ohne deutliche Spitze, beim Zerreiben nach Äpfeln oder Apfelmus mit Gewürznelken duftend.

Männliche *Blüten* klein, länglich, dunkelrot, an den Zweigenden.

junge Zapfen

Weibliche *Zapfen* anfangs gelblich, zur Reifezeit grün-bräunlich, bestehen aus 8–10 nach oben spreizenden Schuppen, insgesamt nur etwa 10–12 mm lang.

Verbreitung: Der Abendländische Lebensbaum ist zusammen mit dem Riesen-Lebensbaum eines der wichtigsten Nadelhölzer Nordamerikas. Er kommt im Osten Kanadas im Gebiet der großen Seen und in den südlich anschließenden USA vor. Beide Arten schließen sich in der Verbreitung gegenseitig aus. Überall in Europa wird der Abendländische Lebensbaum in zahlreichen Varietäten als Ziergehölz verwendet. Er verträgt sehr gut den Heckenschnitt und wird daher gern als Hecke oder lebender Zaun gepflanzt. Kommt außerdem in zahlreichen, auch zwergigen Formen in Gärten vor.

Blütezeit: März bis April.

Allgemeines: Die amerikanischen Lebensbaum-Arten besitzen ein sehr festes, dabei jedoch vergleichsweise leichtes Holz, das sich sehr gut bearbeiten läßt. Es findet deshalb als Bauholz (Verschalungen, Schindeln, Zäune, aber auch Einbäume der Indianer) vielfache Verwendung. Das Kernholz ist wie bei vielen anderen Nadelbäumen kräftig rötlich-braun, wird jedoch an der Luft nach einiger Zeit wesentlich heller und fast ein wenig silbrig. Das Splintholz ist hellgelb bis weißlich und dunkelt nach der Verarbeitung leicht nach.

Verwandte Art: Der Gattung *Thuja* steht der **Hiba-Lebensbaum** *(Thujopsis dolobrata)* verwandtschaftlich recht nahe. Auffälliges Merkmal dieses aus Japan stammenden Baums ist die rauhe, wie zerkratzt aussehende Rinde. Die Schuppenblätter sind um 5 mm lang, von dreieckigem Umriß mit breiter Basis, undeutlich zugespitzt und leicht eingekrümmt, sehr dicht gestellt, mit weißlicher Zeichnung auf der Unterseite, oberseits glänzend dunkelgrün. Duften beim Zerreiben sehr angenehm. Weibliche Zapfen etwa 1,5 cm lang, kugelig, nur aus wenigen schildförmigen Zapfenschuppen. Gelegentlich als Zierbaum angepflanzt.

Auffällig ist die ausgesprochene Langsamwüchsigkeit der Art, die von der zum Teil beachtlicher Holzproduktion ihrer näheren Verwandten stark abweicht.

junge Zapfen

reife Zapfen

Merkmale: Immergrüner, einhäusiger Nadelbaum mit meist schlanker, schmaler, kegelförmiger und recht regelmäßig gestalteter Krone, die bei älteren Bäumen an der Basis sehr breit werden kann. Wuchshöhen bis über 30 m, vereinzelt sogar bis 40 m, im Ursprungsgebiet mit Exemplaren von über 60 m Höhe vertreten.

Äste anfangs gerade abstehend, später im oberen Kronenbereich aufsteigend, an der Kronenbasis auch hängend, berühren manchmal den Boden und steigen dann an den Enden wiederum auf.

Rinde dunkelbraun-rötlich oder braun-purpurn, deutlich längs gefurcht, in einzelne Längsstreifen aufgelöst oder plattig abgehend.

Zweige auf der Ober- und Unterseite immer verschiedenfarbig (wichtiges Unterscheidungsmerkmal!). Schuppenblätter kreuzgegenständig, die beiden seitlichen immer ein wenig länger als die mittleren, je etwa 3 mm lang, dicht angedrückt, vorne stumpflich, im Umriß verkehrt eiförmig, auf der Oberseite kräftig glänzend grün oder dunkelgrün, auf der Unterseite wesentlich heller grün und mit feiner, weißlicher Zeichnung versehen. Duften bei Zerreiben deutlich süßlich-fruchtig nach Ananas.

Männliche *Blüten* in sehr kleinen, kaum auffälligen, gelblichen Zapfen an einzelnen Triebspitzen. Weibliche Zapfen zur Reifezeit hellbräunlich, etwa 2 cm lang, mit klaffenden, abgespreizten Zapfenschuppen, die in einer dornigen Spitze auslaufen.

Verbreitung: Ursprünglich nur im westlichen Nordamerika von Alaska bis Kalifornien in den Bergwäldern der Küstengebirge und der Rocky Mountains. Ziemlich häufig in Parks und größeren Gartenanlagen als Zierbaum gepflanzt.

Blütezeit: März.

Allgemeines: Die Stämme des Riesen-Lebensbaums wurden von den nordamerikanischen Indianern bevorzugt zur Fertigung von Einbaum-Kanus und von Totempfählen verwendet. Den späteren Siedlern dienten sie als gern verwendetes Bauholz für die Errichtung von Blockhäusern.

Verwandte Arten: Der **Korea-Lebensbaum** *(Thuja koraiensis)* unterscheidet sich von der vorigen Art durch seine sehr auffällige, silbrig schimmernde Unterseite der Flachzweige, die bei keiner weiteren *Thuja*-Art in dieser Weise gestaltet ist. Bisher in Gärten und Parks noch nicht allzu häufig gepflanzt. Die Zweige dieses Baums duften beim Zerreiben etwas nach Marzipan. Der **Japanische Lebensbaum** *(Thuja standishii)* besitzt eine breit-kegelförmige Krone mit kandelaberartig gestellten Ästen und eine kupferrote Rinde. Alle grünen Teile duften beim Zerreiben nach einer Mischung aus Zitrone und Eukalyptus-Bonbons. Die weiblichen Zapfen werden etwa 13 mm lang und sind zigarrenbraun. Man findet die Art bei uns nur in Parks und botanischen Gärten.

junge Zapfen

reife Zapfen

Chilenische Araukarie *(Araucaria araucana* (MOLINA) KOCH*)* Araukariengewächse

Merkmale: Immergrüner, zweihäusiger Nadelbaum mit rundlicher, ovaler oder breit kegelförmiger Krone auf rundem, sehr geradem, schlankem Stamm. In der Heimat bis 50 m, bei uns selten über 10 m hoch.

Äste ausschließlich quirlständig angebracht, sehr schlank und lang, verhältnismäßig wenig verzweigt, gerade abstehend oder leicht hängend, nur im oberen Teil der Krone auch aufwärts gerichtet.

Rinde dunkel braungrau, durch die Basen abgestorbener, abgeworfener Äste querfurchig gegliedert oder stärker runzelig, manchmal mit stärkeren Harzausscheidungen.

Nadelblätter an den Ästen dicht spiralig gestellt, etwa 3–4 cm lang und fast ebenso breit, im Umriß dreieckig oder oval, vorne mit kurzer, schlanker Spitze, ziemlich derb und lederig, dicklich, beidseits gleichfarbig dunkelgrün und zuweilen etwas glänzend, nicht sehr dicht anliegend und sämtlich zur Triebspitze gerichtet.

Männliche *Blüten* endständig in kleinen Büscheln, bleiben monatelang am Baum. Weibliche Zapfen sehr groß, kugelig oder etwas länglich, bis 17 cm dick, aufrecht auf der Oberseite stärkerer Äste, bis zum 2. Jahr nach der Bestäubung grün und dann erst bräunlich verfärbend, lösen sich auf dem Baum in einzelne Zapfenschuppen auf. Samen braun, etwa 2 × 4 cm groß, eßbar, sehr ölhaltig.

Verbreitung: Die Araukarie ist in den chilenischen und argentinischen Anden beheimatet und bildet dort zum Teil geschlossene Bestände. Im Mittelmeergebiet wird sie häufig als Zierbaum in Parks und Hausgärten angepflanzt. Prächtige Exemplare finden sich auch in Südengland und in Irland. In Deutschland sind Araukarien nur in besonders milden Gegenden (zum Beispiel im Rheinland) winterhart.

Blütezeit: Juni bis Juli.

Allgemeines: Die Araukariengewächse, eine insgesamt nur zwei Gattungen mit zusammen 36 Arten umfassende Nadelholzfamilie, sind in ihrer Verbreitung auf die Südhalbkugel beschränkt, kommen dort jedoch mit Ausnahme von Afrika auf allen Kontinenten vor. Im System der Pflanzen nimmt diese Familie eine etwas isolierte Stellung ein, da sie in den Einzelheiten des Blütenbaus nur wenig Anklänge an die entsprechenden Verhältnisse bei anderen Nadelholzfamilien (beispielsweise Kieferngewächsen) erkennen läßt. Die hier vorgestellte Gattung *Araucaria* ist in Südamerika mit zwei, weltweit mit 18 Arten vertreten, die meisten sind in Australien-Neu Guinea beheimatet. Wegen ihrer eigenartigen Wuchsform wird die Araucarie häufig als Ziergehölz verwendet, ist aber mit keinem weiteren Nadelbaum zu verwechseln. Manchmal werden Araukarien auch als »Chilenische Schmucktanne« bezeichnet, ein irreführender und botanisch nicht korrekter Name.

Im Unterschied zu vielen anderen Nadelhölzern bleiben bei der Araukarie während der Keimung die Keimblätter im Boden. Die junge Pflanze trägt daher bereits die arttypische, normale Belaubung.

junge Zapfen

Gemeine Eibe *(Taxus baccata* L.*)*

Merkmale: Immergrüner, zweihäusiger Nadelbaum bis etwa 20 m Wuchshöhe. Krone bei einstämmigen Exemplaren breit kegelförmig oder (nur bei Gartenformen) säulenförmig, bei mehrstämmigen Bäumen sehr breit ausladend und unregelmäßig mehrgipfelig aufgebaut.
Stärkere *Äste* abstehend oder leicht hängend, an den Enden jedoch meist etwas ansteigend. Stämme gewöhnlich von kleineren Ästen und Zweigen eingeschlossen.
Rinde braungrau, grob gefurcht und in breite Fetzen zerrissen oder abblätternd. Triebe grün oder braun-grünlich, mit sehr locker stehenden Nadelblättern.
Nadelblätter bis 4 cm lang und 3 mm breit, flach, linealisch, vorne in eine schlanke Spitze ausgezogen, auf der Oberseite glänzend dunkelgrün, auf der Unterseite hell- oder gelblichgrün mit 2 deutlichen, breiten Längsstreifen, an Langtrieben spiralig, sonst 2zeilig gekämmt, immer mit gut erkennbarer Mittelrippe.
Männliche *Blüten* kugelig oder länglich, zahlreich an der Unterseite letztjähriger Zweige, beim Stäuben sehr hell gelblich oder weißlich. Weibliche Blüten recht unauffällig und einzeln. Der *Samen* entwickelt zur Reifezeit einen fleischigen, karminroten Samenmantel, der *Arillus* genannt wird.
Standort: Die langsamwüchsige Eibe liebt schattige Standorte auf lockeren, humosen, sickerfeuchten Böden.
Verbreitung: Über ganz Europa in Einzelexemplaren, seltener in geschlossenen Beständen anzutreffen. Sehr häufig (auch in verschiedenen Wuchsformen) angepflanzt.
Blütezeit: Februar bis April.
Allgemeines: Alle Teile der Pflanze mit Ausnahme des roten Samenmantels sind stark giftig.
Verwandte Arten: Die **Japanische Eibe** *(Taxus cuspidata)* besitzt sehr dornige Nadelblätter und Samen mit kugeligem *Arillus*. Die **Chinesische Eibe** *(Taxus celebica)* entwickelt Samen mit grünlichem Samenmantel. Beide nur wenig angepflanzt.

Blüten ♂

Samen mit rotem Samenmantel

Merkmale: Immergrüner, zweihäusiger Nadelbaum bis etwa 10 m Wuchshöhe, gelegentlich auch nur strauchförmig entwickelt, mit meist schlanker, kegelförmiger Krone, häufiger jedoch mit ziemlich unregelmäßigem Kronenaufbau.

Äste zum Teil quirlständig, häufiger jedoch wechselständig angebracht, tragen dann zur etwas uneinheitlichen Erscheinungsweise des Baums und seiner Kronenregion bei.

Rinde bei jungen Exemplaren hell braunorange, später auch kräftiger braun oder rötlich-braun.

Nadelblätter recht groß, bis etwa 3 cm lang und um 3 mm breit, auf der Oberseite kräftig dunkelgrün und matt glänzend, auf der Unterseite gelblich-grün, mit 2 weißlichen, breiten Längsstreifen, etwas lederig und derb, vorne scharf zugespitzt, am Trieb regelmäßig 2zeilig angeordnet und untereinander parallel ausgerichtet, wodurch die Zweigenden kammartig erscheinen. Beim Zerreiben setzen die Nadelblätter einen starken, recht unangenehmen Duft frei.

Männliche *Blüten* sehr klein, etwa 2 mm lang, gelblich oder hellgrün. Weibliche Blüten anfangs ebenfalls eher unauffällig.

Samen zur Reifezeit (etwa ab September) ähnlich wie bei der einheimischen Eibe *(S. 86)* gestaltet, um 2 cm lang, jedoch weniger hart, fleischig-ölig und mit einem braungrünen Samenmantel umgeben. Samenmantel nicht becherartig offen wie bei *Taxus*.

Verbreitung: Diese Nußeiben-Art ist in Japan beheimatet. Im Mittelmeergebiet wird sie stellenweise häufiger als Zierbaum angepflanzt. Außerhalb dieser Regionen nur selten in Gärten oder Sammlungen zu sehen.

Blütezeit: Juni bis Juli.

Verwandte Art: Die **Kalifornische Nußeibe** *(Torreya californica)* ist die nordamerikanische Verwandte der vorigen Art. Sie wird wesentlich größer, erreicht Wuchshöhen um 30 m und entwickelt eine schöne, regelmäßige, quirlständige Beastung. Ihre Nadelblätter sind recht steif, linealisch, vorne leicht zugespitzt, um 5 cm lang, 2zeilig und parallel zueinander angeordnet. Beim Zerreiben duften sie deutlich nach Salbei. Die Samen sind zur Reifezeit (im Herbst) zwischen 3–7 cm lang und werden von einem grünlichen, unauffälligen Samenmantel eingeschlossen, der mitunter purpurne Längsstreifen trägt. Die Blütezeit fällt in den Mai. Die amerikanische Nußeibe wird in Parks und Gärten etwas häufiger als ihre ostasiatische Verwandte angepflanzt.

Allgemeines: Am Beispiel der natürlichen Verbreitung der beiden *Torreya*-Arten kann man zeigen, daß eine Gattung häufig je ein asiatisches und nordamerikanisches Teilverbreitungsgebiet einnimmt, während sie in Europa fehlt. Verursacht wurde dieses Verbreitungsbild von den Eiszeiten, die in Europa zahlreiche Vorkommen ausgelöscht haben.

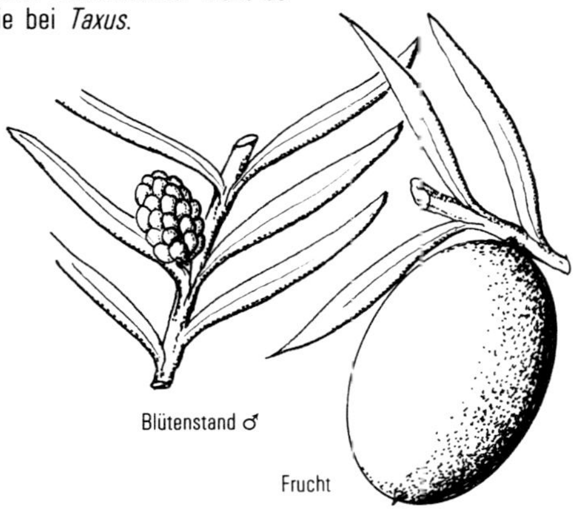

Samen mit Samenmantel

Merkmale: Sommergrüner Baum mit recht breiter, meist auch hochgewölbter Krone von ziemlich regelmäßigem, geschlossenem Umriß. Stamm sehr ansehnlich und dick, gerade. *Äste* gabeln den Stamm gewöhnlich erst in einiger Höhe über dem Boden. Sie bilden einen gleichmäßigen Kranz und sind recht kräftig. Die Wuchshöhe kann in der Heimat unter günstigen Voraussetzungen 50 m betragen.
Rinde an jungen Bäumen grau oder graubraun, bei älteren Exemplaren dunkelbraun oder fast schwarz, mit einem regelmäßigen Muster aus schmalen, aber dicken Leisten überspannt, die rautenförmige, vertiefte Felder einschließen. Triebe im Gegensatz zur Echten Walnuß fein samtig behaart. Knospen blaßbraun, vorne spitz, mit faltigen Knospenschuppen.
Blätter unpaarig gefiedert, wechselständig, 30–50 cm lang. Einzelne Fiederblättchen in 7–11 Paaren, 6–10 cm lang, vorne zugespitzt, am Rand unregelmäßig, aber deutlich gezähnt, auf der Oberseite kahl, auf der Unterseite drüsig behaart, sehr kurz gestielt oder fast sitzend, untereinander gegenständig, die längsten Fiederblättchen in der Blattmitte, zur Blattbasis und -spitze hin jedoch nur geringfügig kleiner.
Männliche *Blüten* in kegelförmigen, dicken, abstehenden Kätzchen, diese zu 2–5 an den vorjährigen Trieben. Weibliche Blüten immer endständig, meist zu 5, unauffällig grünlich. Frucht (Steinfrucht) 3–5 cm lang, rundlich oder länglich-birnenförmig, kräftig grün, glatt, öffnet sich zur Reifezeit nicht.

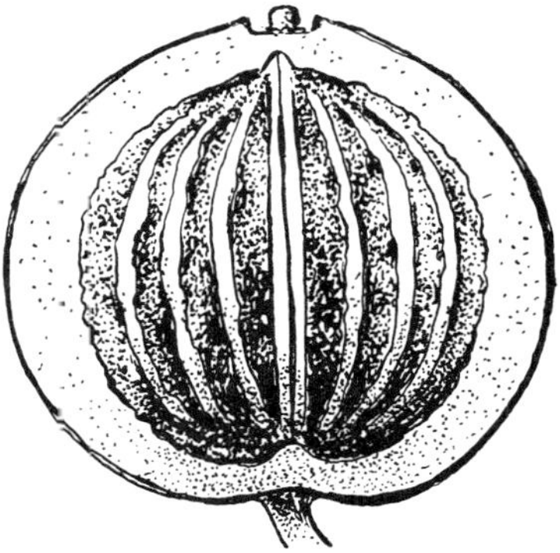

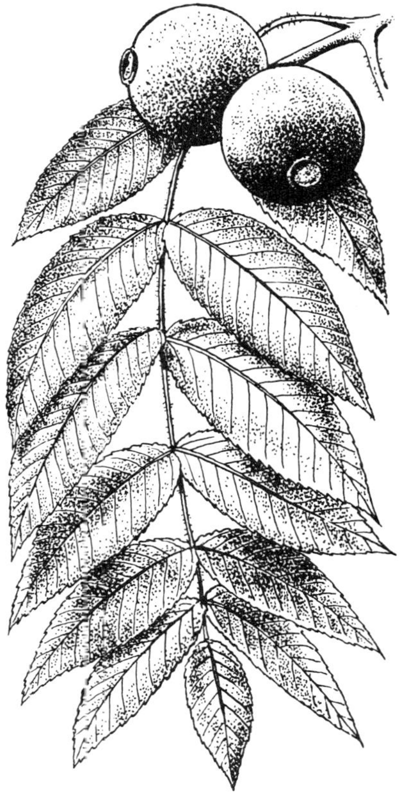

Verbreitung: Die Schwarznuß ist die amerikanische Verwandte der europäischen Walnuß. Sie kommt im östlichen Nordamerika, vor allem in den Staaten von Massachusetts bis Texas vor, wird aber gelegentlich auch in Europa in Parks und Gärten angepflanzt. In größeren Sammlungen und Arboreten ist diese Art mit Gewißheit anzutreffen.
Blütezeit: Mai bis Juni.
Allgemeines: Wegen seiner schönen, zum Teil kontrastreichen Zeichnung wird das Holz der Nußbaumarten sehr geschätzt und erzielt auf dem Weltmarkt beachtliche Preise. Man schält es heute meist zu Furnieren.

Blüten ♂

Echter Walnußbaum, Walnuß *(Juglans regia L.)*

Merkmale: Sommergrüner Baum mit recht breiter, kugeliger, gewölbter Krone. Die Wuchshöhe kann 25 m durchaus überschreiten.
Stamm meist schon in geringer Höhe über dem Boden in mehrere, ungefähr gleich starke Äste gegabelt, diese bogig aufwärts geschwungen und in zahlreiche, oft gekrümmte und gedrehte kleinere Äste geteilt.
Rinde bei jungen Bäumen glatt und grau, später rissig und gefurcht und dann hell braungrau. Jüngere Zweige glänzend hellgrau. Triebe ebenfalls glänzend, kahl. Knospen gedrungen, ziemlich breit, dunkelbraun oder fast schwärzlich.
Blätter wechselständig, unpaarig gefiedert, zwischen 20 und 40 cm lang. Fiederblättchen in 3–4 Paaren, bis 15 cm lang, länglich-elliptisch, deutlich gestielt. Endfieder am größten, übrige Fiederblättchen zur Blattbasis an Größe abnehmend, matt, etwas derb und lederig, meist ganzrandig oder nur undeutlich gezähnt, beim Zerreiben leicht nach Terpentin riechend. Einhäusig.
Männliche *Blüten* in 3–10 cm langen, gelben oder gelbgrünen Kätzchen, ziemlich dick und nach unten gekrümmt. Weibliche Blüten unauffällig endständig an jungen Trieben, meist zu 2–5, mit gelben Narben.
Frucht 4–5 cm lang, länglich-kugelig, grün oder gelblich, drüsig punktiert.
Standort: Bevorzugt auf tiefgründigen, kalkreichen, humosen Böden mit gleichmäßiger Wasserversorgung.
Verbreitung: Die Walnuß ist eigentlich nur in Südosteuropa auf dem Balkan beheimatet. Ihr natürliches Verbreitungsgebiet erstreckt sich jedoch quer durch Zentralasien. Vor Jahrhunderten wurde sie schon in andere Regionen eingeführt und wird jetzt in wintermilden Klimaten fast überall als Zier- und Nutzbaum angepflanzt.
Blütezeit: April bis Mai.
Allgemeines: Botanisch korrekt sind die wohlschmeckenden Samen keine Nüsse, sondern die Kerne von Steinfrüchten!
Sie enthalten ein fettes Öl, das nach Pressung auch als Speiseöl verwendbar ist.

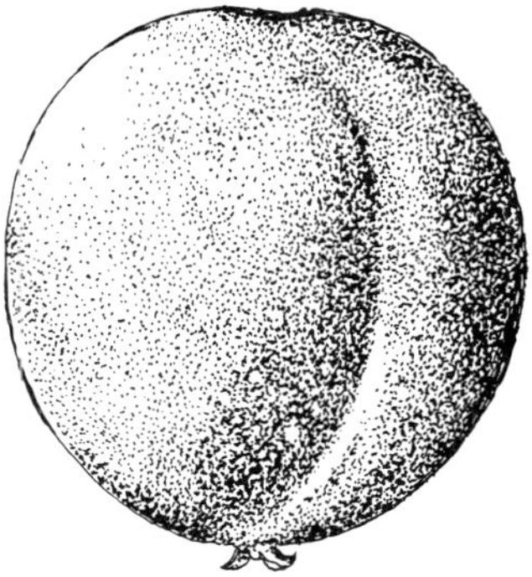

Blüten ♀

Blüten ♂

Merkmale: Sommergrüner, 15–20 m hoher Baum mit dichter, gewöhnlich stark gewölbter, rundlicher Krone, ein- oder mehrstämmig.
Stamm verhältnismäßig kurz und schon bald in mehrere kräftige Äste gegabelt, diese bogig aufsteigend.
Kleinere *Äste* und *Zweige* gerade abstehend oder leicht hängend.
Rinde grau und rissig-netzförmig in viele kleine Felder geteilt. Triebe kahl, ganz leicht bereift, bräunlich-grün. Knospen sehr kurz behaart, gestielt, ohne Knospenschuppen.
Blätter unpaarig gefiedert, wechselständig, sehr groß, bis 60 cm lang. Blattspindel drehrund, hellgrün oder gelblich grün, am Grund stark (bis 1 cm) angeschwollen. Fiederblättchen in 7–20 Paaren, zwischen 12 und 18 cm lang und um 5 cm breit, gerade abstehend oder leicht nach vorne gerichtet, vorne kurz zugespitzt, am Rand gesägt, an der Blattspindel ziemlich dicht aufeinanderfolgend und sich mit der Blättchenfläche daher leicht überdeckend, sehr kurz gestielt oder fast sitzend, auf der Oberseite glänzend und kräftig grün, auf der Unterseite heller und gepunktet durch einzelne bräunliche, recht auffällige Sternhaare in der Nähe der Mittelrippe. Einhäusig.
Männliche *Blüten* in dicken, gelben, bis 12 cm langen Kätzchen. Weibliche Blüten in schlanken, vielblütigen, grünlichen Kätzchen bis 15 cm Länge. Diese verlängern sich zur Fruchtzeit auf etwa 50 cm.
Früchte mit breitem Flügelrand, hellgrün.

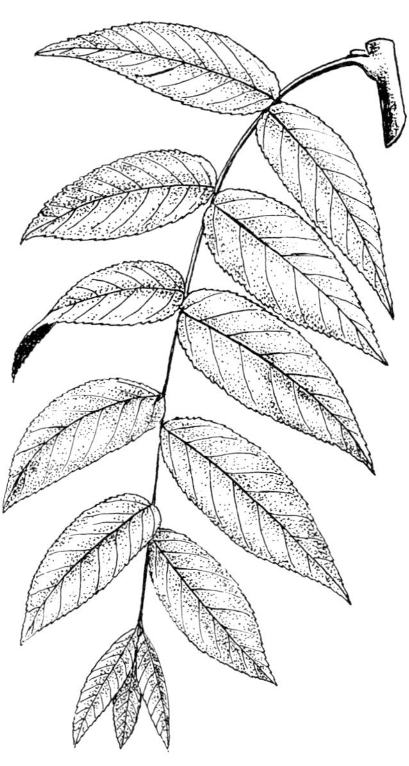

Verbreitung: Die Flügelnuß ist in den Bergwäldern vom Kaukasus bis zum nördlichen Iran verbreitet. Seit etwa 150 Jahren wird dieser ausgesprochen dekorative Baum jedoch auch außerhalb seines natürlichen Verbreitungsgebiets in Parkanlagen und großen Gärten angepflanzt, stellenweise aber auch als Alleebaum eingesetzt. Im mitteleuropäischen Klima ist die Flügelnuß winterhart, aber ebenso wie die Walnuß-Arten sehr empfindlich gegen Spätfröste, die die frisch austreibenden Blätter nachhaltig schädigen können.
Blütezeit: April bis Mai.
Allgemeines: Die Gattung *Pterocarya* ist insgesamt mit 8 Arten vertreten, die allesamt in Asien beheimatet sind, sich dort jedoch auf zwei Teilverbreitungsgebiete (Kleinasien und Südostasien) verteilen. Neben der hier vorgestellten Kaukasischen Flügelnuß sieht man gelegentlich auch noch weitere Arten als Zier- oder Parkbäume, doch ist *Pterocarya fraxinifolia* die mit Abstand am häufigsten verwendete Spezies. Die rund 2–3 cm breiten, markanten Flügelfrüchte dieses Baums sehen aus wie kleine Elefantenköpfe und können deshalb für allerlei Basteleien verwendet werden.
Auch im unbelaubten Zustand ist die Flügelnuß gut zu erkennen, selbst wenn keine Fruchtstände mehr vorhanden sein sollten. Die großen, hellgrauen bis braungrauen, halbovalen Blattnarben kennzeichnen die Art ebenso wie die zimtfarbenen, langen Endknospen, die bereits Merkmale der künftigen Blätter zeigen.

Früchte

Silber-Pappel, Weiß-Pappel *(Populus alba L.)*

Merkmale: Sommergrüner Baum mit hoher, oft nach einer Seite überhängender, ziemlich breiter Krone auf kräftigem, geradem oder etwas gekrümmtem Stamm, am Grund häufig mit Schößlingen und Wasserreisern. Wuchshöhen bis 30 m.

Rinde an jungen Exemplaren noch glatt und weißlich-grau bis graugrün, im Alter zunehmend rauh und dunkler grau, außerdem rissig gefurcht oder mit Leistenmuster. Triebe grün, dicht weißfilzig behaart. Knospen klein, eiförmig, braun-gelblich, behaart.

Blätter wechselständig, 6–10 cm lang und bis 5 cm breit, an manchen Zweigen auch von angenähert kreisrundem Umriß, sonst eher oval und in 3–5 größere Lappen gegliedert, am Grund gerundet oder wie abgeschnitten erscheinend, lang gestielt, am Rand mitunter auch kurz gezähnt, beim Austrieb beidseits wollig-filzig behaart, später auf der Oberseite glänzend dunkelgrün und nur auf der Unterseite weißwollig, etwas derb und lederig. Zweihäusig.

Männliche *Kätzchen* weißlich mit karminroten Staubgefäßen, etwa 4–6 cm lang, dicklich, hängend. Weibliche Kätzchen zur Blütezeit ebenso lang und grünlich-gelb, zur Fruchtzeit um 10 cm lang. Blüten erscheinen bereits vor dem Laubaustrieb.

Standort: Die Silber-Pappel bevorzugt offene, feuchte Standorte auf lockeren Böden, vor allem Sandböden.

Verbreitung: In Europa weit verbreitete Art in Auenwäldern, flußbegleitenden Gehölzen oder auch im küstennahen Pionierwald.

Blütezeit: März bis April.

Allgemeines: Die Silber- oder Weiß-Pappel ist im größten Teil Europas zu Hause und von Natur aus eine der Leitarten der Weichholzauen zusammen mit strauch- und baumförmigen Weiden-Arten. Mit ihren auffallenden, zweifarbigen Blättern gehört sie zweifellos zu den attraktivsten einheimischen Laubgehölzen, ist jedoch als Zierbaum weitgehend unentdeckt geblieben. Erst neuerdings wählt man Silber-Pappeln zunehmend als Straßenbäume, da die ausgeprägt wollig-filzigen Blätter sehr viel Luftstaub binden können und damit zur Luftreinhaltung im Lebensraum Stadt wesentlich beitragen. Im Haarbesatz gebundener Staub wird bei kräftigen Regengüssen weitgehend wieder abgewaschen und mit dem abfließenden Wasser weggespült, so daß der Baum zumindest bei mäßiger Verstaubung keinen Schaden nimmt. Pappel-Arten neigen ebenso wie die Vertreter der Gattung *Salix* (Weiden) sehr stark zu Bastardierungen, so daß gelegentlich sehr unübersichtliche, nicht mehr eindeutig zuzuordnende Formenschwärme entstehen. Dies gilt auch für die Silber-Pappel, wie am Beispiel der folgenden Art gezeigt wird.

Blütenstand ♀

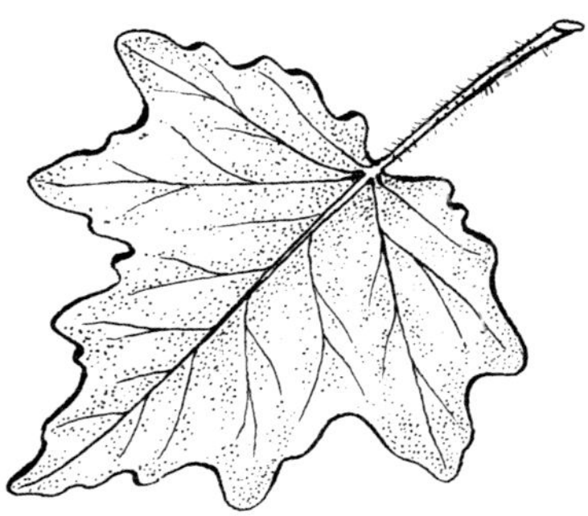

Blütenstände ♂

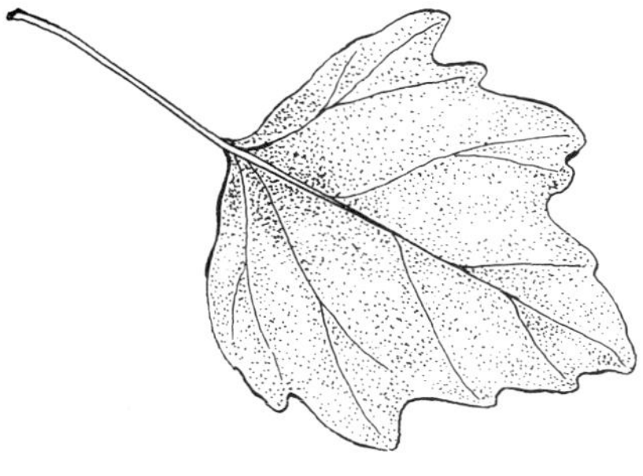

Merkmale: Kräftiger, stattlicher Baum bis ungefähr 30 m Höhe, mit anfangs kegelförmiger, später eher rundlicher, gewölbter, recht breiter Krone auf hohem, dickem Stamm. Krone baut sich nur aus wenigen, dafür aber sehr massiven Hauptästen aus, die steil aufsteigen. Meist erreicht sie im oberen Drittel ihre größte Breite.

Rinde bei jüngeren Bäumen mit Korkleisten, die sich mit zunehmendem Alter zu schwarzen, rauhen Wülsten vergrößern. Grundfarbe der Rinde grau oder dunkelgrau bis schwärzlich.

Zweige recht dünn, meist etwas hängend. Triebe grünlich, zunächst mit grauer Behaarung, die leicht abgerieben werden kann. Knospen rötlich-braun, an der Spitze unbehaart.

Blätter langgestielt, an Langtrieben von ungefähr dreieckigem Umriß, sonst mehr rundlich-oval, mit wenigen, großen, bogig verlaufenden Zähnen, am Grund wie abgeschnitten oder leicht herzförmig, beim Austrieb auf beiden Seiten silbrig behaart, später auf der Oberseite glänzend dunkelgrün oder graugrün, auf der Unterseite dagegen filzig grauweiß behaart. Zweihäusig.

Männliche *Kätzchen* weißlich, mit karmin- oder purpurroten Staubgefäßen, etwa 3–4 cm lang. Weibliche Kätzchen zur Blütezeit grünlich und ebenso lang, zur Reifezeit deutlich verlängert.

Standort: Die Grau-Pappel liebt feuchte Lokkerböden und siedelt deshalb gerne auf Flußschottern oder an Ufern.

Verbreitung: In weiten Teilen Europas verbreitet und sehr häufig auch angepflanzt, da sie sich vor allem für Erosions- und Windschutzpflanzungen hervorragend eignet.

Blütezeit: Februar bis April.

Allgemeines: Die Grau-Pappel ist nach modernerem systematischem Verständnis eigentlich keine selbständige, sauber abgrenzbare Art, sondern wird meist als Kreuzungsbastard zwischen der Silber-Pappel *(Populus alba)* und der **Zitter-Pappel** oder **Espe** *(Populus tremula)* angesehen. Bei genauer Betrachtung fällt tatsächlich auf, daß sie in vielen Merkmalen ziemlich genau zwischen ihren beiden Eltern-Arten steht. An der Belaubung fällt beispielsweise die starke Behaarung auf, die der Zitter-Pappel nahezu fehlt, bei der Silber-Pappel jedoch zum namengebundenen Merkmal wurde. Andererseits erinnert auch die glänzende Oberseite der Blätter sehr stark an die Silber-Pappel, während der im Umriß eher rundliche Blattschnitt und die seichten Buchten zwischen den fein ausgezogenen Blattspitzen als Anklänge an die Verhältnisse bei der Zitter-Pappel zu verstehen sind.

Pappeln sind wie die zur gleichen Pflanzenfamilie gehörenden Weiden zweihäusige Bäume; männliche und weibliche Blütenstände kommen folglich nicht gemeinsam auf der gleichen Pflanze vor, sondern entwickeln sich immer getrennt auf verschiedenen Individuen. Dabei zeigt sich jedoch noch ein interessanter Unterschied. Die Blüten der Pappeln sind sehr unscheinbar und unauffällig – sie verzichten auf jeglichen Schmuck und die sonst eingesetzten Lockmittel zur Einladung blütenbesuchender Insekten, denn sie lassen ihre Pollenmengen vom Wind transportieren. Da dieser Transportunternehmer jedoch unzuverlässig ist und die Pollen wahllos verfrachtet, müssen entsprechende Mengen auf die Reise geschickt werden, damit die Bestäubung schließlich doch gesichert wird. Weiden setzen für diesen Zweck die sehr zielstrebigen Insekten, vor allem Bienen, ein.

Die Samen der Pappeln sind winzig klein und mit bloßem Auge gerade noch erkennbar. Sie tragen zahlreiche, lange Samenhaare. Dadurch erhalten sie bei geringem Gewicht eine große Oberfläche und können vom Wind über große Entfernungen verfrachtet werden.

Merkmale: Sommergrüner Baum bis ungefähr 30 m Wuchshöhe, Ausläufer treibend. Krone anfangs sehr locker und licht durch weit gestellte Äste, später eher kegelförmig und zuletzt rundlich bis unregelmäßig mehrteilig.
Stamm selten völlig gerade, meist etwas geneigt.
Untere *Äste* abstehend, obere steiler aufrecht.
Rinde kahl, ziemlich glatt, etwas klebrig, graugrün, mit zahlreichen Lentizellen, auch bei älteren Bäumen nicht gefurcht oder rissig gefeldert. Triebe glänzend, dunkelbraun-rötlich, mit eng anliegenden, schmalen Knospen.
Blätter 3–10 cm lang, lang gestielt, am Grund meist herzförmig, sonst überwiegend kreisrund oder eirund mit sehr kurzer, kaum angedeuteter Spitze, stumpf gezähnt oder seicht gebuchtet, auf der Oberseite matt graugrün oder reingrün, unterseits immer deutlich heller, aber kahl. Zweihäusig.
Männliche *Kätzchen* meist sehr zahlreich, grauweiß mit purpurroten Staubgefäßen. Weibliche Kätzchen um 4 cm lang, grünlich, zur Fruchtzeit bis auf 12 cm verlängert.
Standort: Zitter-Pappeln sind ideale Rohbodenbesiedler und lieben lockere, lichte, nährstoffreiche Standorte.

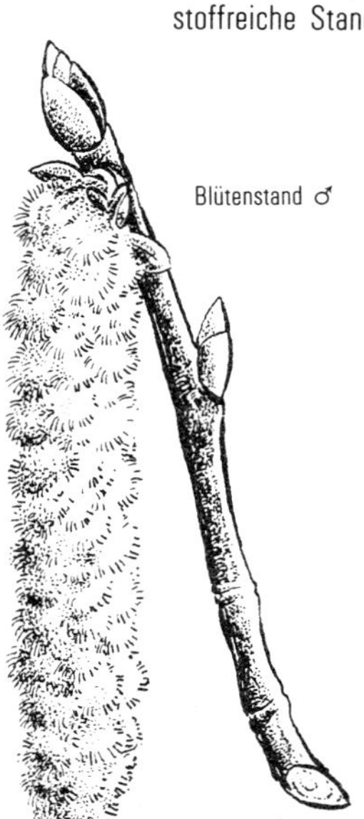

Verbreitung: Von allen Pappel-Arten in Europa am weitesten verbreitet, in Schlagfluren, an Gehölzsäumen, auf Blockhalden oder in Hekken von der Ebene bis weit über 1000 m im Gebirge ansteigend. Stellenweise sogar forstlich angebaut.
Blütezeit: März bis April.
Allgemeines: Die Zitter-Pappel ist ein sehr lichtbedürftiges Gehölz und erträgt kaum eine stärkere Überschattung durch andere Bäume. Gleichzeitig ist sie sehr raschwüchsig und in der Wahl der Bodenqualität nicht allzu anspruchsvoll. Außerdem bringen die weiblichen Pflanzen große Mengen flugfähiger Samen hervor, die im Frühsommer zu kleinen watte-bauschähnlichen Gebilden vereint mit dem Wind verfrachtet werden. Zusammengenommen lassen diese Merkmale die Zitter-Pappel als nahezu ideales Pioniergehölz erscheinen. Die Beobachtungen im Gelände geben dieser Vermutung recht. Überall auf Brachland, in aufgelassenen Steinbrüchen oder entlang von Verkehrswegen (besonders an Bahnanlagen) siedeln sich durch Samenanflug in kurzer Zeit dichte Bestände der Zitter-Pappel und der Weiß-Birke an, die in dieser Hinsicht ebenso zu bewerten ist. Sobald an einer von diesen beiden Gehölzen besiedelten Flur auch andere Gehölze aufkeimen und heranwachsen, beginnt der Konkurrenzkampf, dem die zwar raschwüchsigen, aber insgesamt nur kurzlebigen Pioniergehölze nicht gewachsen sind. Sie machen daher nach einigen Jahren oder Jahrzehnten anderen Gehölzen und deren Pflanzengesellschaften Platz.
Pappel-Holz ist ein typisches Weichholz, wird deshalb für die Möbelherstellung oder als Bauholz kaum verwendet, ist aber dennoch nicht wertlos, sondern besitzt bemerkenswerte technische Vorzüge. Schlagfrisches Holz der Zitter-Pappel ist wegen seines relativ hohen Wassergehalts ziemlich schwer. Nach dem Trocknen ist es jedoch sehr leicht und außerdem gut verformbar. In Schäl- und Schneidemaschinen splittert es im Unterschied zu vielen anderen Hölzern kaum und wird deshalb bevorzugt zur Herstellung von Zündhölzern verwendet. Außerdem werden aus Zitter-Pappeln geschnittene Sparstreifen für Flechtarbeiten genutzt.

Blütenstände ♀

Samen mit Flughaaren

Schwarz-Pappel *(Populus nigra L.)* Weidengewächse

Merkmale: Stattlicher Baum bis ungefähr 30 m Wuchshöhe, mit sehr hoher, gewölbter, oft sehr ausladender Krone, die besonders bei alten Bäumen mehrteilig und recht unregelmäßig aussehen kann.

Stamm gewöhnlich sehr kräftig entwickelt, ziemlich bucklig und gewunden, meist etwas geneigt oder verdrückt, schon in geringer Höhe über dem Boden in wenige, sehr kräftige und massive Äste geteilt, die bogig oder steil schräg aufsteigen.

Zweige und Triebe ziemlich dünn, hell bräunlich. Knospen eng angedrückt, blaß braun.

Blätter an Langtrieben etwa 5–9 cm lang, lang gestielt, von dreieckigem Umriß oder eiförmig-rautenförmig mit schlanker, verlängerter Spitze, am Rand mit kleinen, nach vorne weisenden Zähnen. Blätter an Kurztrieben im allgemeinen kürzer. Alle Blätter beim Austrieb rötlich-grün, jedoch schon bald glänzend dunkelgrün.

Männliche *Kätzchen* grauweiß mit rötlichen Staubgefäßen, um 5 cm lang. Weibliche Kätzchen grünlich.

Standort: Bevorzugt feuchte, periodisch überschwemmte Böden über tiefgründigem Sand oder Kies.

Verbreitung: Von Natur aus nur in den großen Flußtälern Mittel- und Südeuropas, jedoch vielfach angepflanzt und als Parkbaum verwendet.

Blütezeit: März bis April.

Verwandte Arten: Die **Westliche Balsam-Pappel** *(Populus trichocarpa)* stammt aus Nordamerika und zeichnet sich durch eine schlankere Krone sowie rundlich-herzförmige Blätter aus, deren Blattgrund meist gerade abgeschnitten erscheint oder nur wenig keilförmig in den langen Blattstiel verschmälert ist. Hohe, meist schlanke Bäume mit sehr lichter, offener Krone. Häufig in Parkanlagen oder in Aufforstungsgebieten angepflanzt. Die **Chinesische Großblatt-Pappel** *(Populus lasiocarpa)* trägt auffallend großflächige Laubblätter, die durchschnittlich etwa 30 × 30 cm messen und damit wesentlich größer ausfallen als die Blätter aller anderen im Gebiet anzutreffenden Pappel-Arten. Außerdem fallen hier die roten Blattstiele auf. Als Zierbaum bisher noch nicht allzu häufig verwendet, sondern nur in großen Sammlungen und botanischen Gärten anzutreffen. Die **Berliner Lorbeer-Pappel** *(Populus x berolinensis)* ist eine Hybrid-Pappel, an deren Entstehung wahrscheinlich die Schwarz-Pappel beteiligt ist (vgl. auch folgende Gruppe). Auffallend ist ihre schmale, dichte Krone mit nahezu senkrecht aufstrebenden Ästen. Die Blattstiele sind rund, die Blattspreite schmal-keilförmig. Ähnelt im Aussehen der *Italica*-Form der Schwarz-Pappel, ist jedoch kleinblättriger

Die winzig kleinen Samen der Pappeln sind in flaumigen Samenhaarpaketen (siehe Bild rechts unten) verborgen und werden so in großen Mengen vom Wind verbreitet. In ausgedehnten Pappelbeständen hat es zur Reifezeit mitunter den Anschein, als sei Neuschnee gefallen.

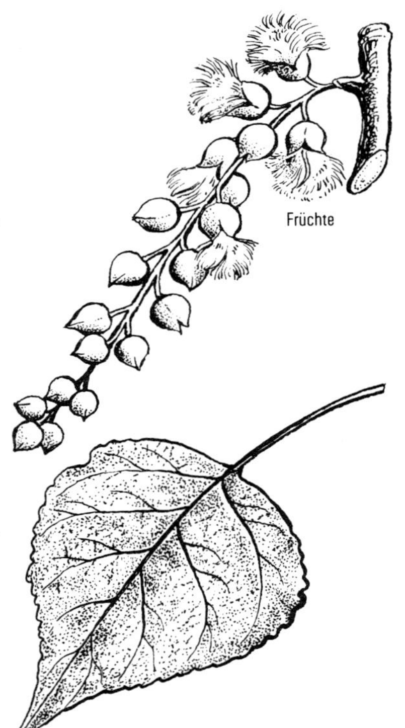

Blütenstände ♂

Samen mit Flughaaren

Bastard-Schwarzpappel, Kanadische Pappel *(Populus x canadensis* MOENCH*)*

Weidengewächse

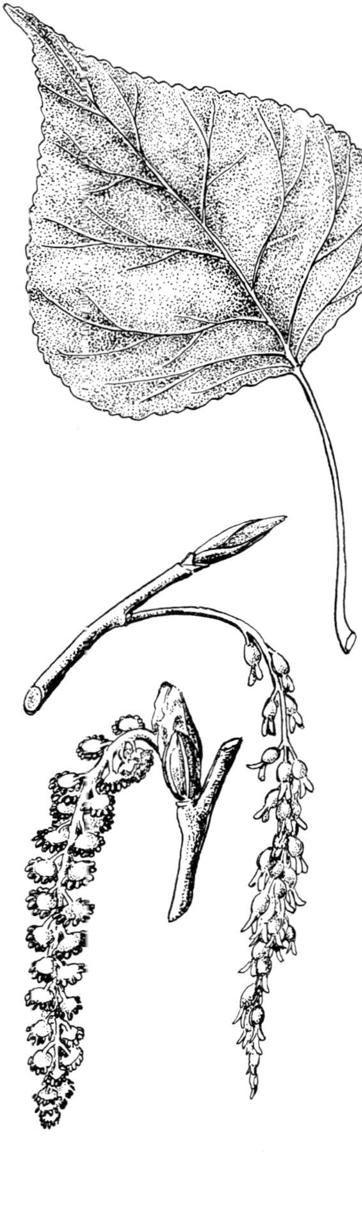

Merkmale: Sommergrüne, meist starkwüchsige Bäume mit Höhen über 30 m und breiter, hoher, sehr offener Krone.

Stämme am Grund oft knorrig und bucklig, bei ausgewachsenen oder älteren Bäumen bis über 10 m Höhe nahezu astfrei und dann erst mit wenigen, sehr locker gestellten, fast waagerecht abgehenden Ästen besetzt, die erst im oberen Drittel der Krone aufsteigen oder steil aufgerichtet werden. Triebe glänzend hell- oder gelbbraun, ziemlich dick. Knospen ebenfalls glänzend, 5–20 mm lang, meist zugespitzt.

Rinde hellgrau, meist tief gefurcht, Furchen oft ziemlich lang und breit.

Blätter von dreieckigem Umriß, etwa 7–8 cm lang und breit, am Grund gestutzt oder leicht herzförmig, vorne mit schlanker, von der übrigen Blattfläche deutlich abgesetzter Spitze, am Rand etwas wellig durch flache, etwas ungleich große Zähne. Blattstiele 3–5 cm lang, meist deutlich abgeflacht.

Männliche *Kätzchen* glänzend rötlich, fallen nach dem Abblühen ab. Weibliche Kätzchen ziemlich dick und fest, glänzend grüngelb, fallen erst später ab.

Verbreitung: Überall in Europa in verschiedenen Formen und Sorten als Straßen- oder Parkbaum, aber auch in Schutzpflanzungen verwendet. Stellenweise auch forstlicher Anbau zur Holzgewinnung bei verhältnismäßig kurzen Umtriebszeiten, da die Bäume gewöhnlich sehr raschwüchsig sind.

Blütezeit: April bis Mai.

Allgemeines: Die Bastard-Schwarzpappeln sind aus Kreuzungen der europäischen **Schwarz-Pappel** *(Populus nigra)* mit verschiedenen amerikanischen Arten, vor allem mit der **Rosenkranz-Pappel** *(Populus deltoides)*, hervorgegangen. Entsprechend formenreich ist das Sortenbild. Die sehr häufig angepflanzten Bäume ähneln jedoch in vielen Merkmalen ihrem europäischen Elter und können so vergleichsweise sicher erkannt werden.

Die Samen der Weiden- und Pappel-Arten mit ihren auffälligen, der Windverbreitung dienenden Samenhaarschöpfen werden in großer Menge in unscheinbaren Kapselfrüchten entwickelt.

Blütenstände ♀

Blütenstände ♂

Samen mit Flughaaren

Hänge-Birke, Weiß-Birke, Warzen-Birke, Sand-Birke *(Betula pendula* ROTH*)*

Birkengewächse

Merkmale: Sommergrüner, bis etwa 20 m hoher Baum mit anfangs schmaler, spitzkegeliger, später rundlich gewölbter oder unregelmäßiger Krone.

Stamm gerade oder gekrümmt, mitunter auch einseitig geneigt.

Untere *Äste* verhältnismäßig kurz, abstehend. Äste des mittleren und oberen Kronenbereichs steil aufsteigend. Zweige sehr lang und schlank, an älteren Bäumen von den Ästen schleierartig herabhängend.

Rinde glatt, silbrig weiß, mit einzelnen, grauweißen Querbinden, zuletzt vor allem an der Stammbasis mit groben, knorrigen, tiefrissigen, schwarzen Leisten gefeldert. An den jüngeren Ästen ist die Rinde gewöhnlich rosaweiß, an den Zweigen sogar glänzend dunkelrot-bräunlich. Triebe mit kleinen, warzenartiger Erhebungen besetzt (= Drüsen), daher häufig auch Warzen-Birke genannt. Knospen bräunlich oder glänzend grün, um 4 mm lang, leicht zugespitzt.

Blätter 2–6 cm lang, rundlich-oval oder von dreieckigem Umriß, mitunter auch rhombisch, lang gestielt, doppelt gesägt, beidseits kahl, fühlen sich sehr dünn und leicht an. Einhäusig.

Männliche *Kätzchen* 3–6 cm lang, anfangs bräunlich, später hellgelb. Weibliche Kätzchen zunächst grünlich, zur Reifezeit hell- oder mittelbraun.

Standort: Pionierart auf lockeren, lichten Rohböden, erträgt keine Überschattung.

Verbreitung: Überall in Europa häufig und weit verbreitet, besonders in Sandfluren, auf Schlägen, an Waldrändern oder in Feldgehölzen. In Südeuropa nur in den höheren Gebirgslagen anzutreffen.

Blütezeit: März bis Mai.

Allgemeines: Die Weiß- oder Hänge-Birke, regional auch als Sand-Birke bezeichnet, ist mit Abstand die häufigste Birken-Art in Europa. Der Grund für ihre weite Verbreitung von Südeuropa bis in den hohen Norden, beziehungsweise in entsprechende Höhenlagen der alpinen Gebirge Europas, liegt in ihrer Anspruchslosigkeit gegenüber klimatischen Härten. Offenbar spielt dabei die auffallend weiße Rinde eine wichtige Rolle, die einen erheblichen Teil der auftreffenden Strahlung reflektiert. Dies mag insbesondere an stark und anhaltend besonnten Stellen ein sehr wirksames Anpassungsmerkmal sein.

Birken breiten sich auf brachliegendem Ödland oder in Schlägen ungemein rasch aus. Auch diese Tatsache wird rasch verständlich, wenn man einmal die Zahl der von einem einzigen Baum in Gang gesetzten Verbreitungseinheiten überschlägig betrachtet. Die zur Blütezeit eher unauffälligen weiblichen Kätzchen vergrößern sich während der Fruchtreife über den Sommer etwas und nehmen im Frühherbst eine kräftige bräunliche Färbung an. Zu diesem Zeitpunkt sind die Samen reif. Die Kätzchen brechen auseinander und setzen die winzigen Nußfrüchte mit ihren beiden seitlich anhängenden Flügeln frei. Je Kätzchen sind dies einige Hundert, bei einem mittelgroßen Baum jedoch schon einige Millionen, da die weiblichen Kätzchen in guten Samenjahren ziemlich dicht sitzen. Die flugfähigen Samen werden vom Herbstwind zum Teil über größere Entfernungen verstreut und keimen im nachfolgenden Frühjahr an zusagenden Stellen aus. Birken sind vielfach genutzte Laubbäume. Das helle Holz wird besonders gern in der Modelltischlerei verwendet. Die Blätter besitzen verschiedene wertvolle Inhaltsstoffe und dienen als Heilmittel.

Sie werden in der Volksmedizin ebenso verwendet wie in verschiedenen homöopathischen Zubereitungen.

Blüten ♂

Fruchtstände

Moor-Birke *(Betula pubescens* EHRH.*)*

Merkmale: Strauch oder kleinerer Baum, höchstens etwa 20–25 m Höhe erreichend. Krone von Anfang an weniger schlankwüchsig als bei der vorigen Art.

Äste stärker ausgebreitet und häufig etwas gedreht, steil aufgerichtet und im oberen Kronenbereich weit ausladend, Krone wird dadurch unregelmäßig und mehrteilig.

Zweige anfangs rötlich-braun, etwas glänzend, hängen am erwachsenen Baum nicht schleierartig herab, sondern stehen besenartig aufrecht. Drüsenbesatz fehlt, dafür ist ein feiner Flaumüberzug vorhanden.

Rinde am Stamm glatt und weißgrau bis hellbräunlich, stellenweise auch silberweiß, jedoch niemals in rautenförmige Platten gefeldert wie bei der Weiß-Birke.

Blätter nur einfach gesägt, im Umriß rundlicher, auf der Unterseite in den Achseln der größeren Blattnerven mit feinem Flaum, immer in der Mitte der Blattspreite am breitesten, nicht im unteren Drittel oder nahe der Blattbasis.

Standort: Bevorzugt staunassen, feuchten und nur mäßig nährstoffreichen Boden.

Verbreitung: Vor allem in Bruch- und Moorwäldern in Nord- und Mitteleuropa, bis Sibirien, im Süden vor allem im Gebirge bis etwa 1600 m Höhe. Formenreich.

Blütezeit: April bis Mai.

Verwandte Arten: Die **Gold-Birke** *(Betula ermanii)* stammt aus dem nordöstlichen Asien, besitzt eine gelbliche bis weiße, in Streifen ablösende Rinde (Bild S. 110). Die Blätter sind länger als bei den einheimischen Arten. Ziemlich häufig in Parkanlagen angepflanzt. Die **Japan-Birke** *(Betula maximowicziana)* zeigt orangebraune, erst später nachdunkelnde Triebe und besitzt für eine Birke ungewöhnlich gestaltete, sehr große, fast lindenartige Blätter von etwa 12 × 10 cm Größe (Bild S. 110). Die Kronengestalt erinnert an die einheimische Weiß- oder Moor-Birke, doch sind die Äste meist etwas kräftiger entwickelt. Ziemlich häufig in Parkanlagen angepflanzt, in den meisten Sammlungen und Gärten enthalten. Bei der **Schwarz-Birke** *(Betula nigra)*, die in den östlichen USA bis Florida beheimatet ist, fehlt die für die meisten Arten dieser Gattung typische helle bis silbrig-weiße Rinde (Bild S. 111). Statt dessen herrschen hier dunklere Töne vor: An jüngeren Stämmen ist die Rinde blaßbraunrötlich bis grau-dunkelbraun, an älteren Exemplaren sehr dunkel oder annähernd schwärzlich und zuletzt sehr grob rissig-borkig. Die Blätter sind etwa 8 × 3 cm groß oder noch größer, länglich-oval, am Rand doppelt gesägt, oberseits glänzend dunkelgrün, unterseits nach der Entfaltung noch dicht behaart, später verkahlend. Diese Birken-Art ist außerhalb ihres Verbreitungsgebiets nur in großen Sammlungen und botanischen Gärten zu sehen. Die ebenfalls aus Nordamerika stammende, jedoch von Neufundland bis Britisch Kolumbien verbreitete **Papier-Birke** *(Betula papyrifera)* besitzt wiederum eine hellfarbene, jedoch etwas gelbliche oder hellrosa gefärbte Rinde (Bild S. 111). Blätter wesentlich größer als bei den einheimischen Birken, etwa 6–12 cm lang, etwas derb, oberseits matt dunkelgrün, mit langer, schlanker Spitze. Nur in größeren Sammlungen und in botanischen Gärten; bisher noch wenig angepflanzt, obwohl sie recht dekorativ aussieht.

Trotz klimatischer Vergleichbarkeit gibt es in Europa wesentlich weniger Birken-Arten als in Nordamerika, weil hier viele Arten während der Eiszeit ausgestorben sind.

In Europa konnten die voreiszeitlichen Birken-Arten wegen der west-östlich verlaufenden hohen Faltengebirge nicht vor der Vereisung ausweichen. In Amerika dagegen war eine Wanderung nach Süden möglich.

Blütenstände ♂

Blüten ♀

Früchte

Betula ermanii

Betula maximowicziana

Betula nigra

Betula papyrifera

Merkmale: Sommergrüner Baum bis etwa 25 m Wuchshöhe. Krone von Anfang an breit angelegt, später rundlich gewölbt oder mit kurzer Spitze.

Äste ziemlich weit und locker gestellt, im unteren Kronenbereich aufsteigend, im oberen eher waagerecht abgehend.

Rinde bräunlich-grau, in längliche oder annähernd quadratische Felder aufgebrochen. Triebe grün oder hellpurpurn, mit auffallenden Lentizellen von orangeroter Färbung. Knospen lang gestielt, länglich-oval, braun.

Blätter wechselständig, 4–10 cm lang, im Umriß breit keilförmig, dabei im vorderen Blattdrittel am breitesten, nur wenig zugespitzt oder (häufiger) ausgerandet, am Rand seicht doppelt gesägt und leicht wellig, beidseits mit 5–8 Blattnerven, in deren Achseln auf der Unterseite gelbliche Haarbüschel stehen.

Blüten erscheinen vor dem Laubaustrieb und sind bereits im Winteraspekt der Bäume deutlich sichtbar. Einhäusig. Männliche Kätzchen anfangs purpurn, um 3 cm lang, in kleinen Gruppen zu 2–3. Weibliche Kätzchen etwa 1–1,5 cm lang, zu 2–8 in kleinen Gruppen, während des Winters purpurn, beim Aufblühen grünlich. Fruchtende Kätzchen bis 3 cm lang, stark verholzt und im Aussehen ähnlich wie kleine, länglich-kugelige Zapfen von dunkelbrauner Färbung.

Standort: Fast alle Erlen bevorzugen sickerfeuchten, zeitweise überfluteten, lockeren oder steinigen Boden. Pionierart.

Verbreitung: Überall in Europa entlang von Bachläufen sowie in Auwäldern oder Brüchen verbreitet und häufig. Grundwasserzeiger. Holz verfärbt sich beim Einschlag kräftig orangegelb.

Blütezeit: März bis April.

Allgemeines: Erlen sind im belaubten wie im unbelaubten Zustand immer eindeutig an ihren eigenartigen, zapfenähnlichen Fruchtständen zu erkennen, die während des ganzen Jahrs auf dem Baum bleiben und auch lange nach dem Ausstreuen der Samen noch nicht abgeworfen werden. Keine andere europäische Laubholz-Art ist mit solchen charakteristischen Gebilden ausgestattet. Häufig werden sie besonders im Spätherbst und Winter gesammelt und für Bastelzwecke oder zur Dekoration verwendet.

Verwandte Arten: Die **Italienische** oder **Herzblättrige Erle** *(Alnus cordata)* hat sehr große, am Grund herzförmig gestaltete Blätter mit fein gezähntem Rand. Sie kommt in Süditalien, auf Sardinien und Korsika vor und ersetzt dort stellenweise die im übrigen Europa weit verbreitete Schwarz-Erle. Der häufig verwendete Name »Rot-Erle« für die Schwarz-Erle ist irreführend, da Verwechslungen mit der amerikanischen *Alnus rubra* auftreten könnten.

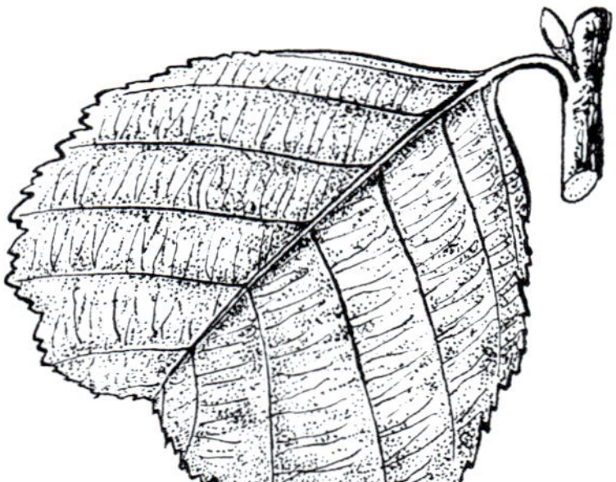

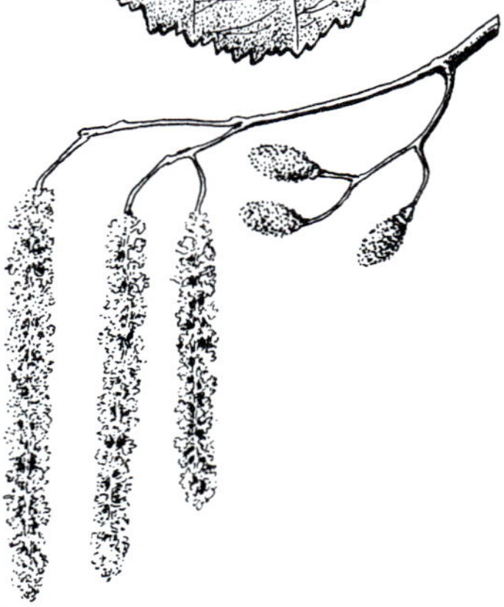

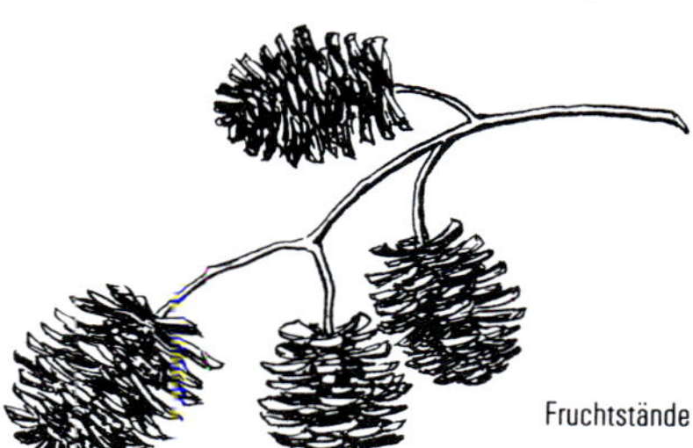

Fruchtstände

Birkengew.
u. Haselgew.

Blüten ♂ (gelb), ♀ (rot)

Merkmale: Strauch oder kleinerer Baum zwischen 3 und 15 m Höhe, gelegentlich auch noch höher (bis 20 m). Krone breit kegelig oder säulenförmig, jedoch nicht hoch gewölbt, sondern etwas zugespitzt.

Äste sehr locker angeordnet, quirlständig oder etwas unregelmäßig; Krone dadurch im Aussehen aufgelöst erscheinend.

Rinde glatt, dunkelgrau-grünlich, nach oben immer etwas heller, mit zahlreichen, senkrecht gestellten Lentizellen. Triebe auf der Unterseite silbrig behaart, auf der Oberseite rötlich-braun, später kahl und glänzend. Knospen auf etwa 2 mm langem Stiel, etwas zur Seite gebogen, purpurn, nicht klebrig.

Blätter wechselständig, voneinander etwas entfernt stehend und nicht überlappend, vorne scharf zugespitzt, oval oder rundlich, etwa 7–10 cm lang, deutlich gezähnt, mit 7–12 Paaren größerer Blattnerven, diese genau gegenüberstehend oder leicht gegeneinander versetzt, auf der Oberseite mattgrün, auf der Unterseite graugrün, anfangs überall fein behaart, später nur noch auf den Blattnerven der Blattunterseite. Laub färbt sich im Spätherbst nicht um, sondern bleibt bis zum Laubfall grün.

Männliche *Kätzchen* zu 3–4, während des Aufblühens 5–8 cm lang. Weibliche Kätzchen in Gruppen zu 2–8, zur Reifezeit zapfenartig verholzt und etwa 1 cm lang.

Standort: Die Grau-Erle liebt kiesig-sandige Lockerböden mit mäßiger bis guter Nährstoffversorgung und zeitweiliger Überflutung.

Verbreitung: Überall im mittleren und nördlichen Europa weit verbreitet und ziemlich häufig in Gebirgsauwäldern, entlang von Bachläufen oder kleinen Flüssen oder auch auf sicherfeuchtem Moränenschutt. In Südeuropa weniger häufig. Fehlt im Mittelmeergebiet.

Blütezeit: März bis April.

Allgemeines: Grau-Erlen werden sehr häufig zur Bodenbefestigung auf Halden oder anderen frisch verkippten Aufschüttungen angepflanzt. Dort sind sie aber auch noch anderweitig nützlich. Die Wurzeln der Erlen leben sehr eng mit bestimmten Bodenbakterien zusammen. Sie bilden dazu, ähnlich wie die Hülsenfrüchtler, besondere Wurzelknöllchen aus, die von den Fadenbakterien besiedelt werden. Diese Mikroorganismen verfügen im Unterschied zur Erle über eine bemerkenswerte Stoffwechselleistung: Sie können nämlich den molekularen Stickstoff aus der Luft binden und als organische Stickstoffverbindung dem Wurzelhorizont verfügbar machen. Aus diesem Grund trägt eine Erlenbestockung auf Rohböden sehr zur Anreicherung wertvoller Stickstoffverbindungen und damit zur Bodenverbesserung bei. Erlen sind daher ein sehr geschätztes Pioniergehölz.

Von der Schwarz-Erle (S. 112) unterscheidet sich die Grau-Erle durch ihre ungestielten, sitzenden, weiblichen Kätzchen und die durchweg höhere Anzahl von Seitennervenpaaren (7–12 gegenüber nur 5–8 bei der Schwarz-Erle). Die nahe verwandte **Grün-Erle** *(Alnus viridis)* ist ein bis 4 m hoher Strauch mit ungestielten, spitzen Knospen. Er kommt in alpinen Gebüschen vor.

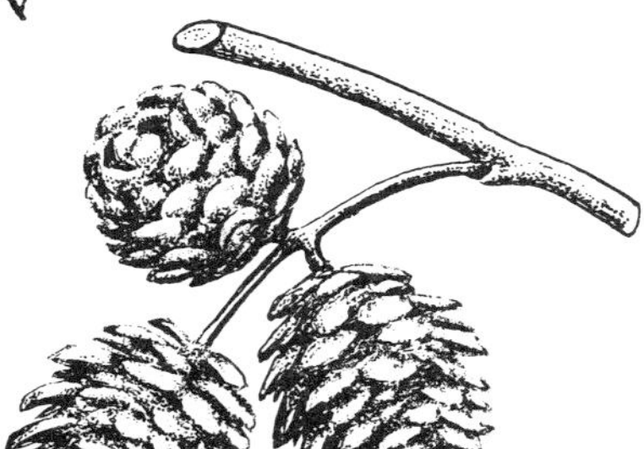

reife Fruchtstände

unreife Früchte

Merkmale: Ansehnlicher, wichtiger Laubbaum mit breiter und hoher, besonders im Freistand schön gewölbter, oft aber etwas unregelmäßiger Krone. Höhe bis 20 m.

Stamm selten gleichmäßig rund, sondern meist von ovalem Querschnitt, besonders bei älteren Bäumen verdreht oder spannrückig, gewöhnlich schon in geringer Höhe in stärkere Äste gegabelt.

Rinde heller oder dunkler grau, anfangs glatt, später mit einem feinen Netzwerk gemustert oder mit flachen Leisten überspannt.

Äste steil aufrecht, etwas geschwungen. Triebe dunkelgrau-bräunlich, zerstreut behaart. Knospen sehr schlank, den Achsen dicht anliegend.

Blätter wechselseitig, länglich-eiförmig, 4–10 cm lang, vorne kurz zugespitzt, an der Basis abgerundet, meist leicht asymmetrisch, scharf doppelt gezähnt, einzelne Blattzähne sehr klein, beiderseits etwas glänzend, auf der Oberseite frisch- oder dunkelgrün. Blattstiel etwa 1 cm lang. Im Herbst kräftig gelb oder braungelb verfärbt. Einhäusig.

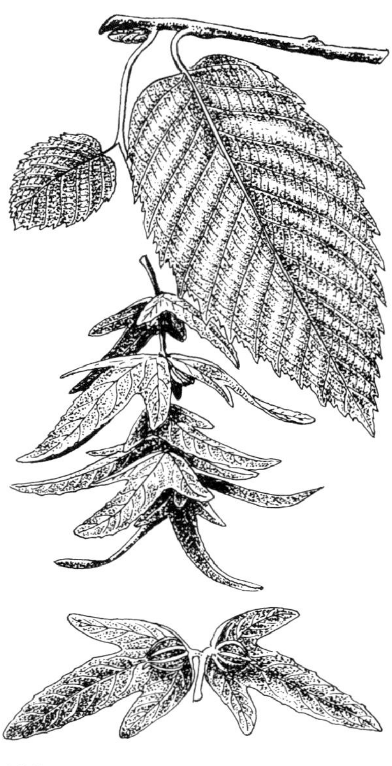

Männliche *Kätzchen* 3–5 cm lang. Weibliche Blütenstände zur Fruchtzeit mit 3lappigen, bleichgrünen Hochblättern, die kleine Nußfrüchte einschließen.

Standort: Wichtiger Waldbaum auf grundfrischen, nährstoffreichen, humosen Böden. Bestandsbildend in krautreichen Laubwäldern oder Hecken, von der Ebene bis etwa 1300 m Höhe.

Verbreitung: Von den Pyrenäen bis Südskandinavien und östlich bis zur Türkei überall verbreitet und häufig; oft auch angepflanzt.

Blütezeit: April bis Mai.

Allgemeines: Die Hain-Buche wird im Unterschied zu anderen Laubgehölzen besonders in der Nieder- und Mittelwaldwirtschaft wegen ihrer Schnitt- und Hiebverträglichkeit sehr gefördert. Auf vielen Flächen ihrer natürlichen Verbreitung ist sie jedoch verschwunden, weil ihre Standorte in der Vergangenheit bevorzugt in Ackerland umgewandelt worden sind. Ihre eigentümliche 3lappige Fruchthülle, die dem bleichgrünen Fruchtbecher der Haselnuß entspricht, dient im Frühjahr und Sommer der Photosynthese und damit der Ernährung der heranreifenden Samen; später wird sie zum Flugorgan umfunktioniert. Mit winterlichen Stürmen können die Samen über 1 km weit verweht werden.

Verwandte Art: Die **Orient-Weißbuche** *(Carpinus orientalis)* ist ein Strauch oder kleinerer Baum bis etwa 10 m Wuchshöhe. Sie trägt kleine, nur etwa 4–6 cm lange, eiförmige oder länglich-ovale Blätter, die sehr engständige Seitennerven aufweisen und am Rand scharf doppelt gesägt sind. Ziemlich häufig in den Bergwäldern der verschiedenen Balkanländer und in Kleinasien. Westlich bis Süditalien und Sizilien. Nur selten angepflanzt.

Das Holz der Hainbuche ist sehr fest und hart. Früher wurde es bevorzugt für Nockenwellen, Kamm- und Zahnräder im Mühlenbau verwendet, heute macht man noch Schäfte daraus.

Blüten ♂

Früchte

Baum-Hasel *(Corylus colurna* L.*)*

Merkmale: Kleinerer Baum von höchstens 20 m Wuchshöhe, seltener noch höher. Krone meist breit kegelförmig oder eiförmig mit schlanker, gut erkennbarer Spitze, im Umriß sehr regelmäßig und gleichförmig erscheinend. Äste und Zweige zumindest bei jüngeren Exemplaren nahezu quirlständig, jedoch immer schräg nach oben abgehend und ziemlich gerade verlaufend. Rinde blaßbraun, grauweiß oder zuweilen auch rötlich, kräftig gefurcht und rissig, ziemlich rauh, korkig, auch an jüngeren Exemplaren mit größeren, rundlichen Feldern abschuppend. Triebe dicht drüsig behaart. Knospen glatt, anliegend, eiförmig, grünlich-braun. Blätter wechselständig, verhältnismäßig kurz gestielt, etwa 8–12 cm lang und fast ebenso breit, breiteste Stelle kurz oberhalb der Spreitenmitte im vorderen Drittel, am Blattgrund herzförmig, vorne nur kurz zugespitzt und am Rand doppelt gezähnt oder wenig gelappt, nach der Entfaltung ziemlich kräftig und schwer, daher auffallend schlaff von den Zweigen herabhängend, auf der Oberseite glänzend grün, auf der Unterseite matt und etwas heller grün. Männliche Kätzchen 8–12 cm lang, nackt, im Winteraspekt grün, später bräunlich und zur Blütezeit hellgelb stäubend. Weibliche Blüten knospenförmig, zur Blütezeit nur an den lang herausragenden, meist karminroten Narben erkennbar. Blättrige Hülle um die Nußfrucht wesentlich größer als bei der nahe verwandten, strauchig wachsenden **Gemeinen Hasel** oder **Wald-Hasel** *(Corylus avellana)*; sehr tief in zahlreiche Lappen und Zipfel geteilt, allseitig dicht drüsig-klebrig behaart, meist hellgrün-gelblich, zur Reifezeit bräunlichgrau. Nußfrucht ähnlich der Haselnuß, jedoch etwas größer (bis 2 cm lang) und wesentlich dickschaliger, zur Reifezeit nußbraun, löst sich sehr schlecht aus der Fruchthülle. Kern eßbar und ähnlich der Haselnuß sehr wohlschmekkend.

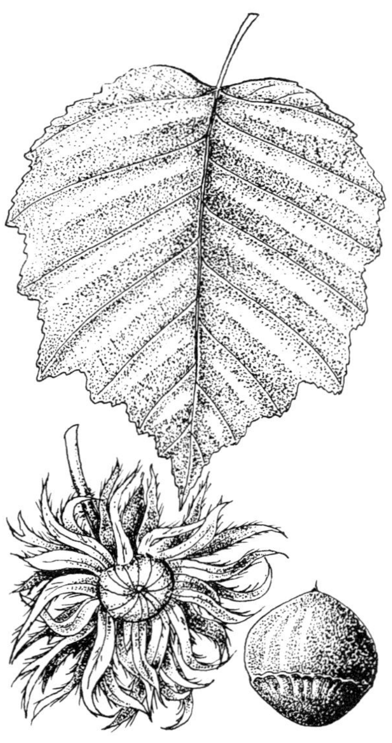

Verbreitung: In Südosteuropa und Kleinasien in Bergwäldern verbreitet.

Blütezeit: März bis April.

Verwandte Arten: Die **Chinesische Hasel** *(Corylus chinensis)* wird in ihrem Ursprungsgebiet bis nahezu 40 m hoch. Ihre Blätter sind 10–16 cm lang, am Grund schief herzförmig, gleichförmig einfach gezähnt, oberseits kahl, unterseits nur auf den größeren Blattnerven behaart. Die blättrige Fruchthülle ist röhrenförmig verengt. Nuß eßbar. In letzter Zeit häufiger als Zierbaum angepflanzt.

Die einheimische Wald-Hasel und die aus Südosteuropa stammende Baum-Hasel bilden einen Bastard, der unter dem Namen *Corylus x colurnoides* beschrieben wurde.

Vor allem von der Gemeinen Hasel wurden die nach Abholzen als Stockausschläge lang aufwachsenden Ruten für Flechtwerk zur Ausfüllung der Gefache beim Fachwerkbau, aber auch für Flechtzäune, Körbe oder als Deckwerk für Dächer von Bauernhäusern und Feldscheunen verwendet. Heute kommt den elastischen Haselruten keine wirtschaftliche Bedeutung mehr zu. Auf dem Land benutzt man sie noch als Pflanzenstöcke und Bohnenstangen im Garten.

Birkengew.
u. Haselgew.

Blüten ♀

Früchte

Gemeine Buche, Rot-Buche *(Fagus sylvatica* L.*)*

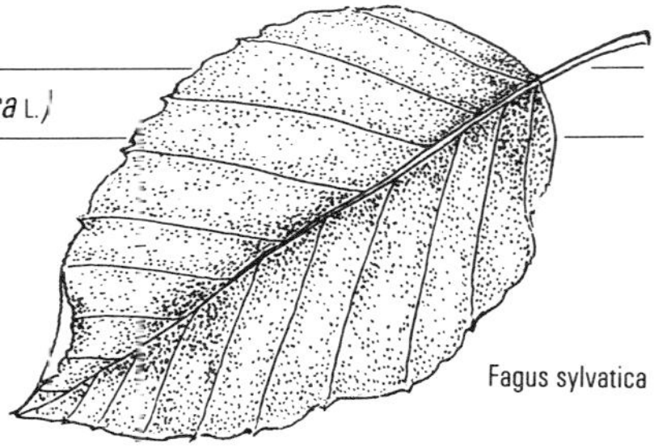

Fagus sylvatica

Merkmale: Meist stattlicher, großer Baum bis etwa 30 m Wuchshöhe. Krone bei jüngeren Bäumen schlank, bei älteren ziemlich breit und kuppelförmig aufgewölbt, besonders im Freistand oft prächtig entwickelt.

Stamm mindestens bis in die Hälfte der Krone klar zu verfolgen und erst dann in stärkere Äste geteilt.

Äste meist steil aufrecht und an den Enden nur wenig überhängend.

Rinde glatt, bleigrau, bei älteren Exemplaren ein wenig aufgerauht, aber niemals rissig oder grob schuppig, allenfalls ein wenig wellig oder gezeichnet. Triebe bräunlich-purpurn, glatt, kahl, mit zerstreuten Lentizellen, öfter hin und her gebogen, etwas glänzend. Knospen sehr schlank und schmal, zugespitzt, von der Achse weit abstehend, mit zahlreichen Knospenschuppen.

Blätter wechselständig, 5–10 cm lang, länglich-elliptisch oder eiförmig, in der Mitte oder im Vorderteil am breitesten, am Grund keilförmig verschmälert, am Rand leicht gewellt und mit langen, weißlichen Wimperhaaren besetzt. Stiel kurz, behaart.

Männliche *Blüten* zu mehreren in Büscheln. Weibliche Blüten in einer 4klappigen Hülle eingeschlossen.

Bucheckern (= Nußfrüchte) bis 2 cm lang, scharf 3kantig, glänzend braun.

Standort: Wichtiger waldbildender Baum, bevorzugt auf gut durchfeuchteten, nährstoffreichen Böden in sommerkühlen Klimalagen, auch auf Sand- und Kalkböden, von der Ebene bis in etwa 1500 m Höhe.

Verbreitung: Überall in Europa mit Ausnahme des Südostens verbreitet und häufig.

Blütezeit: April bis Mai.

Allgemeines: Die Rot-Buche ist im derzeitigen Klima Mitteleuropas der von Natur aus am besten geförderte Laubbaum. Unter ungestörten Bedingungen würde die natürliche Vegetationsentwicklung daher auf den meisten besiedelbaren Flächen mit Rotbuchen-Wäldern enden. Sehr auffällig sind im Frühjahr die überall auf dem Waldboden anzutreffenden Keimpflanzen, deren große, halbrunde Keimblätter große Mengen fettes Öl (aus den Bucheckern) enthalten. Die Bucheckern keimen nur bei Bedekkung mit Laubstreu – sie gehören ökologisch also zu den Dunkelkeimern. An der Verbreitung der Rot-Buche beteiligen sich verschiedene Tiere, besonders Eichhörnchen und Eichelhäher, die die Früchte im Herbst sammeln, in Depots verstecken und dort eventuell vergessen.

Verwandte Art: In Südosteuropa wird die mitteleuropäisch verbreitete Rot-Buche von der **Orientalischen Buche** *(Fagus orientalis)* abgelöst, die sich durch eine deutlich gefurchte Rinde unterscheidet. Die Laubblätter sind im Durchschnitt auch etwas länger und verkehrteiförmig. Bei dieser Art tragen auch die männlichen Blüten eine unscheinbare Blütenhülle. Nur wenig in Parks oder großen Sammlungen angepflanzt.

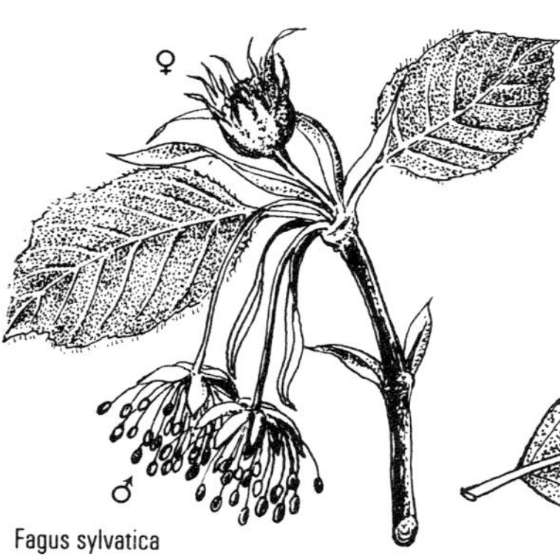

Fagus sylvatica

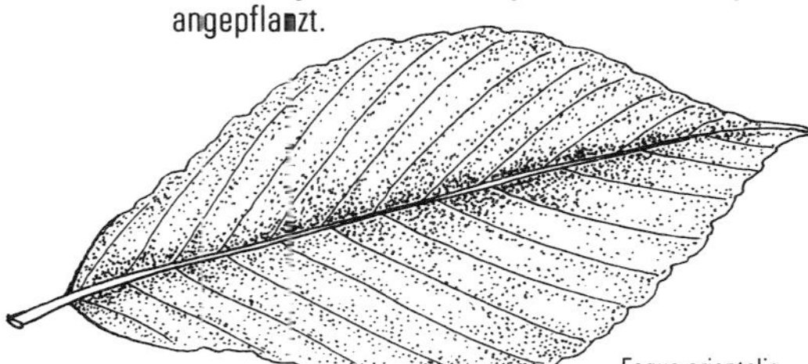

Fagus orientalis

Blüten ♂

junge Früchte

reife Früchte

Merkmale: Stattlicher, bis fast 30 m hoher sommergrüner Laubbaum. Krone anfangs kegelförmig, mit zunehmendem Alter säuliger und zuletzt hoch und breit gewölbt, mit dicken, verhältnismäßig kurzen Ästen.

Äste überwiegend quirlständig angebracht, so daß sich verschiedene Verzweigungsetagen aufbauen.

Stamm ziemlich dick, meist schon in geringer Höhe über dem Boden verzweigt, häufiger drehwüchsig.

Rinde anfangs glatt und graurötlich, später dunkler braungrau, mit dichtem Netzwerk erhabener Leisten und vertiefter Furchen überzogen. Triebe ziemlich kräftig und dick, bräunlich-rotbraun, oval.

Blätter wechselständig bis 2zeilig, 10–30 cm lang, länglich-lanzettlich, an der Basis keilförmig zusammengezogen oder herzförmig eingeschnitten, vorne spitz; Seitennerven laufen in einer kräftigen, zahnartigen, nach vorne weisenden Spitze aus, lederig und derb, auf der Oberseite glänzend dunkelgrün, auf der Unterseite hellgrün.

Männliche *Kätzchen* sehr zahlreich, etwa 15 cm lang, hellgelb. Weibliche Blüten meist an deren Basis in Gruppen zu 2–5.

Fruchthülle außen sehr stachelig, zerspringt beim Fallen in 4 Klappen.

Standort: Die Eß-Kastanie bevorzugt ein mildes, wintermildes, humides Klima und wächst gern auf mittelgründigen, zuweilen kalkreichen Böden.

Verbreitung: Überall in Südeuropa, Nordafrika und Westasien in zum Teil großen Beständen anzutreffen. Vielfach auch in milden Klimalagen in Parks und Gärten angepflanzt und stellenweise verwildert. In Mitteleuropa seit der Römerzeit eingebürgert.

Blütezeit: Juni bis Juli.

Allgemeines: Die etwa ab Ende September reifenden Früchte (Eß-Kastanien, Maronen) lassen sich zu verschiedenen und sehr delikaten Gerichten zubereiten.

Beim Rösten der reifen Maronen ist es wichtig, die harte Samenschale mit einem Messer ein wenig aufzuschlitzen, weil die Samen sonst in der Glut regelrecht explodieren könnten.

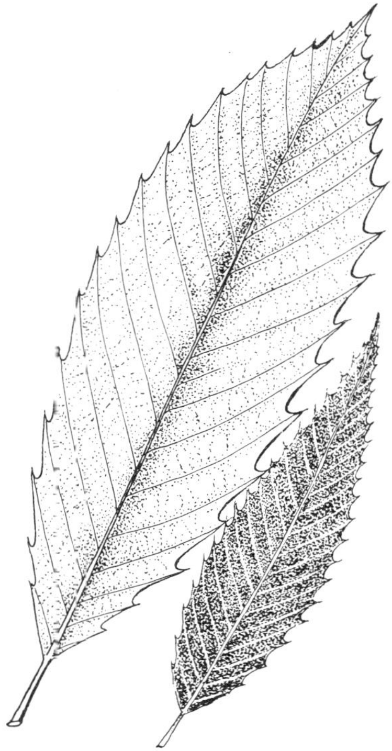

junge Früchte

reife Früchte, darüber Blüten ♂

Merkmale: Sommergrüner Laubbaum bis etwa 25 m Höhe. Krone bei jüngeren Bäumen kegelförmig und recht dicht beastet, bei älteren Exemplaren zunehmend gewölbt und im unteren Abschnitt nur noch mit wenigen Ästen, im oberen mit zahlreichen, meist steil aufgehenden Ästen und Zweigen.
Stamm gewöhnlich schlank und etwas gekrümmt.
Rinde anfangs glatt und hellgrau, durch zahlreiche Lentizellen mit einem deutlichen Punkt- und Linienmuster versehen, später dunkler grau, aber immer nur feinrissig, ohne gröberes Leistenmuster. Triebe gelblich-braun, auf der Ober- und Unterseite verschiedenfarbig. Knospen länglich-eiförmig, vorne zugespitzt und im vorderen Teil behaart, mit zahlreichen Knospenschuppen.
Blätter 8–12 cm lang und fast ebenso breit, von elliptischem Umriß, jedoch an jeder Seite in 3 ungleich große Lappen geteilt, diese ihrerseits mit mehreren Stachelspitzen versehen. Buchten zwischen den Blattlappen reichen bis fast an die kräftige Mittelrippe heran. Blattlappen stehen nahezu rechtwinklig, dabei nicht immer exakt gegenständig, auf beiden Seiten glänzend, oberseits dunkelgrün, unten deutlich heller mit undeutlichen Achselbärten.
Eichel ungefähr 1–2 cm breit, fast bis zur Hälfte in einem breiten, grobschuppigen Becher. Herbstfärbung des Baums sehr auffällig scharlachrot.

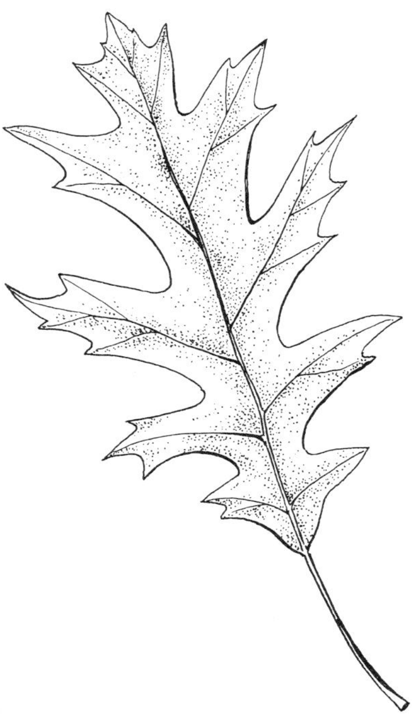

Verbreitung: Die Scharlach-Eiche ist im östlichen und zentralen Nordamerika beheimatet und wird in Europa schon seit geraumer Zeit in Parkanlagen als Zierbaum angepflanzt. Mitunter findet man diesen Baum auch in Bepflanzungen von Plätzen und Straßen. Forstlich wird diese Art außerhalb ihres natürlichen Verbreitungsgebiets kaum angepflanzt.
Blütezeit: Mai bis Juni.
Verwandte Arten: Aus dem an Laubholzarten reichen Nordamerika werden noch einige weitere Eichen-Arten wegen ihrer dekorativen Eigenschaften zunehmend auch in Europa angepflanzt. Dazu gehört beispielsweise die **Weiß-Eiche** *(Quercus alba)*, die im Blattschnitt der vorigen Art sehr ähnlich ist, jedoch keine spitz zulaufenden, sondern stumpf abgerundete Zipfel trägt. Im Herbstlaub sehr kräftig purpurn, oft auch deutlich violett überlaufen. In Amerika wichtiger Holzproduzent für Möbel und Hausbau. Ebenfalls im Gebiet der großen Seen verbreitet ist die **Großfrüchtige Eiche** *(Quercus macrocarpa)*. Sie fällt mit ihren langen (etwa 20 cm) Blättern auf, die sehr unregelmäßig gestaltet sind, stumpfe Blattzipfel tragen und in der vorderen Hälfte der Blattspreite oft ungegliedert bleiben. Wichtiger Holzproduzent und offenbar sehr unempfindlich gegen Verkehrsabgase, daher zunehmend als Stadtbaum im Gespräch.
Die rechts unten stehende Abbildung zeigt die wenig auffälligen, hängenden männlichen Kätzchen, die in dichten Büscheln mit dem Laubaustrieb aufblühen. Als echte Kätzchenblüher sind alle Eichen blütenökologisch nicht auf Insektenbesuch angewiesen. Sie überlassen die Bestäubung dem Wind, der die Pollen über große Entfernungen verfrachtet.

Blütenstände ♂

Merkmale: Sommergrüner Laubbaum, bis etwa 25 m Wuchshöhe. Krone bei jüngeren Exemplaren recht schlank und gerundet, bei älteren Bäumen schmal und leicht gewölbt, nicht so breit und ausladend wie bei vielen anderen Eichen-Arten.

Stamm im unteren Teil fast immer astfrei, erst im oberen Teil ziemlich dicht und regelmäßig beastet.

Äste vergleichsweise dünn, mit vielen, schlanken, überwiegend hängenden Zweigen.

Rinde zunächst glatt und hellgrau, später dunkler mit deutlichem Streifenmuster und an älteren Bäumen mit breiten, nicht allzu tiefen und glatten Furchen. Triebe glänzend, mit sehr hellen, fast weißen Lentizellen. Knospen um 3 mm lang, graubraun, nicht glänzend, mit zahlreichen Knospenschuppen, oval, nicht zugespitzt.

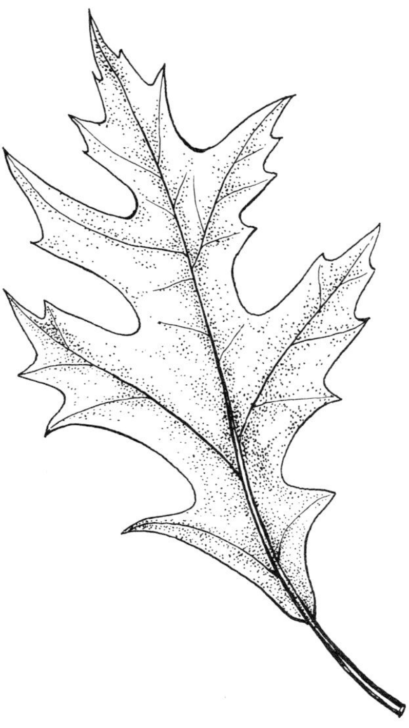

Blätter von rundlichem oder elliptischem Umriß, 8–17 cm lang und fast ebenso breit, auf jeder Seite in 3–4 sehr tief eingeschnittene Lappen geteilt, wovon das mittlere Paar am größten ausfällt; jeder Blattlappen seinerseits in mehrere lange Grannenzähne geteilt. Blattlappen weit abstehend, jedoch überwiegend nach vorne weisend. Einbuchtungen reichen bis weit über die Hälfte der Spreite zur Mittelrippe. Beidseits etwas glänzend, auf der Oberseite frisch oder kräftig grün, auf der Unterseite heller, dort jedoch mit deutlichen bräunlichen Achselbärten in den Winkeln der Blattnerven. Herbstfärbung zuerst karmin-, dann tief weinrot.

Eicheln breit halbkugelig, ein Drittel in niedrigem Becher.

Verbreitung: Ursprünglich nur im nordöstlichen Nordamerika beheimatet. Wegen der hübschen, kräftig ausgeprägten Herbstfärbung des Laubs in vielen Teilen Europas als Park- und Zierbaum angepflanzt, mitunter auch entlang von Straßen oder als Alleen. Forstlicher Versuchsanbau in geringem Umfang.

Blütezeit: Juni bis Juli.

Allgemeines: Außer der Sumpf-Eiche gibt es noch eine ganze Reihe sommergrüner Eichen-Arten, deren Blätter sehr stark geschlitzt sind und sich dadurch von unseren beiden einheimischen Eichen-Arten unterscheiden. Untereinander sind die schlitzblättrigen Arten oft schwerer zu unterscheiden. Sumpf-Eiche und **Scharlach-Eiche** *(S. 124)* sind sich beispielsweise recht ähnlich. Bei der Sumpf-Eiche finden sich in den Achseln der Blattnerven auf der Unterseite der Blätter kleine, dichte Haarbüschel, die der Scharlach-Eiche fehlen und deshalb als Unterscheidungsmerkmal dienen. Eine weitere, recht markante Art aus dieser Gruppe ist die **Färber-Eiche** *(Quercus velutina)*, deren Blätter unterseits stärker bräunlich behaart sind. Aus der Rinde kann ein Farbstoff zum Textilfärben gewonnen werden.

Naturfasern (Wolle, Baumwolle) können übrigens auch mit Zubereitungen aus Eichenrinde oder Eichenblättern eingefärbt werden. Je nach Konzentration erhält man verschieden abgestufte, warme Brauntöne, die sehr haltbar sind.

Merkmale: Stattlicher, sommergrüner Laubbaum, der bis 35 m Wuchshöhe erreichen kann. Krone bei jungen Exemplaren noch kegelförmig, später wesentlich breiter und im Alter sehr ausladend und kuppelförmig gewölbt.
Stamm ziemlich massiv, dabei aber nur sehr kurz und schon in geringer Höhe über dem Boden in größere, kräftige Äste geteilt.
Äste bogig abgehend oder steil aufgerichtet, im mittleren und oberen Kronenbereich oft quirlständig und strahlig angeordnet.
Rinde hell- oder silbergrau, sehr lange glatt bleibend, später zunehmend rissig gefeldert und etwas dunkler grau. Triebe furchig, unbehaart, ziemlich starr und kräftig, rötlich-braun.
Blätter 10–25 cm lang und etwa 10 cm breit, von ovalem Umriß oder verkehrt-eiförmig, an der Basis keilförmig verschmälert, vorne schlank zugespitzt, beidseits in 3–4 (–5) Lappen geteilt, die Buchten dazwischen etwa 4–5 cm tief und die Blattspreite daher bis etwa zur Hälfte teilend. Jeder Lappen läuft in 3 ziemlich schlanke Spitzen oder Zipfel aus, die mit einer kleinen Borste enden. Blattoberseite nicht glänzend, dunkelgrün, Unterseite ebenfalls matt, aber etwas heller, mit schwach entwickelten Achselbärten. Blattstiel 2–3 cm lang, an der Basis deutlich verdickt und rötlich.
Eicheln breit eiförmig, auf etwa 1 cm langem Stiel, reifen erst im 2. Jahr heran, in einem sehr flachen Becher. Herbstfärbung nur bei jüngeren Bäumen auffallend rot, bei älteren ungleichmäßig gelblich und braun.

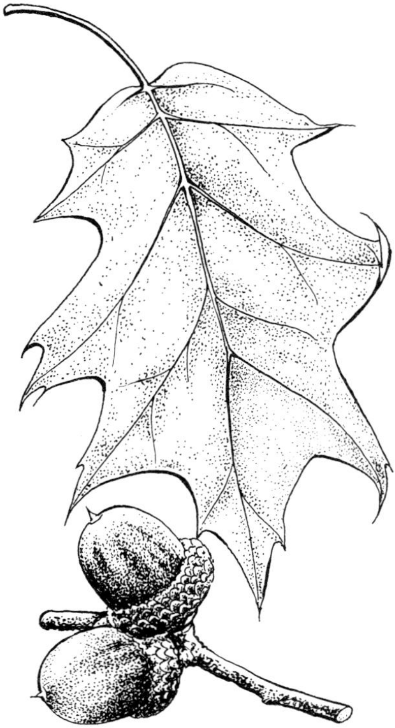

Verbreitung: Die Rot-Eiche ist ursprünglich nur im östlichen Nordamerika beheimatet, wo ihr natürliches Areal etwa von Neuschottland beziehungsweise dem Gebiet der großen Seen südlich bis nach Texas reicht. Durch forstlichen Anbau seit längerer Zeit auch überall in Europa eingeführt und vielfach als Park- und Zierbaum angepflanzt.
Blütezeit: Mai.
Allgemeines: Die Gattung *Quercus* ist in Nordamerika und Ostasien wesentlich formenreicher vertreten als in Europa.
Der Grund ist in der Vegetationsgeschichte Mitteleuropas zu suchen. Da während der Eiszeiten die Gletschervorstöße im wesentlichen aus nördlicher Richtung erfolgten, versuchten die Pflanzen, sich in südlicher gelegene Räume zurückzuziehen. Dem Ausweichversuch standen jedoch die Alpen als Querriegel im Wege. In Nordamerika konnten sich die kälteempfindlichen Arten in südlicher Richtung ausbreiten (»wandern«) und blieben deswegen bis heute erhalten.

Blütenstände ♂

Merkmale: Sommergrüner Laubbaum mit Wuchshöhen bis etwa 35 m. Krone zunächst sehr offen und schlank, mit steil aufrechten, dünnen, ziemlich regelmäßig angeordneten Ästen, bei älteren Bäumen dagegen stärker gewölbt und von kugeligem Umriß, mit strahlig nach oben gehenden Hauptästen.
Stamm vergleichsweise schlank und gerade, im unteren Teil nicht sehr stark beastet.
Rinde auch schon an jüngeren Exemplaren deutlich gefurcht, grau-braun, rissig und häufig in kleineren Platten abspringend. Triebe kräftig mit feiner, grau-grüner Behaarung und daher etwas stumpf aussehend. Knospen oval, ziemlich lang und dicht behaart, von bleibenden, fadenförmigen Schuppen umgeben, blaßbraun.

Blätter 8–11 cm lang und etwa 5 cm breit, länglich, von schmal-ovalem Umriß, an beiden Enden gleichmäßig keilförmig verschmälert, an beiden Seiten mit 7–9 ungleich großen Lappen, die durch spitz zulaufende Buchten getrennt werden, Blattspreite gewöhnlich aber nur bis etwa zur Hälfte eingeschnitten, nur selten bis auf die Mittelrippe geteilt. Lappen rundlich oder fein zugespitzt, mit kleiner Zahnspitze, häufig auch völlig stumpf. Die Blattoberseite nach dem Austrieb rauhhaarig, später verkahlend und dann leicht glänzend, auf der Unterseite mit weichen Flaumhaaren besetzt, die über die Vegetationsperiode bestehen bleiben. Blattstiele 0,5–1,5 cm lang.
Eicheln reifen erst im 2. Jahr, werden fast ganz von den breiten, grob geschuppten Bechern eingehüllt.
Standorte: Die Zerr-Eiche bevorzugt mildhumose Böden in trocken-warmen Klimalagen.
Verbreitung: Die eigentliche Heimat dieser Eichen-Art sind der östliche Mittelmeerraum sowie Südosteuropa. Ihr natürliches Verbreitungsgebiet reicht bis nach Oberitalien. Gelegentlich wird der Baum in Parks und Gartenanlagen angepflanzt und kann stellenweise auch verwildern. Bodenständige Vorkommen sind in Mitteleuropa nicht bekannt. Nur in den klimatischen Wärmeinseln (beispielsweise Oberrheintal) hätte die Zerr-Eiche eine Überlebenschance. Forstlicher Anbau ist aus klimatischen Gründen daher nur im wärmeren Süden möglich.
Blütezeit: April bis Mai.
Verwandte Art: Die Zerr-Eiche ist neben der **Flaum-Eiche** *(Quercus pubescens)* die wichtigste laubwerfende Eichen-Art in Südosteuropa. Die Flaum-Eiche zeichnet sich durch ihren langen, bräunlichen und ziemlich dicht flaumhaarigen Trieb aus. Die Blätter werden etwa 10–12 cm lang und tragen auf jeder Seite 4–7 nach vorne weisende, breitrundliche Blattlappen. Auf der Unterseite anfangs dicht behaart, später nur noch auf den Blattnerven. Seltener angepflanzt.
Das Holz der Zerr-Eiche ist recht fest und dicht. Es entspricht in seinen Qualitätsmerkmalen den meisten anderen Eichenhölzern und wird beim Möbelbau verwendet.

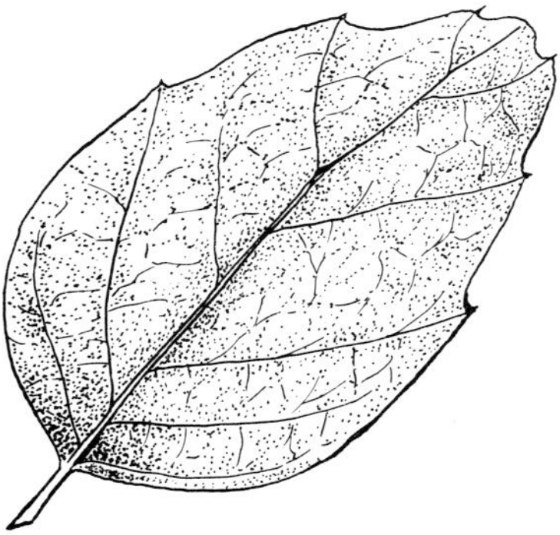

Merkmale: Immergrüner Laubbaum mit vergleichsweise niedriger, sehr breiter und ausladender, aber meist rundlich gewölbter Krone auf ziemlich kurzem, oft etwas gelehntem, schiefem Stamm. Wuchshöhe bis etwa 20 m, meist aber nur 6–10 m.

Äste kurz und auffallend dick, häufig gedreht und bogig aufgehend, gabelig verzweigt.

Rinde an jüngeren Ästen und kleineren Bäumen mit fein gefurchten Korkleisten. Ältere Bäume mit korkiger, dicker, weißgrauer, etwas schwammiger Rinde und weit gestelltem Korkleistenmuster. Die dicken Korklagen können alle 7 Jahre abgeschält werden (Korkgewinnung). Nach dem Schälen verfärbt sich der Stamm allmählich rotbraun oder orangebraun, bis sich nach einiger Zeit wieder neue Korkschichten entwickelt haben. Geschält wird nur der Hauptstamm. Seltener werden auch die unteren, stärkeren Äste einbezogen. Triebe graugrün, dicht filzig behaart. Knospe auffallend klein, nur um 2 mm lang.

Blätter 4–7 cm lang und ungefähr 3 cm breit, oval oder länglich, vorne spitz, seicht gebuchtet und an jeder Seite mit 5–6 dornigen Zähnen, auf der Oberseite glatt und dunkelgrün, auf der Unterseite grünlich-grau behaart, insgesamt sehr derb und lederig-zäh, am Rand oft auch etwas wellig geschwungen.

Eicheln oval, um 3 cm lang, bis über die Hälfte im Becher sitzend. Becheraußenseite mit großen, oben auch verlängerten Schuppen.

Standort: Warme, offene, lichte Stellen werden von der Kork-Eiche bevorzugt.

Verbreitung: Kork-Eichen sind vor allem im westlichen Mittelmeergebiet recht häufig und werden dort intensiv zur Korkgewinnung genutzt. Die Korkeichen-Wälder werden dazu ständig etwas ausgelichtet und in einem halbnatürlichen Zustand belassen. Charakterbaum weiter Gebiete in Südspanien und Portugal, aber auch in Italien und (stellenweise) Jugoslawien

Blütezeit: Juni.

Allgemeines: Der Kork, der die Kork-Eiche zur wirtschaftlich wichtigsten Eichen-Art des Mittelmeergebiets werden ließ, ist keine Sonderbildung dieser Art, sondern in gleicher Funktion auch bei vielen anderen Laubbäumen vorhanden. Nur wird die angelegte Korkschicht in keinem Fall vergleichbar mächtig. Anatomisch ist der Kork ein Abschlußgewebe, das von einem teilungsaktiven Gewebe außerhalb des eigentlichen Kambiums angelegt wird. Während das Kambium den Holz- und Bastteil des Baums mit neuen Gewebeanteilen versorgt, besorgt das Kork-Bildungsgewebe die Entwicklung eines Abschlußgewebes, das als zusätzlicher Schutz gegen Wasserverlust und Temperaturstreß verstanden werden muß und der eigentlichen Rindenregion des Baums angehört. Im funktionstüchtigen Zustand sind die Zellen des Korkgewebes tot, wasserfrei und mit Luft gefüllt. Dank einer besonderen, wachsähnlichen Substanz (Suberin) sind die Wände der Korkzellen so imprägniert, daß kein Wasser mehr hindurchströmen und das Gewebe andererseits auch nicht von Wasser benetzt werden kann. Kork kann sich daher niemals wie ein Schwamm mit Wasser vollsaugen. Die aufnehmbaren Wassermengen sind recht gering. Die Korkschälarbeit wird im Sommer vorgenommen. Das erste Schälen erfolgt an etwa 20jährigen Bäumen, doch ist der erste gewonnene Kork noch recht spröde und nur für Gerbereizwecke verwendbar. Erst ab der zweiten Schälung bildet sich der gewünschte glatte, biegsame und gut zu verarbeitende Kork. Je nach Standortbedingungen vergehen etwa 6–12 Jahre, bis sich eine 3 cm starke Korkschicht entwickelt hat.

Die nebenstehende Abbildung zeigt einen teilweise geschälten Stamm der Kork-Eiche.

Korkgewinnung

Früchte, darüber Blütenstände ♂

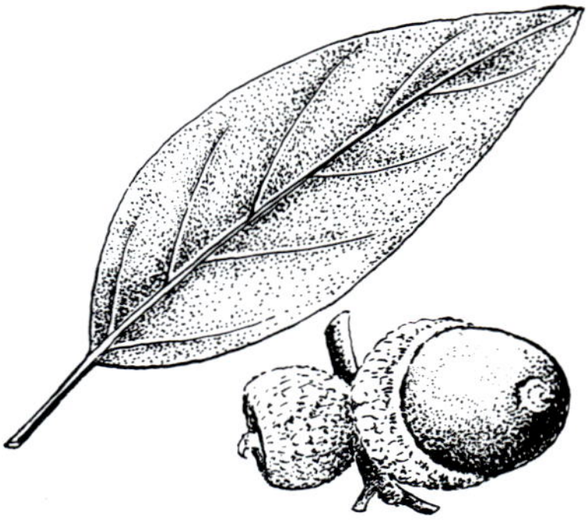

Merkmale: Immergrüner Laubbaum mit Wuchshöhen um 20–25 m. Krone sehr breit und ausladend, besonders im Freistand sehr schön gewölbt, häufig mehrteilig, da der kurze Stamm sich bereits in geringer Höhe über dem Boden gabeln kann.

Äste sehr dick, im mittleren und oberen Kronenbereich ziemlich gerade aufsteigend.

Rinde tief dunkelbraun oder schwärzlich, in kantige, ziemlich dünne, plattig gefelderte Teile aufgelöst. Triebe recht dünn, filzig braungrau oder dicht wollig. Knospen ebenfalls filzig, um 2 mm lang.

Blätter etwa 4–10 cm lang und um 6 cm breit, in Form und Blattrandgestaltung sehr variabel, meist jedoch länglich-eiförmig mit schlanker Spitze und abgerundeter Basis, ganzrandig-wellig oder seicht zugespitzt, ziemlich lederig und derb, in Aussehen und Festigkeit ähnlich wie eine Stechpalme, auf der Oberseite glänzend dunkelgrün, auf der Unterseite bleibend graufilzig. Blattform sehr variabel.

Eicheln zu 1–3, 2–3 cm lang, vom Becher halb umgeben.

Verbreitung: Überall im Mittelmeergebiet weit verbreitet und stellenweise noch in geschlossenen Steineichen-Wäldern erhalten. Außerdem in wintermilden Klimalagen (beispielsweise im Rheinland) als Zierbaum.

Blütezeit: Juni bis Juli.

Verwandte Arten: Die **Turner-Eiche** *(Quercus x turneri)* ist ein in England entstandener Bastard aus der Kreuzung zwischen Stein-Eiche und der einheimischen **Stiel-Eiche** *(Quercus robur)*. Dieser immergrüne Baum wird jedoch nur selten angepflanzt. Die **Ungarische Eiche** *(Quercus frainetto)* ist auf dem Balkan zu Hause und kommt bis Ungarn vor. Ihre Blätter sind verkehrt-eiförmig und kurz gestielt. Vielfach als Parkbaum gepflanzt. Die **Pyrenäen-Eiche** *(Quercus pyrenaica)* hat lange, herabhängende Triebe. Die Blätter sind bis 20 cm lang und fallen durch ihre tief eingeschnittenen Buchten und die schmalen Lappen auf. Gelegentlich auch als Parkbaum gepflanzt.

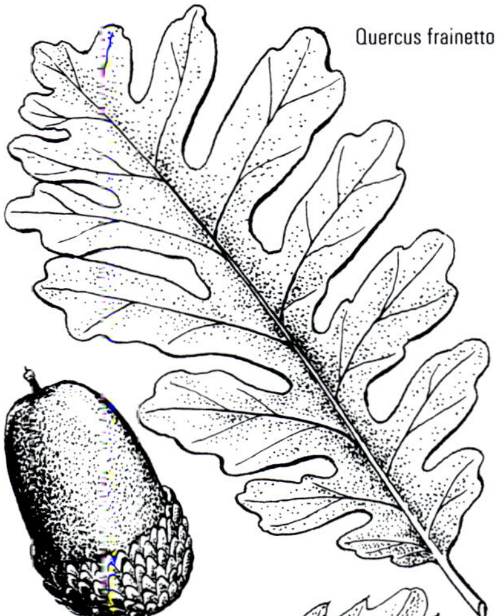

Quercus frainetto

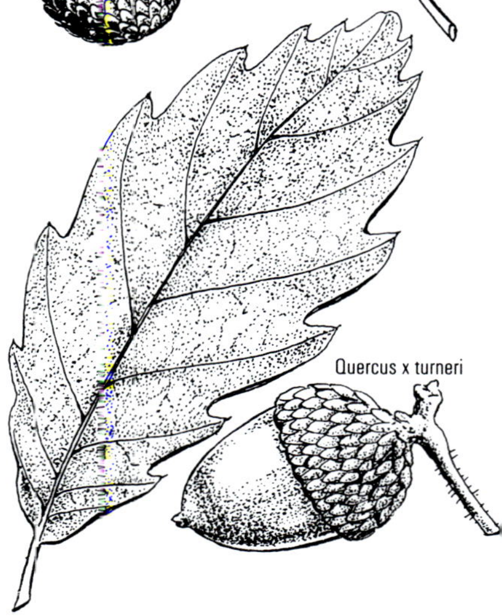

Quercus x turneri

Früchte, darüber Blütenstände ♂

Varietät *rotundifolia*

Trauben-Eiche, Winter-Eiche *(Quercus petraea* (MATT.) LIEBL.*)* Buchengewächse

Merkmale: Sommergrüner, recht stattlicher Baum mit Wuchshöhen um 40 m. Krone ziemlich hochgewölbt und breit, bei Bäumen im Freistand dicht geschlossen und gleichmäßig belaubt.

Stamm gerade und bis in den mittleren Kronenbereich klar zu verfolgen.

Äste ebenfalls ziemlich gerade und steil aufsteigend, von der ersten Abgabelungsstelle strahlenförmig abgehend.

Rinde bei jungen Bäumen anfangs noch recht glatt, später mittelgrau oder braungrau, von feinen Furchen und Rissen dicht überzogen. Triebe schlank, braungrau oder grau-purpurn, kahl oder leicht bereift. Knospen dick eiförmig, 6–8 mm lang, mit zahlreichen, hell- oder rotbraunen Schuppen, gehäuft an den Enden der einzelnen Zweige.

Blätter 8–12 cm lang und etwa 5 cm breit, verkehrt-eiförmig, vorne gerundet und am Grund keilförmig verschmälert, ziemlich regelmäßig und fast 2seitig symmetrisch in 5–9 Paar rundliche, nicht allzu tief eingeschnittene Lappen geteilt, auf der Oberseite matt dunkelgrün, auf der Unterseite heller, beidseits kahl, etwas dicklich, ziemlich flach, auf kurzem, nur etwa 1–2 cm langem Stiel.

Eicheln in Gruppen zu 2–6 zusammen, sitzend oder sehr kurz (etwa 5–10 mm) gestielt, reifen im 1. Jahr heran. Becher 1,2–1,7 cm breit, schließt nur etwa ¼ der Eichel ein.

Standort: Trauben-Eichen bevorzugen lockere, meist mittelgründige Stein- und Lehmböden in wintermilden Klimalagen und sind wichtige Waldbäume der tieferen Gebirgslagen und des Hügellandes. In der Ebene und in Auenwäldern werden sie durch die nachfolgend beschriebene **Stiel-Eiche** *(Quercus robur)* ersetzt.

Verbreitung: In Mittel- und Südeuropa weit verbreitet und stellenweise bestandsbildend; vielfach auch forstlich kultiviert.

Blütezeit: Mai.

Allgemeines: Fast alle Eichen-Arten enthalten in der Rinde große Mengen Gerbstoff, der früher vor der Einführung von Chemieprodukten in der Gerberei von großer Bedeutung war. Besonders hoch ist der Gerbstoffgehalt in der Rinde junger Eichen. Diese wurden nach dem Hieb mit Spezialmessern an Ort und Stelle geschält. Die geschälte Rinde mußte dann eine Weile getrocknet werden, ehe sie als Eichenlohe an Lohmühlen weiterging und von dort den Gerbereien zugeführt wurde. Wegen des großen Bedarfs an jungen Eichenstämmen blieben die Umtriebszeiten für dorfnahe Eichenwälder daher ziemlich kurz. Als charakteristische Betriebsform hatte sich daraus der Eichenschäl- oder Lohwald herausgebildet, der heute im Waldbild Mitteleuropas nur noch in Resten oder Ansätzen zu finden ist.

Eichenholz gehört wegen seiner Dichte, Festigkeit und Beständigkeit zu den gefragtesten einheimischen Edelhölzern. Aufgrund seines Aufbaus zählt man es zu den ringporigen Hölzern. Die großen Poren (= im Frühholz angelegte Wassertransportbahnen) kann man im Anschnitt mit bloßem Auge erkennen.

Blütenstände ♂

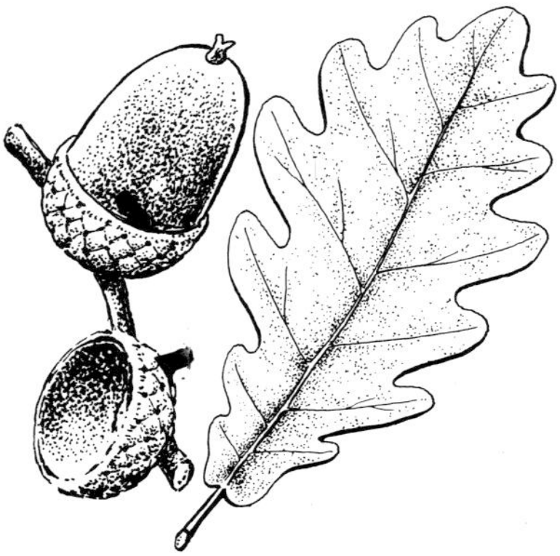

Merkmale: Sommergrüner, oft sehr stattlicher Laubbaum bis nahezu 45 m Wuchshöhe. Krone breit und hoch, besonders im Freistand schön kugelig gewölbt, teilweise mit weit ausladenden Ästen, insgesamt aber unregelmäßiger als bei der vorigen Art.

Stamm oft schon in geringer Höhe über dem Boden in mehrere Äste gegabelt und deswegen nicht bis in den mittleren Kronenbereich zu verfolgen, gewöhnlich auch etwas knorrig und unregelmäßig.

Äste mehrfach gekrümmt oder gedreht, sehr massiv.

Rinde hellgrau oder hell braungrau, auch an jüngeren Bäumen in ein dichtes Netzwerk von Furchen und Leisten gegliedert. Triebe grünlich-braun, anfangs noch flaumig behaart, später jedoch zunehmend verkahlend, manchmal auch leicht bereift. Knospen kugelig-oval, um 8 mm lang, spitz, mit sehr zahlreichen Knospenschuppen.

Blätter 10–12 cm lang und etwa 8 cm breit, verkehrt-eiförmig, vorne abgerundet und am Grund deutlich geöhrt, beidseits mit etwa 5–7 rundlichen Lappen, die ungefähr bis zur Hälfte der Blattspreite eingeschnitten sind und sich nicht exakt gegenüberstehen, so daß das Blatt im Unterschied zur vorigen Art leicht asymmetrisch erscheint. Oberseite matt dunkelgrün, auf der Unterseite heller, oft am Rand auch etwas gewellt.

Eicheln lang-eiförmig (1,5–2 cm lang), in flachem Becher, meist zu 2–3 auf 4–6 cm langem Stiel (namengebendes Merkmal).

Standort: Stiel-Eichen wachsen besonders gern auf frischen oder grundfeuchten Böden. Sie ertragen größere klimatische Extreme als die nahe verwandte Trauben-Eiche.

Verbreitung: Überall in Europa, besonders aber im Flachland, von Nordostrußland bis nach Südwestspanien verbreitet. Wichtiger europäischer Waldbaum. In vielen Gegenden Europas forstlich kultiviert.

Blütezeit: Mai bis Juni.

Allgemeines: Die Stiel-Eiche entspricht in Wuchsform und Blattschnitt am ehesten dem Typ der »Deutschen Eiche«. Beachtlich ist das Alter, das diese Bäume erreichen und das sich an der Obergrenze der für einen Laubbaum möglichen Lebensspanne bewegt: Eichen werden wesentlich älter als Buchen oder auch Linden und können rund 1000 Jahre alt werden, wobei sie dann oft ihre typische Kronengestalt aufgeben. Die älteste deutsche Eiche bei Erle im nördlichen Münsterland soll ein Alter von rund 1400 Jahren aufweisen. Viele alte Eichen stehen unter Naturschutz und können nur mit großem finanziellem Aufwand erhalten werden. Eichenblätter tragen nicht selten die durch bestimmte Insekten hervorgerufenen Galläpfel, die besonders gerbstoffreich sind. Aus solchen Eichengallen wurde früher die urkundenechte Eichengallustinte hergestellt.

Wenn man die genau vermessenen Jahresringbreiten eines Holzes aufträgt, erhält man ein Bild, das einer Fieberkurve ähnelt. Für Bäume der gleichen Art und des gleichen Wuchsgebietes fällt diese Kurve sehr ähnlich aus. Daher kann man Kurvenbilder von Hölzern verschiedenen Alters aneinanderreihen. Eine 1984 gefällte 300jährige Eiche liefert eine Kurve für die Jahre 1684–1984. Durch Vergleich der Ringbreitenfolgen genau datierbarer Hölzer lassen sich vollständige Kurvenbilder über viele Jahrhunderte zurück erstellen. So wurden für Mitteleuropa je eine 2000jährige Tannen-, Buchen- und Eichenchronologie erarbeitet. Mit ihrer Hilfe kann man unbekannte Hölzer datieren, zum Beispiel Balken historischer Bauwerke oder Hölzer antiker Möbel, deren Höchstalter auf diese Weise feststellbar wird.

Blütenstände ♂

Merkmale: Kleinerer, sommergrüner Baum mit Wuchshöhen um 10 m, selten auch darüber, im Ursprungsgebiet jedoch bis 35 m erreichend. Krone ziemlich unregelmäßig aus gedrehten, aufrechten Ästen.

Rinde anfangs glatt, später fein längsrissig. Triebe rötlich-braun oder grüngrau, mitunter auch leicht bereift, dicht filzig behaart. Knospen eiförmig-länglich, um 6 mm lang, glänzend oder leicht bereift.

Blätter wesentlich kleiner als bei der einheimischen Rot-Buche, nur etwa 3 cm lang und ungefähr 2 cm breit, länglich-oval, vorne deutlich abgerundet, ohne Spitze, am Blattgrund abgestutzt oder ebenfalls leicht gerundet, auffallend 2zeilig gestellt. Blattrand fein gewellt und unregelmäßig gekerbt oder sehr seicht gebuchtet. Blattoberseite dunkelgrün glänzend, mitunter auch leicht runzelig, Blattunterseite erheblich heller, matt oder nur wenig glänzend. Blattstiele um 3 mm lang; Blätter daher fast sitzend und an den fischgrätenartig 2zeilig gestellten Trieben wesentlich dichter aufeinanderfolgend als bei der einheimischen Rot-Buche.

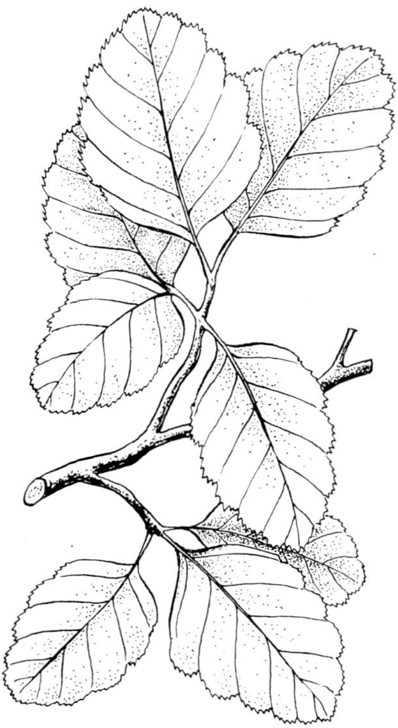

Blüten sehr unscheinbar, einzeln oder zu wenigen in den Blattachseln an der Basis der Seitentriebe.

Frucht ähnlich einer Buchecker, aber wesentlich kleiner. Becherorgan mit deutlichen, überwiegend ganzrandigen Schuppen, fast ungestielt und aufrecht in den Blattachseln, etwa 6 mm lang.

Verbreitung: Die Antarktische Scheinbuche ist im südlichen Südamerika, von Südchile bis Feuerland verbreitet und tritt dort als wichtiges waldbildendes Gehölz auf. In Europa werden Scheinbuchen besonders in wintermilden Gegenden sehr gern und immer häufiger als Ziergehölze auch in Gärten angepflanzt.

Blütezeit: Mai.

Allgemeines: Scheinbuchen vertreten die Gattung *Fagus,* zu der die einheimische **Rot-Buche** *(S. 120)* gehört, auf der Südhalbkugel. Insgesamt sind sich die Vertreter beider Gattungen recht ähnlich, wenngleich es bei *Nothofagus* im Unterschied zu *Fagus* auch strauchförmig wachsende und sogar immergrüne Vertreter gibt. Ein brauchbares Unterscheidungsmerkmal sind die bei *Nothofagus* meist recht kleinen, zumeist auch nur kurzgestielten Blätter. Insgesamt sind aus dem antarktischen Südamerika, aus Australien und aus Neuseeland 17 verschiedene Arten bekannt geworden, die hinsichtlich ihrer klimatischen Ansprüche allesamt recht ähnlich sind. Fast alle Arten wurden in Großbritannien und Irland auch versuchsweise forstlich angebaut.

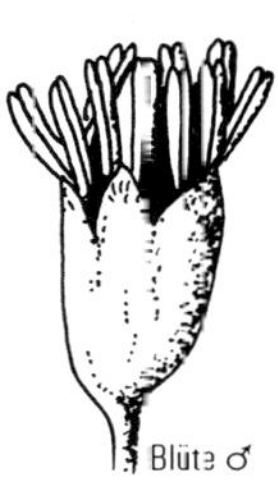
Blüte ♂

Blütenbecher ♀

Merkmale: Sommergrüner Laubbaum bis etwa 30 m Wuchshöhe, treibt Ausläufer. Krone eigenartig unregelmäßig, annähernd kugelig, gewölbt, oft wenig geschlossen, mehrteilig oder ziemlich locker.
Äste im unteren Kronenbereich verhältnismäßig kurz und waagerecht abstehend, im mittleren Kronenstück zunächst aufwärts gehend, dann aber übergebogen und hängend. Nur die Verzweigungen des Kronendachs gehen strahlig nach oben auseinander.
Rinde an älteren Bäumen graubräunlich, mit breitem Leistenmuster überspannt und dazwischen tief gefurcht, dabei jedoch ziemlich glatt erscheinend. Furchen erfassen auch die unteren, größeren Äste, die an ihrer Ansatzstelle meist auffällig verbreitert sind. Triebe und jüngere Zweige rotbraun, samtig behaart.

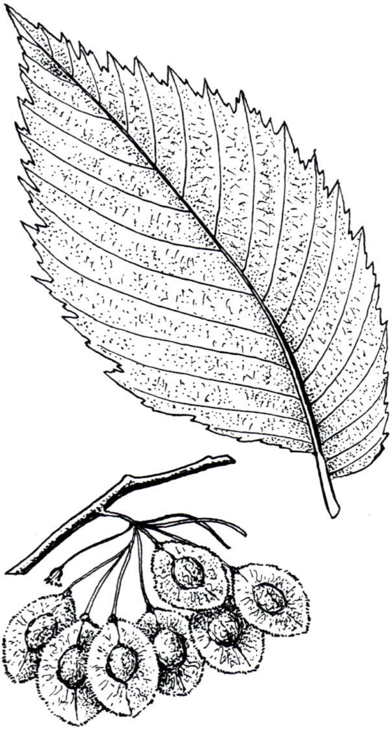

Blätter 7–12 cm lang und ungefähr 6–9 cm breit, von rundlichem Umriß oder eher oval, vorne kurz zugespitzt. Blattgrund auffallend schief und unsymmetrisch. Blattnerven auf der kürzeren Blatthälfte zu 12–18, auf der längeren mit zusätzlich 2–3 weiteren, verlaufen leicht bogig. Blattrand doppelt gesägt bis gezähnt, mit nach vorne weisenden oder etwas eingekrümmten Spitzen. Oberseite matt dunkelgrün, Unterseite fein graugrün behaart. Blattstiele sehr kurz, nur um 5 mm lang.
Blüten büschelig, ziemlich lang gestielt. Früchte etwa 10–12 mm lang, länglich-oval, zur Reifezeit hängend. Samen in der Mitte, den Spalt nicht berührend.
Standort: Zerstreut oder selten auf sommerwarmen Lehm- oder Sandböden in Auwäldern.
Verbreitung: Überall in Europa verbreitet, aber nirgends häufig oder gar bestandsbildend, sondern immer nur vereinzelt oder in kleineren Gruppen anzutreffen. Stellenweise häufiger als Allee- und Straßenbaum gepflanzt.
Blütezeit: März.
Allgemeines: Die in Nordamerika, Europa und Asien heimischen Ulmen werden immer häufiger zu Opfern der sogenannten Ulmenpest, einer Pilzinfektion unbekannten Ursprungs, die zuerst an Ulmen-Beständen in den Niederlanden entdeckt wurde und in den vergangenen Jahrzehnten rasch um sich gegriffen hat. Dabei zeigen sich deutliche Resistenzunterschiede zwischen den verschiedenen im Gebiet heimischen oder angepflanzten Arten. Eine wirksame Kontrolle der Pilzinfektionen, an der zwei verschiedene Borkenkäfer-Arten (*Scolytus*-Arten) entscheidend beteiligt sind, ist bis jetzt nicht möglich gewesen. Es stehen zwar eine Reihe von Giftstoffen zur Verfügung, die sowohl den Pilz als auch den Borkenkäfer abtöten, insgesamt in der Wirkung aber wenig kalkulierbar sind und außerdem die übrige Umwelt stark in Mitleidenschaft ziehen.
Ulmenholz, technisch häufig auch als Rüsterholz bezeichnet, ist ziemlich fest, nur schwer spaltbar, dabei aber recht biegsam. Bevor das Ulmensterben die Bestände lichtete, galt es als wichtiges Nutzholz und wurde vor allem bei der Herstellung von Sitzmöbeln mit gebogenen Teilen verwendet.

Blüten

Früchte

Berg-Ulme, Weiß-Rüster *(Ulmus glabra* HUDSON*)* Ulmengewächse

Merkmale: Sommergrüner, bis 40 m hoher Laubbaum mit hoher, häufig sogar mehrteiliger Krone von verkehrt-eiförmigem Umriß, bei Bäumen im Freistand sehr breit entwickelt.

Stamm bis etwa zur Kronenmitte zu verfolgen, aber schon in geringer Höhe in mehrere, sehr kräftige und massive, häufig gedrehte Äste gegabelt.

Äste zunächst ansteigend, dann bogig überhängend und zum Teil bis zur Erde reichend. Nur die Äste des oberen Kronenbereichs gehen strahlig aufwärts ab.

Rinde auch an älteren Bäumen auffallend glatt und eben, nur wenig gefeldert und rissig gegliedert, mattgrau oder dunkler grau. Triebe ziemlich dick, braunrot, mit steifer, kurzer Behaarung.

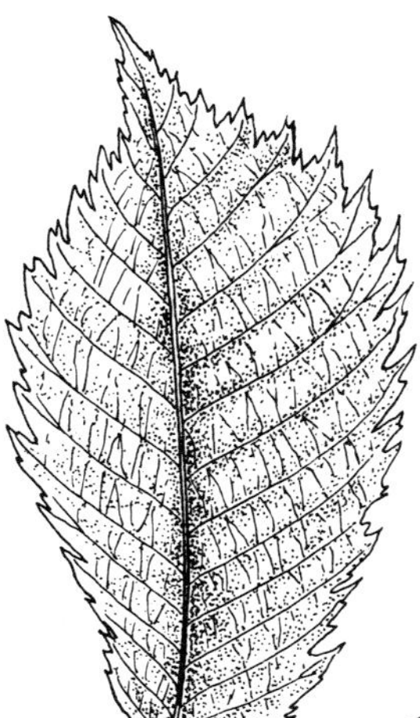

Blätter verkehrt-eiförmig, länglich-oval und auch rundlich, etwa 10–16 cm lang und manchmal ebenso breit, mit langer, schlanker, aufgesetzt erscheinender Spitze, am Grund auffällig schief, ungleichmäßig doppelt gesägt, Zähne nach vorne weisend. Blattoberseite matt dunkelgrün, fühlt sich sehr rauh an. Blattunterseite heller grün, auf den größeren Nerven fein weißhaarig. Blattstiel kurz und kräftig.

Früchte etwa 1,5–2 cm breit, mit breitem, vorne etwas ausgerandetem Hautsaum, bereits vor dem Laubaustrieb weitgehend entwickelt. Same mittelständig.

Standort: Berg-Ulmen bevorzugen kühl-humide Klimalagen und wachsen gerne auf lokkeren, nährstoffreichen, sickerfeuchten Böden.

Verbreitung: In Edellaubwäldern von Nordeuropa bis nach Westasien weit verbreitet und besonders in schattigen Hangwäldern der mittleren Gebirgslagen anzutreffen, dort bis etwa 1300 m ansteigend. Im Tiefland dagegen wesentlich seltener oder völlig fehlend. Gelegentlich als Park- oder Zierbaum verwendet.

Blütezeit: Februar bis März.

Allgemeines: Berg-Ulmen können recht alt werden. Exemplare von rund 400 Jahren und mit Stammdurchmessern bis 3 m sind verschiedentlich verbürgt. Gegen die das Ulmensterben hervorrufende Infektionskrankheit sind Berg-Ulmen etwas resistenter als andere einheimische Arten, doch sind auch ihre Bestände von schweren Verlusten betroffen. Eine Eigentümlichkeit sind die vor dem Laubaustrieb erscheinenden Blüten. Noch vor der Laubentfaltung wachsen die charakteristischen Flügelnüßchen heran und wirken zu dieser Zeit nicht nur wie kleine Blätter, sondern übernehmen auch die Photosynthese. Die reifen Samen sind eigenartigerweise nur wenige Tage keimfähig.

Verwandte Art: Die **Englische Ulme** *(Ulmus procera)* besitzt für einen hochgewachsenen Baum ungewöhnlich kleine, rundlich-ovale Blätter. Ursprünglich nur auf den Britischen Inseln. Häufig als Straßenbaum gepflanzt, durch Ulmenkrankheit gefährdet.

Sie ist die großwüchsigste aller Ulmen-Arten und fällt im unbelaubten Zustand durch ihre markante Kronenarchitektur mit bogig aufsteigenden Ästen auf.

Blüten

Früchte

Merkmale: Sommergrüner Baum mit Wuchshöhen bis etwa 30 m. Krone recht vielgestaltig, bei der Typform meist hochgewölbt, dabei jedoch ziemlich schmal.
Äste verhältnismäßig kurz, stark, nahezu waagerecht abstehend. Sie tragen eine recht uneinheitliche Bezweigung. Seitenzweige gelegentlich übergebogen und hängend.
Rinde braungrau, mit langen, recht tiefen Furchen und Buckelleisten. Triebe ziemlich dünn, glatt, leicht glänzend, braunrot oder dunkelrot. Knospen oval, spitz, nur an der Spitze etwas behaart, sonst glänzend rotbraun.
Blätter 6–10 cm lang und etwa 5–8 cm breit, von veränderlicher Form, überwiegend verkehrt-eiförmig oder länglich, mit verlängerter, schmaler Spitze und auffallend schiefem, unsymmetrischem Blattgrund. Blattrand undeutlich doppelt gesägt oder auch nur gekerbt mit kleinen, zur Spitze weisenden Zähnen. Blattoberseite meist glänzend, dunkelgrün, Unterseite heller und mit deutlichen, samtigen Haarbüscheln in den Winkeln der größeren Blattnerven, sonst kahl.
Früchte verkehrt-eiförmig oder länglich, Nuß deutlich oberhalb der Mitte.

Standort: Feld-Ulmen bevorzugen sickerfeuchte, manchmal auch überflutete, basen- und nährstoffreiche Böden.
Verbreitung: Vor allem in den großen europäischen Stromtälern häufiger anzutreffen. Fehlt jedoch im Nordwesten Mitteleuropas und steigt im Bergland höchstens auf 600 m.
Blütezeit: März.
Allgemeines: Die Feld-Ulme gehört zu den häufigsten Ulmen. Ihre Belaubung ähnelt etwas der Hain-Buche, doch ist der für die Gattung *Ulmus* typische schiefe, asymmetrische Blattgrund in jedem Fall gut zu erkennen. Feld-Ulmen sind in den letzten Jahrzehnten bedauerlicherweise in starkem Maß Opfer der Ulmenkrankheit geworden, die selbst ausgewachsene Bäume innerhalb kurzer Zeit zum Absterben bringt. Verursacher dieses Ulmensterbens ist ein Schadpilz, der von Borkenkäfern auf gesunde Bäume übertragen wird. In aller Welt bemüht man sich um die Entwicklung von Behandlungsmethoden gegen diesen Pilzbefall, der um die Jahrhundertwende zum erstenmal in den Niederlanden auftrat. Alle Ulmen sind dafür anfällig, doch gibt es einige Unterschiede in den Befallsraten. Ulmen, die nur vereinzelt und isoliert voneinander wachsen, werden weniger attackiert als solche in geschlossenen Vorkommen.
Verwandte Art: Die **Holländische Ulme** *(Ulmus x hollandica)* ist ein Bastard aus der **Berg-Ulme** und der recht formenreichen Feld-Ulme. Sie wird in verschiedenen Sorten und Rassen als Park- oder Straßenbaum angepflanzt.
Rüsterholz, früher wegen seiner hohen Biegefestigkeit für verschiedene Verarbeitungstechniken sehr gefragt, steht heute als Nutzholz nicht mehr so hoch im Kurs. In vielen Erzeugnissen wurden die früher aus Ulme gefertigten Teile durch andere Werkstoffe ersetzt.

Blüten

Früchte

Südlicher Zürgelbaum *(Celtis australis L.)* Ulmengewächse

Merkmale: Sommergrüner Laubbaum bis etwa 20–25 m Höhe. Krone rundlich gewölbt, oft sehr breit ausladend oder nach einer Seite überhängend.
Rinde auch an älteren Bäumen fast buchenartig glatt und eben, bleigrau oder blaß bräunlich, ohne auffälliges Furchen- oder Netzwerk. Triebe bräunlich, dicht behaart, aber später verkahlend.
Blätter 5–15 cm lang, lanzettlich-länglich oder lang-oval, mit sehr langer, schlanker Spitze und scharf gezähntem Blattrand; Zähne nach vorne weisend und etwas entfernt stehend. Blattgrund abgerundet und nahezu ganzrandig, insgesamt etwas wellig. Blattoberseite leicht rauhhaarig, matt dunkelgrün, Blattunterseite heller und fein weißlich behaart, besonders auf den Blattnerven. Ein gutes Merkmal für die gesamte Gattung ist der immer 3nervige Blattgrund (= gabelig verzweigte Mittelrippe sowie die beiden untersten Blattnerven). Blattstiel etwa 1–1,5 cm lang. Blattspitzen häufig verdreht, besonders nach dem Austrieb.

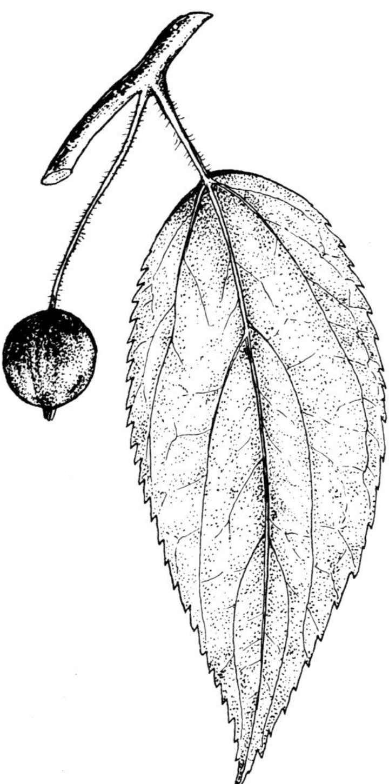

Blüten unscheinbar gelblich-grün.
Früchte (= Steinfrüchte) einzeln auf langen, blattachselständigen Stielen, kugelig-länglich, etwa 1 cm dick, zur Reifezeit braunrot bis schwarz, eßbar.
Verbreitung: In Südwestasien und im Mittelmeergebiet weit verbreitet und meist als zierliches Gehölz in Hecken oder im lichten Unterstand. Besonders in Italien und in Frankreich, zunehmend auch in den wintermilden Gegenden Mitteleuropas, als Zier- oder Straßenbaum angepflanzt.
Blütezeit: März bis April.
Allgemeines: Die Zugehörigkeit des Zürgelbaums zur Familie der Ulmengewächse kann man – abgesehen von den Einzelheiten des Blütenaufbaus – an dem auch in dieser Gattung recht schief gestalteten Blattgrund erkennen, der die Blattspreite in stärkerem Maß asymmetrisch erscheinen läßt. Die kleinen Steinfrüchte dieses Baums schmecken recht angenehm. Sie werden in Gegenden, in denen der Zürgelbaum häufiger anzutreffen ist, gerne gesammelt. In Südtirol nennt man sie »Zürgeln« und verwendet sie dort gelegentlich für die Zubereitung von verschiedenen Süßspeisen. Der Anbau als Steinobst lohnt sich jedoch nicht, denn gegenüber anderen Obstsorten ist diese Art zu ertragsschwach und -unsicher.
Die Gattung *Celtis* hatte noch im Tertiär in Europa ein wesentlich größeres Verbreitungsgebiet als heute. Das beweisen fossile Blattfunde aus Tonschichten, die beim Braunkohlentagebau angeschnitten werden. Diese Blätter sind meist hervorragend erhalten. Außerdem zeigen sie, daß sich die Blattform der europäischen *Celtis*-Arten in den letzten 20 Millionen Jahren nur unwesentlich verändert hat.
Die fossilen Zürgelbaum-Nachweise in Mitteleuropa beweisen zudem, daß das Kima im ausgehenden Tertiär wesentlich günstiger war als heute. Erst das hereinbrechende Eiszeitalter brachte bedeutende Verschlechterungen und löschte viele Arten aus.

Blüten

Früchte

Schwarzer Maulbeerbaum, Schwarze Maulbeere *(Morus nigra L.)* Maulbeergewächse

Merkmale: Sommergrüner Laubbaum mit niedriger, oft sehr breiter und weit ausladender Krone auf kurzem Stamm. Die Wuchshöhe beträgt meist nur etwa 8–12 m, doch wird der Baum gewöhnlich wesentlich breiter als hoch.
Stamm oft gewunden und verdreht oder auch schief gewachsen.
Untere *Äste* sehr massiv, mehrfach gebogen und sehr knorrig aussehend.
Rinde dunkelbraun oder orangebraun, faserig gefurcht, wegen der vielen knotigen beziehungsweise knolligen Verdickungen des Stamms und der größeren Äste sehr uneben.
Triebe ziemlich dick, hell grünlich, leicht behaart und zerstreut mit auffälligen Lentizellen besetzt; milchen beim Abschneiden. Knospen ziemlich kräftig und dick, ovalkegelig, glänzend braun-purpurn.

Blätter 7–18 cm lang und etwa 8 cm breit, breitoval und herzförmig, mit kurzer, schlanker Spitze, am Blattgrund tief und deutlich eingeschnitten, am Rand unregelmäßig gekerbt – gezähnt oder etwas gelappt, auf der Oberseite rauh behaart und hell- bis frischgrün, auf der Unterseite hellgrün und weich flaumhaarig. Blattstiel um 2 cm lang, ziemlich dick, stärker behaart. Einhäusig.
Männliche *Kätzchen* kurz und dicklich, bleichgrün. Weibliche Blütenstände noch kürzer.
Die *Früchte* entwickeln sich ausnahmsweise nicht aus den Fruchtblättern, sondern aus Teilen der Blütenhülle zu dunkelroten oder schwarzroten, sehr wohlschmeckenden Scheinfrüchten, die allerdings erst kurz vor dem Abfallen genießbar sind.
Blütezeit: Mai bis Juni.
Verbreitung: Ursprünglich stammt der Schwarze Maulbeerbaum wohl aus Zentralasien. In Indien und China wird er bereits seit Jahrhunderten kultiviert. Wildvorkommen sind nicht bekannt, so daß die genaue Ursprungsregion eigentlich nicht mit Sicherheit angegeben werden kann. Schon in der Antike wurde dieser Baum auch im Mittelmeergebiet, vor allem in Italien, kultiviert, wo er heute noch ziemlich häufig anzutreffen ist. Die dunkelroten bis schwärzlich-purpurnen Früchte haben bis kurz vor der Vollreife einen etwas scharfen, säuerlichen Geschmack. Sie werden gesammelt (oft in Konkurrenz mit Vögeln), um daraus verschiedene Pasten oder auch Gelees von sehr feinem Aroma herzustellen.
Der Schwarze Maulbeerbaum gedeiht auch in Mitteleuropa, allerdings nur in Gebieten mit mildem Winterklima. Vor der allgemeinen Dauerversorgung mit Südfrüchten rund um das Jahr war er als Obstlieferant sehr beliebt und kann geradezu als Charakterbaum alter Landsitze und besonders von Pastoratsgärten angesehen werden. Ein eindrucksvolles Exemplar findet sich beispielsweise im ehemaligen Pfarrgarten der Insel Helgoland.
Einer der größten bekannten Maulbeerbäume wächst in einem Klostergelände in Roscoff/Bretagne. Der über 200jährige Baum bedeckt mit seinem Astwerk eine Fläche von über 600 Quadratmetern.

Blütenstände ♀

Fruchtstände

Weißer Maulbeerbaum, Weiße Maulbeere *(Morus alba* L.*)* Maulbeergewächse

Merkmale: Sommergrüner, kleinerer Baum von ungefähr 10–15 m Höhe mit ziemlich schmaler, hoher, etwas brüchig wirkender Krone, nicht so breit und ausladend wie bei der vorigen Art.

Äste ziemlich knorrig aussehend, dabei aber sehr wenig widerstandsfähig, lassen sich leicht abbrechen.

Rinde braun-rötlich oder grünlich-grau, mit flachen, bogenförmig verlaufenden Vertiefungen. Triebe ziemlich gerade und dünn, zunächst fein samtig behaart, später verkahlend. Knospen schmal-kegelförmig und wesentlich kleiner als bei der vorigen Art.

Blätter 7–18 cm lang und etwa 8 cm breit, sehr variabel in der Form, entweder ungeteilt oder in mehrere Lappen geteilt, am Grund immer herzförmig eingeschnitten und am Rand grob gezähnt, dabei ziemlich weich, flach und dünn, auf der Oberseite leicht glänzend grün und kahl, auf der Unterseite nahezu kahl oder allenfalls auf den größeren Blattrippen behaart. Blattstiel um 2 cm lang, stärker behaart, auf der Oberseite rinnig-grubig eingetieft.

Gelappte Blätter nur auf Langtrieben; auf fruchttragenden Kurztrieben sind die Blätter immer ungeteilt

Männliche *Blüten* in langgestielten, hellgelben Kätzchen. Weibliche Blütenstände dagegen eher kopfig und aufrecht.

Scheinbeeren weißlich oder hellrosa, genießbar, aber von undeutlichem, schwachem Aroma.

Verbreitung: Die Weiße Maulbeere stammt ursprünglich aus China, wird aber im Mittelmeergebiet oder den wärmeren Gegenden Mitteleuropas schon seit Jahrhunderten angepflanzt, weil sie eine der wichtigsten Futterpflanzen der Seidenraupen ist. Das Ernten von Blättern des Weißen Maulbeerbaums für die Fütterung von Seidenraupen ist eine aus Ostasien übernommene Tradition und wird heute noch in großem Umfang in Frankreich betrieben. In der Zeit des zweiten Weltkriegs sollte die Seidenraupenzucht auch in Deutschland eingeführt werden. Aus dieser Zeit stammen die nicht seltenen Vorkommen des Weißen Maulbeerbaums in Schulgärten. Um auf einer möglichst kleinen Produktionsfläche möglichst viel Laub ernten zu können, werden die Bäume oft zurückgeschnitten, damit sie sich dichter verzweigen. In Europa ist die Seidenraupenzucht seit dem 16. Jahrhundert nachgewiesen.

Verwandte Art: Zur gleichen Familie gehört der eigenartige **Osagedorn** *(Maclura pomifera)*, ein 2häusiger Strauch oder kleiner Baum bis etwa 10 m Wuchshöhe. Blätter oval, mit schlanker, kurzer Spitze, ganzrandig, oberseits etwas glänzend, am Grund mit sehr schlanken, spitzen Nebenblattdornen. Weibliche Blütenstände kugelig, entwickeln sich zu Sammelfrüchten, die im Aussehen an eine große, runzelige Zitrone oder Apfelsine erinnern, jedoch ungenießbar sind.

Dieser Baum ist im zentralen Nordamerika heimisch und findet sich hin und wieder auch als Ziergehölz in Parks oder Gärten. Seine zickzackartigen Verzweigungen lassen ihn sehr dekorativ aussehen.

Maulbeer-
gewächse

Blütenstände ♂

Fruchtstände

Merkmale: Sommergrüner, laubwerfender Strauch oder kleiner Baum bis ungefähr 8 m Wuchshöhe. Krone an älteren Exemplaren meist sehr breit und ausladend, dabei aber auffallend niedrig und gewöhnlich auch recht unregelmäßig.

Äste gehen vom knorrigen, oft gedrehten oder gebogenen Stamm schon in geringer Höhe über dem Boden ab. Sie sind sehr massiv und häufig gedreht oder bogig.

Rinde glatt, hellgrau bis bleigrau, mit undeutlichem, dunklerem Linien- oder Netzmuster überzogen. Triebe ziemlich dick und steif, dunkelgrau-grünlich, gefurcht, überall mit auffallend dicken und breiten Blattnarben besetzt. Knospen ebenfalls dick. Seitenknospen etwas massiver als die leicht schlankeren Endknospen.

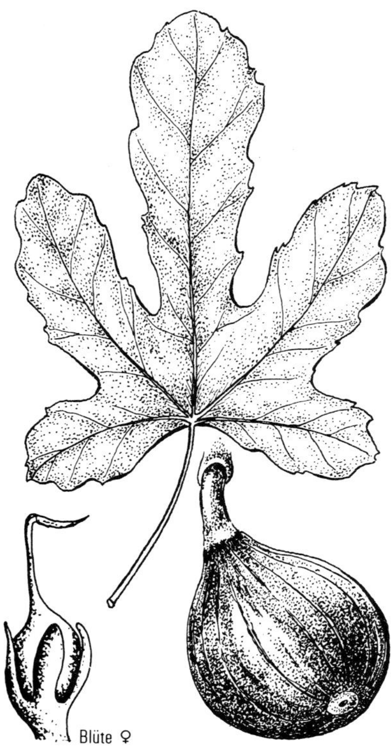

Blüte ♀

Blätter sehr groß, ungefähr 20–30 cm lang und fast ebenso breit, wechselständig, ziemlich fest und lederig-steif, handförmig in 3–5 ungleich große Lappen geteilt, diese abgerundet und stumpf oder allenfalls undeutlich gezähnt, auf der Oberseite dunkelgrün, rauhhaarig und nur wenig glänzend, auf der Unterseite heller grün und fast nur auf den deutlich hervortretenden, weißlichen Blattnerven dichter weichhaarig. Blattstiel dicklich, 5–8 cm lang, mit breiter Basis.

Blüten sehr klein und unscheinbar, in ein auffallendes, grünes, birnen- oder krugförmiges Gebilde eingeschlossen, das an der Spitze einen kleinen Zugang für bestäubende Insekten offenhält.

Die *Feige* kann sich auch ohne Bestäubung oder Befruchtung entwickeln. Die Feigen reifen im Herbst des 2. Jahres zu grünen, violettgrünen oder schwärzlichen Scheinfrüchten heran.

Verbreitung: Ursprünglich stammt der Feigenbaum wohl aus Südwestasien, ist möglicherweise jedoch auch auf dem Balkan und in Südspanien zu Hause. Schon seit der Antike wird er fast überall im Mittelmeerraum angebaut und konnte dort stellenweise verwildern.

In wintermilden Regionen gedeiht der Feigenbaum auch weit außerhalb seines natürlichen Verbreitungsgebietes. Ansehnliche Exemplare finden sich beispielsweise auf den dänischen Ostsee-Inseln sowie in Südengland.

Blütezeit: März bis Juli.

Allgemeines: Hinsichtlich der Blütenbiologie und Fruchtentwicklung gehört der Feigenbaum zu den interessantesten Gehölzen. Es gibt verschiedene Formen und Rassen, die sich in Blütezeit und Entwicklung unterscheiden. Die sogenannte Holzfeige bringt keine genießbaren Fruchtstände hervor, liefert jedoch die zur Bestäubung notwendigen Pollen. Sie werden von einer kleinen Gallwespe *(Blastophaga psenes)* auf die weiblichen Blüten der Hausfeige übertragen. Aus diesem Grund werden Holzfeigen immer in Plantagen der Hausfeige eingesprengt. Um 1870 brachte man sogar Holzfeigen zusammen mit den passenden Gallwespen aus Algerien nach Kalifornien, um den Ertrag der dortigen Kulturen zu sichern.

Immergrüne Magnolie *(Magnolia grandiflora L.)* — Magnoliengewächse

Merkmale: Immergrüner, sehr stattlicher Baum mit breiter, weit ausladender, ziemlich dichter Krone, im Alter kugelig gewölbt. Wuchshöhe 20–25 m, im Freistand fast ebenso breit, mit massiven, etwas knorrigen Ästen.

Rinde glatt, stumpf grau oder grau-schwärzlich. Triebe kräftig, samtig rotbraun behaart. Knospen kegelig, etwas schief, um 15 mm lang, vorne bräunlich behaart.

Blätter immergrün, 8–15 cm lang und 6–9 cm breit, länglich-elliptisch, oberhalb der Spreitenmitte am breitesten, sehr derb und lederig-zäh, flach oder nur am Rand wenig gewellt, ganzrandig, auf der Oberseite glänzend dunkelgrün und kahl, auf der Unterseite heller grün, jedoch auffallend rostrot flaumhaarig. Blattstiele 2–2,5 cm lang, dick, ebenso wie die Blattunterseiten und die Triebe dicht rostrot bis braunrot behaart.

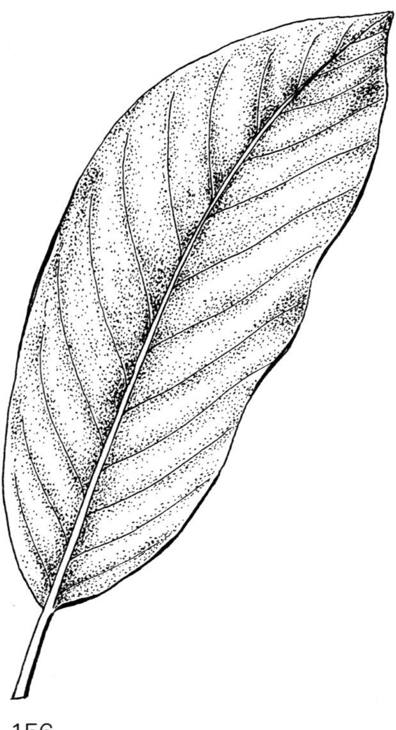

Blüten an den Zweigenden, anfangs schmal-kegelförmig und spitz, zur Blütezeit becherartig geöffnet und zuletzt weit ausgebreitet, dann etwa 20–25 cm breit, duftend, mit 6 reinweißen oder cremeweißen Hüllblättern und weiteren kelchblattartigen Hüllblättern.

Frucht in Form von 5 cm langen und etwa 2–3 cm breiten, zapfenartigen Gebilden, an der Basis mit den bleibenden Narben der Hüllblattansätze.

Verbreitung: Ursprünglich nur in den südöstlichen USA beheimatet, jedoch vor allem im Mittelmeerraum und im südwestlichen Europa häufiger als Zierbaum verwendet.

Blütezeit: Juli bis November.

Allgemeines: Diese großblättrige Magnolie, die eigentlich nur in solchen Regionen des Mittelmeerraums oder der atlantischen Region anzutreffen ist, wo sie nicht allzu langer Trockenheit ausgesetzt ist, gehört zweifellos zu den imposantesten Erscheinungen innerhalb dieser Gattung. Ihre großen Blüten bilden im dunkelgrünen Laub einen ähnlich auffallenden Kontrast wie geöffnete Seerosen auf einem dunklen Teich. Im Sommer bilden sich aus den sehr zahlreichen Fruchtknoten zapfenartige Fruchtstände, aus denen die reifen Samen an einem langen Stielchen wie der Köder an einer Angel heraushängen.

Verwandte Arten: Die **Gurken-Magnolie** *(Magnolia acuminata)* trägt kahle, etwas glänzende Triebe und Blätter, deren Oberseite in der Regel dunkelgrün ist, Unterseiten heller und leicht behaart. Sie ist ein laubwerfender, sommergrüner Baum aus den östlichen und mittleren USA und wird gelegentlich in Parks und Gärten angepflanzt. Ähnlich ist die **Lilien-Magnolie** *(Magnolia denudata)*; sie wird nur 2–4 m hoch und blüht im Gegensatz zu *M. acuminata* vor dem Blattaustrieb. Sie fällt durch ihre sehr großen, aufrechten, glockigen Blüten auf. Sie stammt aus Ostasien und wird in Mitteleuropa als kleiner Strauch oder Baum häufig in Parks und Gärten angepflanzt.

Die sehr großen und übersichtlich aufgebauten Blüten der Magnolien stellen trotz ihrer Formschönheit noch sehr einfache Gebilde dar. Deswegen stehen die Magnolien auch am Anfang des Systems der Blütenpflanzen.

Knospe

Fruchtstand

Hybrid-Magnolie, Tulpen-Magnolie *(Magnolia x soulangiana* S.-BOD.*)* Magnoliengewächse

Merkmale: Sommergrüner, laubwerfender kleiner Baum oder (häufiger) Strauch, selten über 5 m Wuchshöhe erreichend oder nur in sehr alten Beständen höher. Krone ziemlich locker und recht breit, meist schon dicht über dem Boden stärker verzweigt. Triebe kräftig, grünlich-grau oder grau-bräunlich.

Blätter verkehrt-eiförmig oder länglich-elliptisch, im vorderen Drittel der Blattspreite am breitesten, dann in eine schlanke, dünne Spitze verschmälert, um 10–15 cm lang, auf der Oberseite glatt, matt grün, auf der Unterseite stärker oder schwächer behaart, ganzrandig, am Grund keilförmig.

Blüten sehr zahlreich, meist aufrecht, vor dem Laubaustrieb erscheinend, aber noch eine Weile nach der Laubentfaltung am Baum, Blütenhüllblätter von ähnlicher Form wie die Laubblätter, aber stets deutlich breiter als 2–3 cm, innen reinweiß oder weißlich, außen zartrosa oder kräftiger purpurn getönt, mitunter auch kräftig violett, besonders am Grund.

Blüte überwiegend nur glockig geöffnet, nicht weit ausgebreitet. Sehr formenreich. Um 1820 in der Nähe von Paris entdeckt und entstanden aus einer Kreuzung zwischen **Lilien-Magnolie** *(Magnolia denudata)* und der sehr nahestehenden *Magnolia liliiflora.*

Verbreitung: Heute eine der am häufigsten in Gärten und Parkanlagen gepflanzten Magnolien, mit sehr formenreichem Sortenbild.

Blütezeit: April bis Mai.

Verwandte Arten: Die **Schirm-Magnolie** *(Magnolia tripetala)* ist ein laubwerfender, sommergrüner Baum, meist aber ein vom Boden an vieltriebig verzweigter Großstrauch bis etwa 12 m Wuchshöhe. Ihre Zweige sind kahl. Die Blätter werden auffallend lang und erreichen 30–60 cm, sind an beiden Enden zugespitzt und anfangs auf der Unterseite dichter behaart. An den Triebenden werden sie schirmförmig ausgebreitet, was wesentlich zur attraktiven Erscheinung dieses Zierbaums beiträgt. Die Blüten erscheinen erst nach der Belaubung, sind rahmweiß, geöffnet bis 20 cm breit und duften etwas unangenehm. Fruchtzapfen rosa, etwa 10 cm lang.

Ursprünglich nur in den südöstlichen USA, jedoch in vielen Gegenden Europas angepflanzt.

Etwas häufiger trifft man auf die **Stern-Magnolie** *(Magnolia stellata).* Kleinerer, sommergrüner Baum oder recht breitkronig wachsender Strauch. Blätter länglich-elliptisch, etwa 7–15 cm lang und 3–9 cm breit, mit langer, schlanker, aufgesetzt wirkender Spitze. Die Blüten erscheinen vor den Blättern, sind aufrecht, reinweiß und sind an den sehr schmalen Blütenhüllblättern kenntlich, ausgebreitet etwa 10 cm breit. Ihre Heimat ist Ostasien (Japan). Formenreich.

Reifes Fruchtblatt mit heraushängendem Samen

Merkmale: Sommergrüner, laubwerfender Baum von meist stattlichem Wuchs; kann bis über 40 m Höhe erreichen. Krone bei jüngeren Bäumen noch schmal und kegelförmig, später zunehmend gewölbt und zuletzt sehr hochragend, dabei aber nie sehr breit, sondern eher kräftig säulenförmig, im unbelaubten Zustand sehr licht, mit weit gestellten Ästen; nach der Belaubung sehr dicht und geschlossen.

Rinde grau, bräunlich oder braunorange, mit einem Muster feiner, flacher Leisten netzförmig überspannt. Triebe unbehaart, etwas bereift, mit gut erkennbaren Blattnarben. Knospen um 1 cm lang, oval, leicht gebogen, etwas zusammengedrückt.

Blätter 10–15 cm lang und 12–20 cm breit, sehr eigenartig und unverwechselbar geformt, von viereckigem Umriß und meist in 4 ungleich große Lappen geteilt, deren Längsseiten nahezu parallel verlaufen. Vorne ist das Blatt gerade abgeschnitten oder leicht ausgerandet. Blattoberseite glänzend kräftig grün, Unterseite etwas heller und leicht wachsig, kahl, im Herbst prachtvoll goldgelb. Blattstiele 10 bis 12 cm lang.

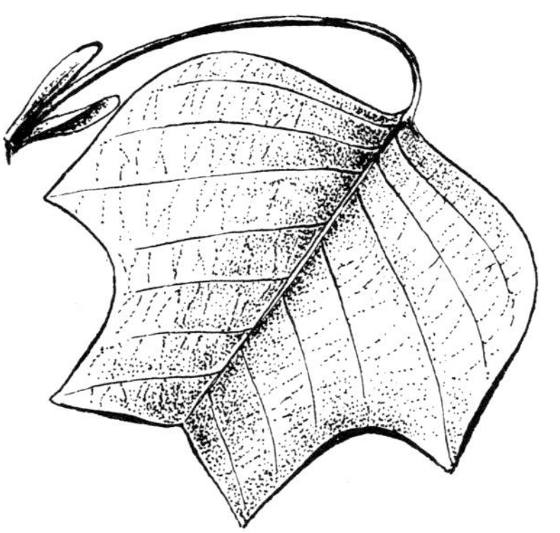

Blüten einzeln an den Zweigenden, beim Aufblühen zunächst becherartig, später weiter glockig geöffnet. Blütenhülle kronblattartig, Hüllblätter am Grund bläulich-grün, darüber gelblich-orange und an der Spitze wieder grünlich, in der Mitte mit breitem, weißlichem Kegel. Staubblätter dick und fleischig, 3–5 cm lang. Fruchtknoten in einem zentralen Kegel zusammengefaßt.

Reife *Frucht* erinnert im Aussehen an einen Nadelbaumzapfen.

Verbreitung: Beheimatet ist der Tulpenbaum im östlichen und südöstlichen Nordamerika, wird aber schon seit über 300 Jahren auch in Europa als Park- und Zierbaum angepflanzt. Stellenweise kann man den wegen seiner eigenartigen Blätter unverkennbaren und eigentlich recht dekorativen Baum auch schon in Straßenrandbepflanzungen oder auf städtischen Plätzen antreffen.

Blütezeit: April bis Mai.

Allgemeines: Eigentlich hält der Tulpenbaum nicht ganz, was sein klangvoller Name verspricht: Wenn man ein blühendes Exemplar vor sich hat, wird man vielleicht etwas enttäuscht feststellen, daß mit der Namengebung etwas übertrieben wurde. Ein Lilienbaum, der Tulpen trägt, müßte etwas farbiger aussehen. Dennoch ist der Tulpenbaum wie auch seine übrigen Verwandten aus der Familie der Magnoliengewächse aus botanischen Gründen sehr interessant. Er führt in seinen großen Blüten noch sehr ursprüngliche, wenig differenzierte Verhältnisse vor, die außerdem noch mancherlei Anklänge an die stammesgeschichtlich älteren Nadelbäume aufweisen.

Somit gehören die Tulpenbaumblüten ebenso wie die besonders großen und farblich auffälligen Magnolienblüten zu den einfachsten Blütenformen, welche die Bedecktsamer hervorbringen.

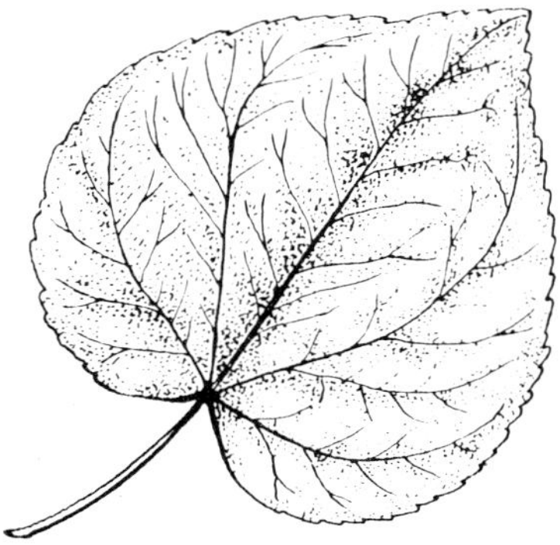

Merkmale: Sommergrüner, laubwerfender Baum bis etwa 12 m Höhe, selten auch darüber und nur im Ursprungsgebiet über 20 m Wuchshöhe erreichend. Krone länglich-kegelförmig, endet meist in einer schlanken, dünnen Spitze, am Grund ein- oder mehrstämmig.
Die *Äste* bauen den Baum sehr regelmäßig auf. Sie sind schlank und ragen steil auf. Gerade abstehende oder nur leicht bogig überhängende Zweige. Triebe sehr schlank, gerade oder leicht gebogen, grünlich-braun, meist auf Ober- und Unterseite verschiedenfarbig. Knospen glänzend dunkelbraun und sehr klein, kaum 1 mm Länge erreichend.
Blätter gegenständig, 6–12 cm lang und bis 6 cm breit, ganzrandig, breit oval bis rundlich, vorne sehr kurz zugespitzt, am Grund tief herzförmig eingeschnitten, mitunter am Rand mit sehr feinen, stumpfen Zähnen, auf der Oberseite matt grün oder graugrün und kahl, auf der Unterseite deutlich bläulich-grün. Blattstiele 3–6 cm lang, dunkelrot. Zweihäusiger Baum.
Männliche *Blüten* bestehen fast nur aus Büscheln rötlicher Staubblätter und stehen zu mehreren in den Achseln der Knospen. Weibliche Blüten ebenfalls büschelig und achselständig, fallen durch ihre gewundenen, um 5 mm langen, roten Narben auf. Blüten erscheinen vor dem Laubaustrieb. Balgfrüchte glänzend hellgrün, krallenartig gekrümmt.
Verbreitung: Der Katsurabaum ist in Japan und China heimisch und bildet dort lichte Bestände. Seit etwa 100 Jahren wird diese Art jedoch auch in Parks und größeren Anlagen als Zierbaum angepflanzt. Sie gehört wegen ihres aparten Blütenschmucks und der prächtigen herbstlichen Laubfärbung sicher zu den attraktivsten Laubgehölzen, die aus Ostasien in den Westen gelangten und hier anbaufähig sind.
Blütezeit: April.
Allgemeines: Ein besonders auffälliges Merkmal, das jedoch meist übersehen wird, sind die beiden Blattformen des Katsurabaums. Die Blätter sind nur an den Langtrieben gegenständig und fiedernervig. Sie bilden den weitaus größeren Anteil der Belaubung. An Kurztrieben stehen die Blätter dagegen wechselständig und zeigen handförmige Nervatur. Diese Verschiedenblättrigkeit gilt als relativ ursprüngliches Merkmal. Ähnlich müssen auch die Merkmale des Blütenbereichs gewertet werden. Die Blüten sind eingeschlechtig und auf verschiedene Individuen verteilt (Zweihäusigkeit). Die weiblichen Blüten bestehen nur aus einem einzigen Fruchtblatt, das sich zur Reifezeit zu einer vielsamigen Balgfrucht entwickelt. Diese öffnet sich an der Bauchnaht und gibt eine große Menge kleiner, flacher, geflügelter Samen frei. Eine derartige Häufung ursprünglicher Merkmale ist in vergleichbarer Form bei keiner anderen Familie unter den zweikeimblättrigen Pflanzen zu finden. Die Katsuragewächse, ohnehin nur mit dieser einen Art vertreten (monotypische Familie), nehmen mithin im System der Blütenpflanzen eine recht isolierte Stellung ein. Sie zeigen gewisse Anklänge an die Magnolien wie auch an die Zaubernüsse, ohne mit diesen Gehölzen tatsächlich näher verwandt zu sein.
Die im Herbst zart lachsfarbenen Blätter riechen kurz vor dem Laubfall eigenartig nach Lebkuchen. Aus diesem Grund wird der Katsurabaum manchmal auch Kuchenbaum genannt.
Nutzbar ist dieses interessante Blattaroma jedoch nicht, da es beim Trocknen der Blätter verlorengeht. Seine chemische Struktur ist noch unbekannt.

Blüten ♀, darüber ♂

Früchte

Merkmale: Sehr ansehnlicher, stattlicher Laubbaum mit Wuchshöhen über 30 m, in günstigen Fällen sogar über 40 m hoch. Krone sehr breit und hochgewölbt, oft auch mehrteilig, bei alten Bäumen von gewaltigem Umfang.
Stamm gewöhnlich ziemlich gerade und fast immer bis zur Hälfte der Krone zu verfolgen, diese daher sehr hochstämmig.
Rinde anfangs graubraun oder hellbraun, später mit dünnen, sehr großen, rundlichen Stükken und Platten abspringend, die am Stamm und den größeren Ästen hellgelbe Flecken zurücklassen. Triebe blaßgrün oder bräunlich, anfangs dicht filzig behaart. Knospen oval, etwa 7 mm lang, rotbraun, mit leicht verbogener Spitze.
Blätter wechselständig (Unterschied zu ähnlich aussehenden Ahorn-Arten!), 15–20 cm lang und mitunter etwas breiter als lang, insgesamt von rundlichem Umriß, jedoch handförmig in meist 3–5(–7) ungleich große, breit dreiekkige Lappen geteilt, die höchstens bis zur Spreitenmitte eingeschnitten und in jedem Fall weniger tief geteilt sind als bei der folgenden Art. Blattoberseiten glatt und glänzend grün, Unterseiten heller und meist kahl.
Blüten in kugeligen Blütenköpfen. Männliche Blütenstände gelblich, weibliche zur Blütezeit gelblich und karminrot.
Fruchtstände ebenfalls kugelig, braun, zu 1 oder 2 an langen, hängenden Stielen.
Verbreitung: In Mitteleuropa sehr häufig als Park-, Allee- und Straßenbaum gepflanzt.
Blütezeit: Mai.
Allgemeines: Die Herkunft dieses häufigen Stadt- und Straßenbaums ist unter den Fachleuten umstritten. Manche sehen ihn als Bastard zwischen der **Morgenländischen Platane** *(Platanus orientalis)* und der **Westlichen Platane** (*Platanus occidentalis;* beide Arten auf *S. 166* vorgestellt) an, andere deuten ihn lediglich als eine Varietät oder Kulturform der ersteren Spezies. Für die Hybridnatur der hier behandelten Platane spricht unter anderem die Beobachtung, daß an den langen, herabhängenden Stielen überwiegend nur je 2 kugelige Fruchstände entwickelt werden, während es bei den Elternarten überwiegend immer 3 oder nur 1 Fruchtstand sind. Bezüglich dieses Merkmals steht die hier beschriebene Form also tatsächlich exakt in der Mitte zwischen den vermuteten Elternarten, wovon man sich durch Zählungen leicht überzeugen kann, da die charakteristischen Kugelfruchtstände auch während des Winters an den Bäumen zu sehen sind. Für den zweiten Vorschlag, die vermeintliche Hybrid-Platane nur als besondere Varietät der Morgenländischen Platane anzusehen, spricht die Gestaltung ihrer großen Blätter. Sie gleichen in vielen Merkmalen, besonders aber im Blattschnitt, *Platanus orientalis* und lassen von den seichten Buchten und sehr breiten Lappen der *P.-occidentalis*-Blätter eigentlich nur wenig erkennen. Außerdem verlieren sich die Haarbüschel in den Winkeln der Blattnerven im Lauf des Sommers genauso wie bei der Morgenländischen Platane. Ein weiteres Merkmal verdient Beachtung: Nur bei der Hybrid-Platane und der Morgenländischen Platane springt die Rinde in großen, unregelmäßig gestalteten Platten ab. Bei der Westlichen Platane sind es immer kleine, meist unter handflächengroße Stücke.
Die Gemeine Platane ist ziemlich raschwüchsig und übertrifft die beiden übrigen erwähnten Arten im allgemeinen an Höhe. Sie erträgt eine stärker verschmutzte, mit Staub und verschiedenen Schadstoffen aus Abgasen belastete Umgebung offenbar besser als andere Gehölze und wird deswegen bevorzugt in großen Städten als Straßen- und Parkbaum gepflanzt. Diese Platane ist nicht auf Europa beschränkt. Siedler nahmen sie mit nach Nordamerika, wo sie beispielsweise in Ontario neben der bodenständigen *Platanus occidentalis* in größerer Stückzahl anzutreffen ist. Das Holz der Gemeinen oder Hybrid-Platane ist ziemlich beständig und fest. Das bräunliche Kernholz wird gerne für hochwertige Möbelanfertigung verwendet. Furniere, die aus dem sehr hellen Splintholz gewonnen werden, sind beispielsweise fast immer in Intarsienarbeiten enthalten.

Blüten

Früchte

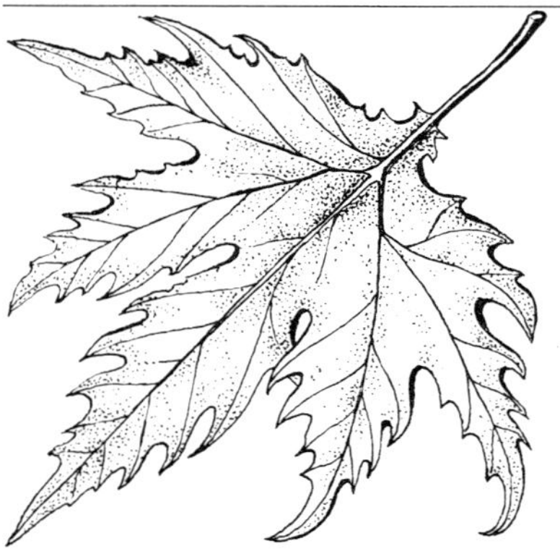

Merkmale: Sommergrüner, meist sehr ansehnlicher Baum bis ungefähr 30 m Wuchshöhe. Krone meist sehr breit und mehrfach gewölbt, daher etwas unregelmäßig erscheinend und stellenweise auch lückig.
Untere *Äste* häufig stark herabhängend, berühren mitunter den Boden. Äste des mittleren und oberen Kronenbereichs steil aufrecht oder gerade abstehend.
Stamm gerade, meist ziemlich dick, nur bis zur ersten Gabelungsstelle klar zu verfolgen und dann in mehrere, sehr massive Äste geteilt, häufig auch mit dicken, schildförmigen Maserknollen.
Rinde glatt, bräunlich, springt in handflächengroßen Platten ab. Triebe hell bräunlich, behaart. Knospe kurz zugespitzt, 5–7 mm lang, braun, rötlich-braun behaart.
Blätter wechselständig, 12–18 cm lang und fast ebenso breit, handförmig in meist 5, seltener auch 7 Lappen geteilt, die sehr tief bis über die Mitte der Blattspreite hinaus eingeschnitten sind. Einzelne Lappen lang zugespitzt, ungleich groß, immer länger als breit, mit weiteren spitzen Zähnen. Blätter nach dem Austrieb zunächst fein behaart, jedoch sehr bald kahl und auf der Oberseite glänzend frischgrün, auf der Unterseite heller. Blattstiel mit zwiebelartig verdickter Basis.
Weibliche *Blüten* zahlreich in kugeligen Blütenköpfen, diese zu 3–7 an langen Stielen, die zur Fruchtzeit etwa 15 cm lang werden. Männliche Blüten ebenfalls in kugeligen Köpfen, jedoch wesentlich kürzer.

Verbreitung: Ursprünglich nur in der Türkei und auf dem Balkan. In Mitteleuropa nur sehr selten, in Südeuropa jedoch ziemlich häufig als Schattenspender angepflanzt.
Blütezeit: Mai.
Allgemeines: Platanen sehen sowohl in der Wuchsform als auch in der Belaubung den verschiedenen Vertretern der Ahorngewächse recht ähnlich, mit denen sie allerdings nicht näher verwandt sind. An einigen gut erkennbaren Merkmalen sind die beiden Gattungen *Platanus* und *Acer* (Ahorn) jedoch eindeutig und zuverlässig zu unterscheiden. Triebe, Knospen (Winteraspekt!) und Blätter sind bei den Platanen grundsätzlich wechselständig angebracht. Im Winteraspekt ist an der Platanenknospe nur eine einzige, kappenförmig erscheinende Knospenschuppe zu erkennen, während bei allen Ahorn-Arten immer mehrere Knospenschuppen die gegenständigen Blatt- und Blütenknospen umschließen. Schließlich fällt an den Platanenblättern eine tiefe, rinnig ausgebildete Hohlkehle am unteren Ende des Blattstiels (Blattgrund) auf, der die sich entwickelnde Knospe für die nächstjährige Vegetationsperiode fast vollständig einschließt, so daß man sie vor dem herbstlichen Laubfall kaum erkennen kann. Die Stiele der Ahornblätter sind dagegen bis zur Basis weitgehend glatt und nicht rinnig. Ein sicheres Merkmal sind die in großen Portionen abplattenden Borkenstücke, die einen buntscheckigen Stamm hinterlassen.
Verwandte Art: Die **Westliche Platane** *(Platanus occidentalis)* ist ein Baum bis etwa 40 m Wuchshöhe. In der Krone ist der mächtig entwickelte Stamm meist nicht deutlich zu verfolgen, weil er sich schon in geringer Höhe in mehrere starke Äste gabelt. Blätter meist 3lappig oder nur schwach angedeutet 5lappig, Mittellappen wesentlich breiter als lang. Rand glatt oder buchtig gezähnt, bei weitem nicht so tief eingeschnitten wie bei der Morgenländischen Platane oder bei der vorigen Art. Blattnervenwinkel auf der Unterseite mit kleinen Haarbüscheln. Kugelfruchtstände überwiegend einzeln, nur selten zu 2 an langen, hängenden Achsen. Platanenholz zeigt im Anschnitt eine sehr schöne, streifige Maserung und kann zu Edelfurnieren verarbeitet werden.

Platanen-
gewächse

Früchte

Amberbaum *(Liquidambar styraciflua* L.*)* — Zaubernußgewächse

Merkmale: Sommergrüner, laubwerfender Baum bis etwa 25 m Wuchshöhe. Krone anfangs noch schmal und kegelförmig, später wesentlich breiter und gewölbt.

Äste und *Zweige* waagerecht abstehend oder leicht aufwärts gebogen.

Stamm gewöhnlich nicht sehr hoch, sondern schon in geringer Höhe über dem Boden verzweigt.

Rinde bei jungen Bäumen glatt und grau, bei älteren in kleine, eckige Felder aufgelöst und zuletzt recht rauh mit einem dichten Netzwerk von Furchen und Leisten. Triebe grünlich oder braun, anfangs dicht wollig behaart. Knospen länglich-oval mit schlanker Spitze, etwa 5 mm lang, grün glänzend.

Blätter wechselständig, erinnern im Umriß an Ahornblätter, bei jüngeren Bäumen gewöhnlich nur 3lappig, bei älteren handförmig 5–7lappig, etwa 10–15 cm lang und nahezu ebenso breit. Prachtvolle Herbstfärbung in Gelb, Grün und Violett. Einzelne Lappen schmal-dreieckig mit langer Spitze, am Rand fein gesägt mit vorwärts weisenden, leicht einwärts gekrümmten Zähnen. Blattoberseite glänzend grün und kahl, Blattunterseite deutlich heller, mit langen Haarbüscheln in den Winkeln der größeren Blattnerven (Achselbärte). Einhäusig.

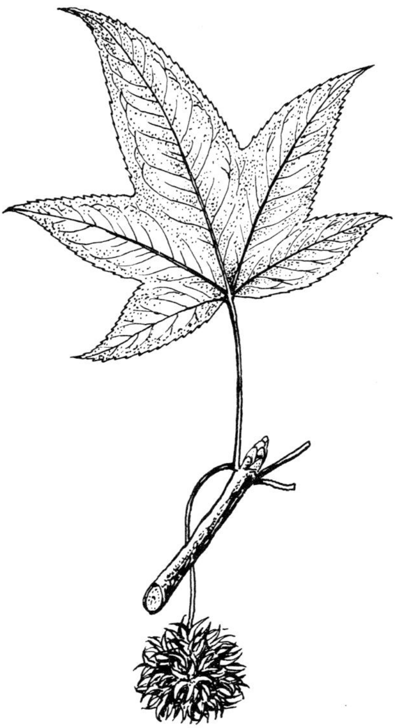

Männliche *Blüten* in kleinen, kugeligen, grünlichen Blütenständen, diese einzeln zu 2–4 an 5–7 cm langen Stielen. Weibliche Blüten ebenfalls in Kugelköpfen, doch von gelblicher Färbung.

Fruchtstände in Form etwa 3 cm dicker Kugeln, die wie bei den Platanen auch während des Winters am Baum bleiben.

Verbreitung: Der Amberbaum stammt ursprünglich aus den östlichen und südöstlichen USA. Er wird auch in Mitteleuropa häufiger in Parks und Sammlungen als Zierbaum angepflanzt.

Blütezeit: Mai.

Allgemeines: Das Holz des Amberbaums liefert ein sehr stark duftendes Harz, das zeitweise bei der Kaugummiherstellung verwendet wurde.

Früchte

Merkmale: Sommergrüner, laubwerfender Strauch oder kleiner Baum bis etwa 10 m Wuchshöhe. Krone meist ziemlich breit und ausladend, von kugeligem, dichtem Aussehen, mit sehr langen, weit abstehenden Ästen, die nicht selten zusammengewachsen sind. Überwiegend vielstämmig. Einstämmige Exemplare sind meist auffallend niedrig und schon dicht über dem Boden stärker verzweigt.

Rinde braungrau oder leicht rötlich, löst sich wie bei den Platanen in größeren, rundlichen Platten ab und hinterläßt hellgelbe, lederbraune Flecken (= neue Rinde), die allmählich zur arttypischen Rindenfärbung nachdunkeln. Triebe schlank, grünlich, kurz steifhaarig mit Sternhaaren. Knospe auffallend dunkel bis fast schwarz, fein behaart.

Blätter länglich-oval, verkehrt-eiförmig oder zuweilen auch fast kreisrund, 5–20 cm lang und etwa 3–7 cm breit, am Grund keilförmig, vorne stumpf und abgerundet, ungleich gekerbt oder leicht gewellt, manchmal auch nahezu ganzrandig, etwas runzelig, ziemlich derb und lederig-fest, auf der Oberseite dunkelgrün glänzend, auf der Unterseite heller und nach dem Austrieb fein bräunlich behaart. Blattnerven von jeder Blattseite in das Gewebe eingesenkt erscheinend.

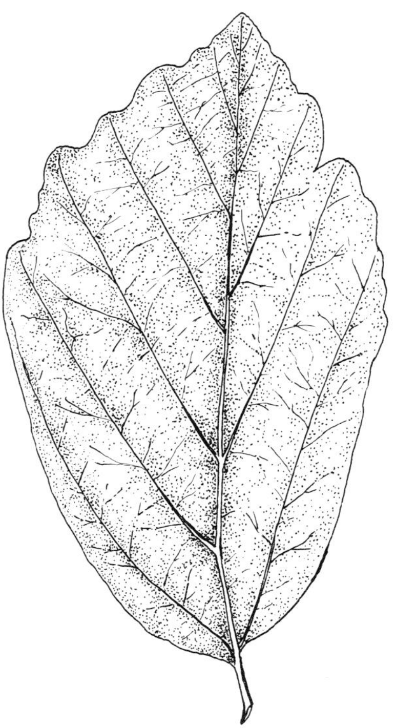

Blüten erscheinen im zeitigen Frühjahr vor dem Laubaustrieb, mit auffällig roten Staubblättern, die von einem bleichgrünen, meist 5teiligen Kelch und von tiefbraunen Hochblättern umgeben sind.

Frucht ist eine mit 2 Klappen aufspringende, gehörnte Kapsel.

Verbreitung: Die Parrotie ist im nördlichen Iran sowie im Kaukasus beheimatet. Man findet dieses dekorative Laubgehölz gelegentlich in größeren Parkanlagen und in fast allen botanischen Gärten.

Blütezeit: Januar bis März.

Allgemeines: Die Parrotie ist der einzige Vertreter ihrer Gattung (= monotypische Gattung). Mit ihren nächsten Verwandten, den Zaubernüssen (*Hamamelis*-Arten), teilt sie die Eigenschaft, schon im späten Winter oder zeitigen Frühjahr lange vor dem Laubaustrieb ihre hübschen Blüten zu entwickeln. Im Herbst färbt sie ihre Blätter dagegen in sehr flammende, goldgelbe oder scharlachrote Farbtöne um und ist dann ein optischer Anziehungspunkt unter den kleineren Ziergehölzen.

Verwandte Art: Zur gleichen Pflanzenfamilie wie die Parrotie gehört noch eine weitere, nicht selten in Parkanlagen anzutreffende Art, die **Scheinparrotie** *(Parrotiopsis jaquemontiana)*. Sie blüht später im Frühjahr nach dem Laubaustrieb. Die Blüten besitzen keine Kronblätter, sind zu vielblütigen Köpfen zusammengefaßt, die allerdings von einer oberseits weißen Hochblatthülle umgeben sind. Alle Teile dieses kleinen Baums tragen auffallende Sternhaare.

Wie alle Zaubernußgewächse erfreuen sich auch Parrotie und Scheinparrotie wegen ihres dekorativen Blütenschmucks bei Gartenfreunden zunehmender Beliebtheit. Die Gartenkultur ist denkbar einfach.

Blüten

Deutsche Mispel *(Mespilus germanica* L.*)* — Rosengewächse

Merkmale: Sommergrüner, laubwerfender Baum von 4–6 m Höhe, selten auch bis 10 m hoch. Krone meist sehr breit und niedrig, mit wenigen, sehr kräftigen, nur wenig aufsteigenden Ästen. Oft auch mehrstämmig.

Rinde anfangs glatt und graubraun, bei älteren Exemplaren tiefrissig und in längliche, rechtekkige Platten zerspringend. Triebe kräftig, anfangs dicht weiß behaart und daher ziemlich filzig erscheinend.

Blätter wechselständig, fast ungestielt und sitzend, etwa 5–12 cm lang und 2–4 cm breit, länglich-oval oder elliptisch bis verkehrt-eiförmig, sehr kurz zugespitzt, am Grund abgerundet, ganzrandig oder fein drüsig gezähnt, leicht runzelig durch tief eingesenkte Blattnerven, auf der Oberseite matt dunkelgrün, auf der Unterseite weißlich filzig behaart.

Blüten einzeln selten zu 2), sehr kurz gestielt, mit stark filzigen Kelchblättern und reinweißen Kronblättern, geöffnet etwa 6 cm breit. Kelchblätter schmal, überragen mit ihren langen Zipfeln die wesentlich breiteren Kronblätter. Staubblätter sehr zahlreich, mit dunkelroten Staubbeuteln.

Frucht 2–3 cm lang, birnenförmig-kugelig, auffallend durch die 5 bleibenden, kronenartig zusammenstehenden Kelchzipfel, anfangs undeutlich bräunlich-grün, später braun, erst nach kräftiger Frosteinwirkung genießbar.

Verbreitung: Die Mispel stammt aus Südosteuropa und ist vor allem im Schwarzmeergebiet als Wildpflanze ziemlich häufig. Im übrigen Europa wird der Baum auch heute noch wegen der eigenartigen Früchte gerne angepflanzt. In Deutschland finden sich einzelne verwilderte Exemplare oder Reste in alten, aufgelassenen Obstgärten.

Blütezeit: Mai.

Allgemeines: Die Namengebung für diese alte Wildobstart ist völlig unzutreffend und irreführend, da sie in Wirklichkeit eher eine westasiatische Gehölzpflanze ist.

Wegen ihrer kulturhistorischen Bedeutung und der interessanten Fruchtform sollte sie eigentlich wieder etwas häufiger bei der Gehölzauswahl für Parks oder Gärten berücksichtigt werden.

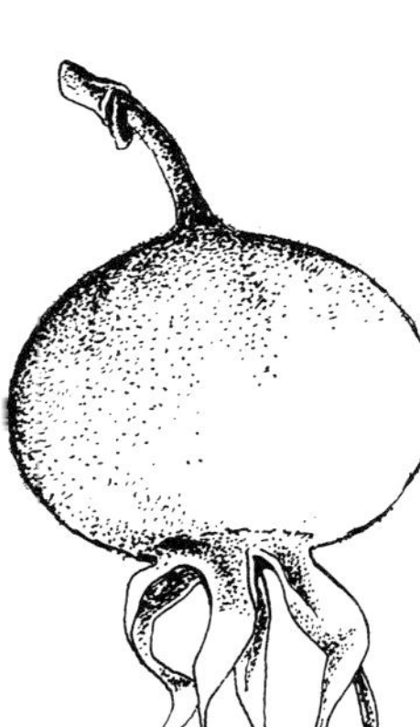

Merkmale: Sommergrüner Laubbaum von ungefähr 5–15 m Wuchshöhe, gelegentlich auch bis 20 m hoch. Krone ziemlich unregelmäßig aufgebaut und meist offen, von rundlichem oder ovalem Umriß, seltener rundlich gewölbt oder dicht.

Stamm klar bis in den oberen Kronenbereich zu verfolgen. *Äste* abstehend oder schräg nach oben gerichtet.

Rinde an jüngeren Exemplaren grau-silbrig, später zunehmend mattgrau, fein rissig oder mit Leistenmuster und dann etwas schuppig erscheinend. Triebe graupurpurn, zunächst fein behaart, später kahl. Knospen recht groß, um 15 mm lang, schmal-kegelig oder eiförmig mit leicht verbogener Spitze, eng anliegend und dicht behaart.

Blätter unpaarig gefiedert, die Fiedern am Grund unsymmetrisch, wechselständig, etwa 20 cm lang und 8–11 cm breit, mit 9–17 Fiederblättchen, diese ungefähr 6 × 2 cm groß, scharf gezähnt, nach dem Austrieb zunächst noch grau-silbrig behaart, nach der Entfaltung jedoch nahezu kahl, länglich-oval, am Grund abgerundet und dort ganzrandig, auf der Oberseite mattgrün oder frischgrün, auf der Unterseite hellgrün. Junge Blätter riechen beim Zerreiben deutlich nach Marzipan. Blattspindel drehrund, zwischen den einzelnen Fiederblättchen leicht rinnig eingetieft.

Blüten um 1 cm breit, cremeweiß, zahlreich in flach ausgebreiteten Schirmrispen.

Apfelfrüchte etwa 6–8 mm dick, zur Reifezeit hellrot; eßbar, aber bitter, können in Marmeladen verarbeitet werden.

Standort: Lichtliebendes Gehölz auf trockenen oder mäßig feuchten, meist nährstoffreichen Lehm- oder Steinböden, aber auch auf Sandböden. Pionierart.

Verbreitung: Überall in Europa in lichten Wäldern, an Säumen oder in Flurgehölzen anzutreffen; häufig; von der Ebene bis in fast 2000 m Höhe. Gerne als Park- und Straßenbaum angepflanzt. Formenreich.

Blütezeit: Juni bis Juli.

Allgemeines: Von der Eberesche gibt es zahlreiche Formen, die sich unter anderem in Farbe und Größe der Apfelfrüchte unterscheiden; diese werden von Vögeln verzehrt.

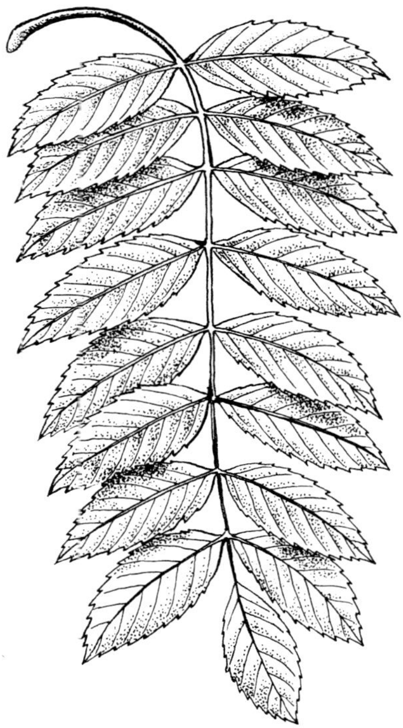

Merkmale: Sommergrüner Laubbaum von etwa 15–20 m Wuchshöhe. Krone von rundlichem Umriß, meist stärker gewölbt, mit vielen, überwiegend waagerecht abstehenden oder leicht nach oben gehenden Ästen.
Stamm gewöhnlich bis in den oberen Kronenbereich klar zu verfolgen.
Rinde ähnlich wie an alten Birnbäumen, mit zahlreichen feinen Rissen und in kleine, rechteckige Platten aufgelockert. Triebe zunächst fein seidig behaart, auf der Ober- und Unterseite verschiedenfarbig. Winterknospen auffallend hellgrün, etwas klebrig und glänzend, länglich-oval, um 1 cm lang.
Blätter wechselständig, unpaarig gefiedert, mit 13–21 Fiederblättchen, insgesamt etwa 12–25 cm lang und bis 10 cm breit. Fiederblättchen je etwa 3–5 cm lang, länglich-elliptisch oder von ovalem Umriß, scharf einfach oder andeutungsweise doppelt gezähnt, im unteren Drittel jedoch nahezu ganzrandig und am Grund angerundet, auf der Oberseite dunkel- oder kräftig gelblich-grün und fast kahl, auf der Unterseite heller und leicht behaart.
Blüten in 6–10 cm breiter, kegelförmiger Schirmrispe. Einzelblüten reinweiß oder cremeweiß, um 15 mm breit, deutlich gestielt.
Apfelfrucht recht groß, 2–3 cm lang, birnenförmig oder ei-länglich, mitunter auch stärker rundlich und apfelförmig, grünlich oder rotbräunlich, an der Sonnenseite meist stärker rotfleckig oder einheitlich gerötet.
Standort: Als Wildpflanze bevorzugt der Speierling mäßig trockene, zumeist recht warme, steinige Standorte in anspruchsvollen Eichen-Trockenwäldern.
Verbreitung: Vor allem in Südeuropa und in Nordafrika weit verbreitet, in Mitteleuropa bis ins Mittelrheingebiet. Vor allem in Weinbaugegenden wegen der genießbaren Früchte häufig angebaut und stellenweise verwildert.
Blütezeit: Mai bis Juni.
Allgemeines: Der Speierling ist ein leider zu Unrecht in Vergessenheit geratenes Wildobst. Wegen seines dekorativen Aussehens besonders zur Fruchtreife sollte auch diese Baumart wieder verstärkt in Obstgärten Einzug halten.

Fruchtlängsschnitt

Merkmale: Sommergrüner Laubbaum zwischen 5 und 10 m Wuchshöhe, ausnahmsweise auch bis über 20 m erreichend. Krone meist recht breit mit weit ausladenden Ästen oder kugelig gewölbt und dann ungefähr so hoch wie breit, meist jedoch ziemlich locker, mit weit gestellten Ästen.

Rinde an jungen Exemplaren noch glatt, später braun-grau und fein gefeldert oder rissig. Triebe recht kräftig, glänzend bräunlich-purpurn oder einheitlich braun, auf der Unterseite mitunter auch etwas heller. Knospe sehr kompakt und kugelig, glänzend grün, ungestielt, um 5 mm dick.

Blätter einfach, nicht gefiedert, 6–10 cm lang und fast ebenso breit, von breit-ovalem Umriß, jedoch ahornartig in 6–10 breiter oder schmaler dreieckige Lappen geteilt, deren Spitzen alle nach vorne weisen und die am Rand zusätzlich scharf gesägt sind. Blattoberseite dunkelgrün, nach dem Laubaustrieb noch fein behaart, später kahl, auf der Unterseite anfangs ebenfalls seidig behaart, zunehmend verkahlend. Blattstiele 2–5 cm lang, gelblich. Blätter insgesamt recht fest und fast ein wenig derb. Im Herbstlaub auffallend tiefrot gefärbt.

Blüten in stärker gewölbten, fast ein wenig kopfartigen Rispen. Einzelblüten 12–15 mm breit, weißlich oder cremeweiß, mit gelben Staubbeuteln.

Apfelfrüchte etwa 15 mm dick, ziemlich kugelig, durch Korkwarzen punktiert, hell bräunlich, matt oder wenig glänzend.

Standort: Die Elsbeere wächst wild auf mäßig warmen, trockenen, lockeren Standorten in wärmeliebenden Felsgebüschen oder in lichten Eichen-Trockenwäldern, auch in Kalk-Buchenwäldern. Von der Ebene bis in mittlere Gebirgslagen um 900 m.

Verbreitung: Vor allem in Südeuropa in Flaumeichen-Trockenwäldern weit verbreitet. In Deutschland bodenständig nur bis in das nördliche Mittelrheingebiet – Verbreitungsgebiet deckt sich ungefähr mit der Grenze des Weinbaus. In Norddeutschland stellenweise ziemlich oft als Straßen- oder Alleebaum verwendet.

Blütezeit: Mai bis Juni.

Allgemeines: Die Früchte der Elsbeere sind weniger auffällig gefärbt als die ihrer nächsten Verwandten. Man kann sie roh essen, doch sollte man wegen des Gehalts an Parasorbinsäure keine allzu großen Mengen davon verzehren.

Die Elsbeere ist eine der wenigen Arten innerhalb der sehr umfangreichen Gattung *Sorbus*, die nicht zur Bastardierung zu neigen scheint. Von allen übrigen hier vorgestellten Arten gibt es zahlreiche, zum Teil erbfeste Bastarde, die ihrerseits zur Bildung geographischer Rassen übergegangen und auf diese Weise zu einem sehr uneinheitlichen Formenkomplex geworden sind, der nur noch von Spezialisten durchschaut wird.

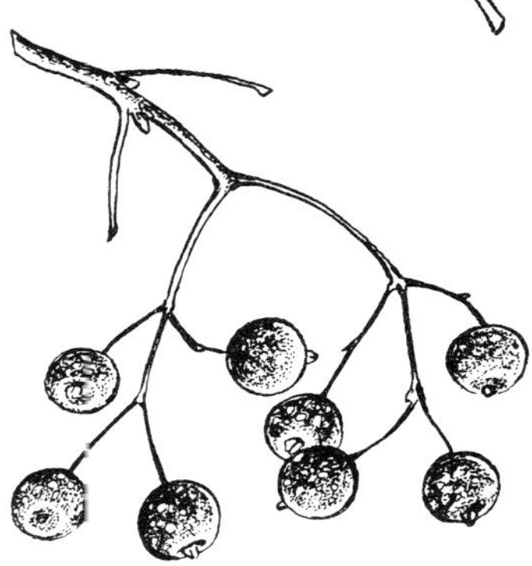

Merkmale: Laubwerfender, sommergrüner Baum bis etwa 6–12 m Wuchshöhe, mit sehr breiter, flach gewölbter Krone, die recht unregelmäßig aufgebaut ist.

Stamm ziemlich gerade, mit strahlig und geradlinig aufgehenden Ästen.

Äste sehr locker und unregelmäßig angeordnet.

Rinde bei jüngeren unmd älteren Bäumen ziemlich glatt, grau-silbrig oder mattgrau, im Alter jedoch zunehmend etwas rissig oder weniger geschuppt. Triebe kräftig, anfangs fein seidig behaart, auf der Oberseite dunkler als auf der Unterseite. Knospen recht groß, um 2 cm lang, eiförmig, nur an der Spitze anliegend behaart, grünlich.

Blätter ungeteilt, 6–12 cm lang und etwa 5–7 cm breit, länglich-oval, an der Basis keilförmig oder angerundet, sehr unregelmäßig oder ungleich doppelt gesägt oder andeutungsweise gelappt, nach dem Austrieb auf der Oberseite seidig behaart, dort später kahl und sattgrün, auf der Unterseite immer dicht weißfilzig behaart.

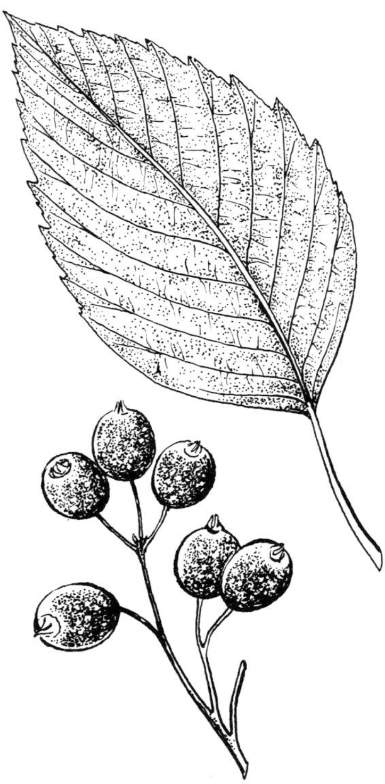

Blüten in lockeren, flach gewölbten Schirmrispen bis 8 cm Breite. Einzelblüten um 15 mm breit, gestielt, reinweiß oder leicht cremeweiß.

Apfelfrüchte um 10–15 mm lang, eiförmig-kugelig, meist hellrot gefärbt.

Standort: Die Mehlbeere ist ein lichtliebendes, allenfalls Halbschatten ertragendes Gehölz auf mäßig trockenen, recht warmen Böden.

Verbreitung: Überall in Europa heimisch und in sonnigen Wäldern oder Gebüschen anzutreffen. Sehr formenreich. Wegen der filzig-wolligen Behaarung der Blätter (Staubbindung) häufig als Straßenbaum in Städten oder an Verkehrswegen in der offenen Landschaft gepflanzt.

Blütezeit: Mai bis Juni.

Allgemeines: Die kleinen Apfelfrüchte der Mehlbeere werden im Frühherbst offenbar wegen ihrer grellroten Farbe von Vögeln und Eichhörnchen kaum angenommen. Sie bleiben daher bis spät in das Jahr auf dem Baum und sind oft sogar noch während des Winters zu sehen. Nach den ersten Nachtfrösten dunkelt die Farbe jedoch allmählich nach und nimmt dann ein leuchtendes Dunkelrot an. Erst dann werden die Äpfelchen von verschiedenen umherziehenden Vögeln oder aus der Winterruhe erwachenden Eichhörnchen gesammelt und verwertet. Ökologisch bilden solche Gehölze die für die winterliche Ernährung der kleineren Wirbeltierfauna ungemein wichtige Gruppe der Wintersteher. Die Früchte der Mehlbeere sind roh wegen des Gehalts an Parasorbinsäure ein wenig giftig. In Notzeiten hat man sie gesammelt, getrocknet und zu Mehl verarbeitet (Name!), das als Brotzusatz verwendet wurde. Beim Erhitzen wird die Parasorbinsäure weitgehend zerstört, so daß einer gelegentlichen Verwendung von Früchten der Mehlbeere oder der verwandten Arten eigentlich nichts im Wege steht.

Schwedische Mehlbeere *(Sorbus intermedia* (EHRH.) PERS.*)* Rosengewächse

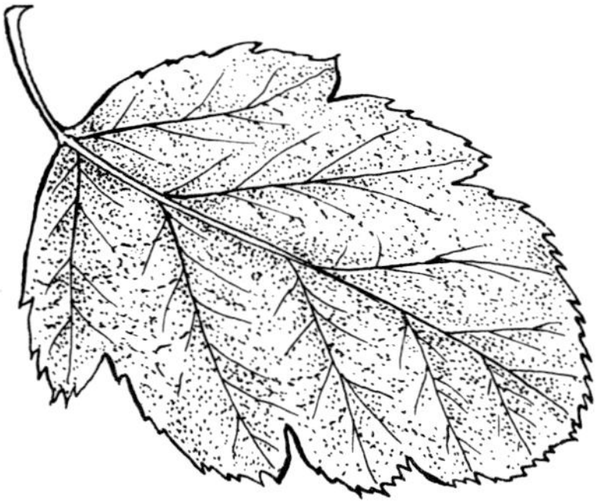

Merkmale: Sommergrüner, laubwerfender Baum von mittlerer Wuchshöhe, etwa 12–15 m erreichend, manchmal auch nur strauchförmig. Krone ziemlich dicht geschlossen, im Umriß rundlich-kugelig, gelegentlich auch breiter als hoch, aber immer ziemlich regelmäßig aufgebaut.

Stamm verhältnismäßig kurz, bis in den unteren Bereich dicht beastet.

Äste häufig gegabelt und meist steil ansteigend, selten gerade oder überhängend.

Rinde auch an älteren Bäumen glatt und nur an wenigen Stellen von einzelnen, breiten, aufschuppenden Rissen unterbrochen, grau oder dunkelgrau-purpurn. Junge Triebe auffallend filzig-wollig behaart, werden jedoch zum Herbst hin immer glatter und kahler, anfangs graurosa, später nachdunkelnd. Knospen um 6-8 mm lang, behaart, dunkelbräunlich.

Blätter wechselständig, ziemlich dünn, 6–12 cm lang, am Grund breit keilförmig bis abgerundet, im Umriß länglich-oval bis breit oval, vorne stumpf oder nur wenig zugespitzt, in der vorderen Hälfte undeutlich gelappt, zur Basis hin manchmal fiederspaltig, Zipfel unregelmäßig gesägt, auf der Oberseite nach dem Austrieb glänzend dunkelgrün, auf der Unterseite bleibend graufilzig, niemals weißwollig oder weißfilzig.

Blüten in flachen, ausgebreiteten Schirmrispen, diese beim Aufblühen um 10 cm breit. Einzelblüten 1–2 cm breit, mit 5 reinweißen oder cremeweißen, kreisrunden Kronblättern und zahlreichen, meist rosafarbenen Staubblättern.

Apfelfrüchte rundlich-oval, zur Reifezeit (ab August) allmählich von grün nach scharlachrot umfärbend, glänzend, etwa 1 cm lang und fast ebenso breit, mitunter auch etwas größer.

Verbreitung: Die Schwedische Mehlbeere wurde im Ostseeraum entdeckt und kommt von Natur aus in Südskandinavien und in der Norddeutschen Tiefebene vor. Wegen ihrer dekorativen Eigenschaften und offenkundigen Resistenz gegen städtische Abgasbelastung zunehmend zur Bepflanzung von Straßen, Plätzen und anderen Verkehrswegen verwendet.

Blütezeit: Mai.

Allgemeines: Die Schwedische Mehlbeere ist ein spontan entstandener und erbfest gewordener Bastard zwischen der Gemeinen **Eberesche** oder **Vogelbeere** *(Sorbus aucuparia;* *S. 174)* und der gewöhnlichen **Mehlbeere** *(Sorbus aria)*. Bei genauer Betrachtung zeigt sich, daß gerade die Blattmerkmale zwischen den beiden Elternarten liegen. Von der Mehlbeere stammen die filzig-wollige Behaarung und der Blattumriß, von der Eberesche die ansatzweise noch erkennbare Neigung zur Fiederung des Blattes. Die Früchte sind roh schwach giftig, nach Erhitzen aber genießbar.

Die stark ausgeprägte Neigung zur Bastardierung ist ein sehr typisches Merkmal für die verschiedenen Arten der formenreichen Gattung *Sorbus*. Die Folge ist jedoch, daß sich immer neue Formenkreise bilden, zum Teil auch noch zur Bildung geographischer Rassen übergehen und deswegen der systematischen Behandlung große Hindernisse in den Weg legen.

Verwandte Art: Von ähnlichem Aussehen ist die **Berg-Mehlbeere** *(Sorbus mougeotii)*, deren Blätter etwa 10 cm lang werden und im Unterschied zur Schwedischen Mehlbeere regelmäßiger gelappt sind. Die Ränder sind höchstens bis ⅛ zur Spreitenmitte eingeschnitten. Vermutlich ein Bastard, an dem die Gemeine Eberesche beteiligt ist. Verbreitet in den Alpen und in den Pyrenäen. Kaum angepflanzt.

Die zur Reifezeit kräftig grellroten Früchte der meisten Mehlbeeren werden von Vögeln oder pflanzenfressenden Kleinsäugern zunächst nur wenig angenommen.

Rosen-
gewächse

Wild-Apfel, Holz-Apfel *(Malus sylvestris* MILLER*)* Rosengewächse

Merkmale: Strauch oder kleiner Baum von etwa 5–10 m Wuchshöhe, mit sehr dichter, stark beasteter und verzweigter Krone auf recht niedrigem, häufig gekrümmtem und gewundenem Stamm.

Äste häufig mit Dornen besetzt.

Rinde braun oder graubraun, meist auch schon an jüngeren Bäumen stärker rissig und geschuppt.

Blätter wechselständig, von rundlichem Umriß oder eher länglich-elliptisch, etwa 4–10 cm lang und bis 5 cm breit, am Grund breit abgerundet oder keilförmig verschmälert, vorne schlank zugespitzt, am Rand gekerbt oder fein gezähnt, auf der Blattoberseite matt grünlich, auf der Unterseite heller grün, meist jedoch kaum oder nur sehr wenig behaart (im Unterschied etwa zu den verschiedenen Sorten des Kultur-Apfels). Blattstiele 2–3 cm lang.

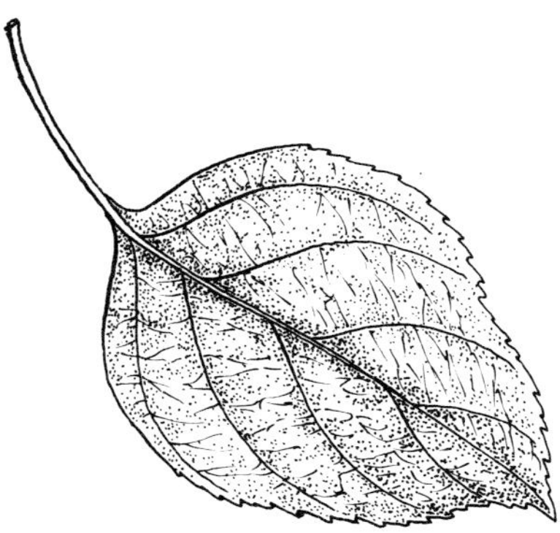

Blüten 3–4 cm breit, reinweiß oder leicht rötlich überlaufen, besonders an der Außenseite. Fruchtknoten am Grund miteinander verwachsen.

Apfelfrüchte klein, kugelig, nur etwa 2–4 cm dick, grün-gelblich und manchmal leicht rötlich überlaufen.

Standort: Sehr zerstreut auf tiefgründigen, meist gut durchfeuchteten und nährstoffreichen Böden.

Verbreitung: Überall in Europa heimisch, aber nirgendwo sehr häufig oder gar bestandsbildend. Von verwilderten Kultur-Äpfeln meist schwer unterscheidbar.

Blütezeit: April bis Mai.

Allgemeines: Wild- oder Holz-Äpfel wurden schon in den Pfahlbaukulturen Süddeutschlands gegessen, wie Funde von Apfelkernen nachweisen. Der Wild-Apfel ist der Vorfahr vieler in verschiedenen Sorten angebauter Apfelsorten. Manche Sorten, die früher beliebt waren, sind heute fast vom Aussterben bedroht. Man findet sie nur noch hier und da in alten Obst- und Bauerngärten. Einige Freilichtmuseen in der Bundesrepublik Deutschland haben es sich daher zur Aufgabe gemacht, solche alten bäuerlichen Obstsorten systematisch zu sammeln und zu erhalten.

Verwandte Arten: Der **Chinesische Apfel** *(Malus spectabilis)* besitzt rosarote, kugelige und häufig sogar gefüllte Blüten. Er wird überwiegend als Zierstrauch in Vorgärten und Grünanlagen angepflanzt. Der **Japanische Apfel** *(Malus floribunda)* fällt durch seine außen kräftig rötlich gefärbten, innen jedoch nahezu weißen Blüten auf. Er gehört außerdem zu den reichblütigsten Zieräpfeln. Seine kleinen Apfelfrüchte werden nur etwa kirschgroß und sind ungenießbar. Der **Purpur-Apfel** *(Malus x purpurea)* ist durch Kreuzung verschiedener Zieräpfel entstanden und besitzt schöne, dunkelpurpurne Blüten. Gelegentlich in Ziergärten.

Die genaue Bestimmung von Zierapfel-Arten ist wegen der großen Auswahl in Kultur befindlicher Arten und wegen der durch Kreuzungen noch zusätzlich erhöhten Sortenvielfalt sehr erschwert. Wir beschränken uns hier auf nur wenige Formen, die man häufiger antreffen kann.

Rosen-
gewächse

Merkmale: Meist kleinerer Baum zwischen 5 und 15 m Wuchshöhe, mitunter auch bis 20 m erreichend. Krone auch bei älteren Bäumen kegelförmig und ziemlich hochgezogen, seltener rundlich gewölbt oder breit ausladend. Stamm meist etwas gekrümmt oder gelehnt. *Äste* steil aufstrebend oder weit abstehend, ziemlich kurz und reich verzweigt. Rinde dunkelbraun-schwärzlich, in Längs- und Querrichtung fein rissig gegliedert und geschuppt. Triebe nur anfangs wenig behaart, später völlig kahl und bräunlich. Knospen länglich, um 5 mm lang, bräunlich. Ältere Zweige meist ziemlich dicht, mit verdornten Kurztrieben besetzt.

Blätter nur an Kurztrieben, ziemlich dünn, rundlich-elliptisch, 3–7 cm lang und oft fast ebenso breit, an der Basis abgerundet oder leicht herzförmig, gezähnt oder sehr fein gesägt, im unteren Drittel der Blattspreite jedoch nahezu ganzrandig, vorne kurz zugespitzt, auf der Oberseite leicht glänzend frischgrün. Blattstiele 2–5 cm lang.

Blüten brechen mit dem Laubaustrieb auf, in vielblütigen Trugdolden an Kurztrieben. Einzelblüten bis 4 cm breit. Kronblätter reinweiß. Kelchblätter bleichgrün. Fruchtknoten am Grund nicht miteinander verwachsen.

Frucht ungefähr 2–3 cm lang und ebenso dick, krugförmig oder eher kugelig-rundlich, bräunlich-gelb oder noch dunkler, warzig durch Lentizellen.

Standort: Liebt sommerwarme, sickerfrische, nährstoffreiche Standorte.

Verbreitung: Nur vereinzelt in Gebüschen oder lichten, warmen Laubwäldern anzutreffen, stellenweise jedoch häufiger zur Wildäsung angepflanzt.

Blütezeit: April bis Mai.

Allgemeines: Die Wild-Birne ist eine der Stammformen der vielen Kultursorten, die in Obstgärten gezogen werden. Diese sind schon im Altertum bekannt und beliebt gewesen und entstanden durch Kreuzungen mit verschiedenen anderen Wild-Arten, die in Vorderasien beheimatet sind. Insgesamt sind Sortenbild und Ableitung aus einzelnen Arten sehr unübersichtlich. Verwilderte Kultursorten nehmen wie beim Apfel schon bald wieder Merkmale der Stammpflanzen an, so daß sie nicht immer von der bodenständigen Wild-Birne zu unterscheiden sind. Die Holz-Birnen, die auf der einheimischen *Pyrus*-Art heranreifen, erhielten ihren Namen wegen des sehr festen, holzig-harten Fruchtfleisches. Sie werden erst sehr spät im Herbst (meist nach Frosteinbruch) etwas mürber und locken dann die Weichfresser unter den Singvögeln an, die sich über die Früchte hermachen.

Im klassischen Latein wird die Birne mit *pirus* bezeichnet. Linné wählte jedoch die andere, jetzt eingebürgerte Schreibweise.

Mandel *(Prunus dulcis* D. A. WEBB.*)*

Merkmale: Laubwerfender, kleinerer Baum von 4–8 m Wuchshöhe. Krone ziemlich offen, mit nur vergleichsweise wenigen, schräg ansteigenden, dabei recht geraden Ästen, die in weiten Winkeln gabelig verzweigt sind. Bei älteren Bäumen wird die Krone daher flach gewölbt und erscheint etwas buschig.

Rinde bräunlich-grau oder dunkelbraunschwärzlich, tief gefurcht und zerrissen sowie in größere oder kleinere Platten gefeldert. Triebe ziemlich gerade und glatt, später (zumindest bei Wildpflanzen) häufig mit Kurztriebdornen besetzt.

Blätter mindestens doppelt so lang wie breit, etwa 4–12 cm lang und 1,5–4 cm breit, länglich-oval oder lanzettlich, mit langer, schlanker Spitze, am Rand sehr fein gezähnt oder gesägt, an der Basis oder in der gesamten unteren Blatthälfte mit charakteristischer, V-förmiger Längsfalte, sonst glatt und unbehaart.

Blüten erscheinen lange vor dem Laubaustrieb, ziemlich kurz gestielt, einzeln oder zu 2, recht groß und voll entfaltet etwa 3–5 cm breit. Kronblätter seltener reinweiß, zumeist kräftiger rosa-rötlich. Kelchblätter fast so lang wie die Kronblätter.

Steinfrucht ungefähr 3–4 cm lang, länglich-eiförmig, ziemlich trocken, dicht behaart, grünlich.

Verbreitung: Ursprünglich wohl nur in Vorderasien beheimatet, überall im Mittelmeergebiet jedoch seit altersher in Kultur und auch sonst häufig als Zierbaum gepflanzt.

Blütezeit: Februar bis April.

Ähnliche Arten: Die **Berg-Kirsche** *(Prunus subhirtella)* besitzt büschelige Blüten mit tiefer ausgerandeten Kronblättern. Gerne in mehreren Sorten als Ziergehölz angepflanzt. Ähnlich ist die **Tibet-Kirsche** *(Prunus serrula)*, doch schält sich die spiegelglatte, glänzende, mahagonibraune Rinde in schmalen Querstreifen ab. Bei der **Yoshino-Kirsche** (Prunus x yedoensis) sind die Triebe anfangs behaart, die frischgrünen Laubblätter sind auf den Nerven und am Blattstiel behaart. Herbstfärbung goldgelb und ziegelrot, Blüten rosa bis reinweiß. Häufig in Parks und Gärten als Zierbaum, den man dort wegen seiner frühen Blütezeit sehr schätzt.

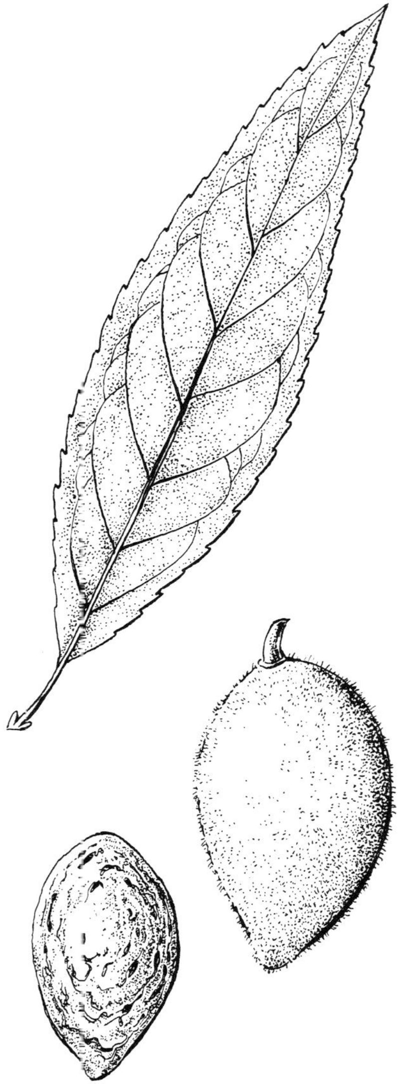

Früchte

Vogel-Kirsche *(Prunus avium* L.*)* Rosengewächse

Merkmale: Sommergrüner, laubwerfender Baum, etwa 30 m Wuchshöhe erreichend. Krone sehr regelmäßig kugelförmig, bei jüngeren Bäumen eher noch in einer schlanken Spitze endend, bei älteren Exemplaren mehr säulig, aber immer recht gleichförmig gewölbt.
Stamm oft sehr dick.
Rinde rötlich-braungrau, leicht glänzend, löst sich in schmalen oder breiteren Querbinden ab, mit auffallendem, waagerechtem Lentizellenmuster. Triebe kräftig, rötlich-braun, glatt. Knospen eiförmig, spitz, glänzend rotbraun, angedrückt.
Blätter wechselständig, verkehrt-eiförmig bis länglich-oval, mit schlanker, aufgesetzter Spitze, etwa 7–15 cm lang und 4–8 cm breit, unregelmäßig gezähnt, Zähne alle nach vorne weisend, auf der Oberseite glatt und dunkelgrün, auf der Unterseite frischgrün und leicht glänzend, in den Achseln der größeren Blattnerven mit kleinen Achselbärten. Blattstiele 2–4 cm lang, kurz unterhalb der Blattspreite mit auffälligen, meist kräftig rot gefärbten Nektardrüsen, die auch bis zum Blattrand heraufrutschen können.
Blüten zu mehreren, lang gestielt, in Scheindolden, blühen kurz vor dem Laubaustrieb auf.
Steinfrüchte kugelig, dunkelrot, selten auch gelblich.

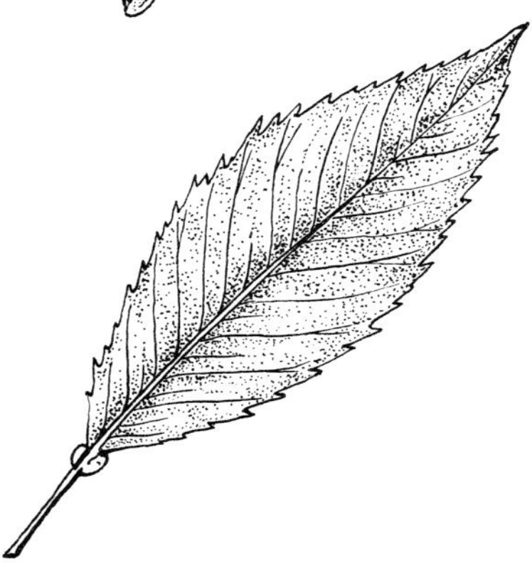

Standort: Die Vogel-Kirsche liebt tiefgründige, nährstoffreiche, frische Böden.
Verbreitung: In Europa weit verbreitet in Hekken, Wäldern und Mischgehölzen. Von verwilderten Süß-Kirschen nicht leicht trennbar.
Blütezeit: April bis Mai.
Allgemeines: Die Vogel-Kirsche ist die Stammform der in zahlreichen Sorten angebauten Süßkirschen, die nicht nur ihrer schmackhaften Früchte wegen kultiviert werden, sondern auch eine breite Palette von Ziergehölzen umfassen. Die Fruchtsorten der Süß-Kirsche, die sich von der Vogel-Kirsche ableiten, kann man in zwei Formenkreise gliedern: **Knorpel-Kirschen** *(Prunus avium var. duracina)* sind sehr große, meist schwarz oder rot gefärbte Früchte mit festem Fruchtfleisch. Nur wenige hellfarbene Sorten sind aus dieser Gruppe bekannt. **Herz-Kirschen** *(Prunus avium var. juliana)* sind Sorten mit weichem, sehr saftigem Fruchtfleisch, von dunkel-schwarzroter oder hellroter-gelblicher Färbung.
Verwandte Arten: Die **Sargents-Kirsche** *(Prunus sargentii)* zeigt eine glänzend purpurbraune Rinde mit waagerechten Lentizellenreihen. Die Blüten sind rosa-rötlich. Oft als Zierbaum in Parks und Gärten gepflanzt. Noch häufiger werden wegen ihrer Blütenpracht die **Japanischen Kirschen** *(Prunus serrulata)* verwendet. Die Blätter dieser Bäume sind schmaloval. Die Blüten stehen in büscheligen, zahlreichen Scheindolden.
Für Vogel-Kirschen bieten sich verschiedene Verwendungen als Wildobst an, doch ist es meist nicht einfach, die reifen Früchte zu erreichen und den wachsamen Vögeln bei der Ernte zuvorzukommen.

Merkmale: Kleinerer Baum oder (häufiger) buschiger Strauch bis etwa 6–8 m Wuchshöhe, mit sehr breiter, offener, etwas unregelmäßig entwickelter Krone auf niedrigem, oft auch kaum entwickeltem Stamm, der sich schon dicht über dem Boden in mehrere, ungefähr gleich starke Äste gabelt.

Rinde braun-rötlich, nur wenig glänzend. Triebe glatt, kahl, ziemlich dünn und weit abstehend, oft überhängend.

Blätter 3–8 cm lang und 2–5 cm breit, eiförmig oder elliptisch, mit nur wenig abgesetzter Spitze, am Grund keilförmig verschmälert, fein gesägt oder gezähnt, etwas lederig, auf der Blattoberseite glänzend und glatt, auf der Unterseite heller grün und nur auf den Blattnerven sehr schwach behaart. Blattstiel 1–3 cm lang, mit oder ohne Nektardrüsen.

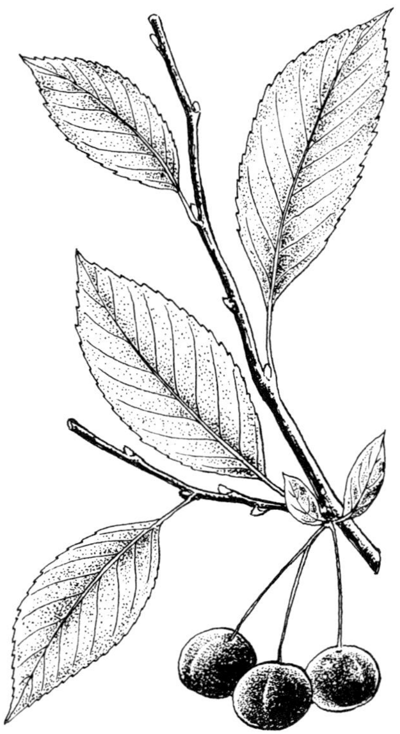

Blüten erscheinen mit dem Laubaustrieb. Einzelblüten zu 2–6 in lockeren Scheindolden auf 2–4 cm langen Stielen. Kronblätter reinweiß, nahezu kreisrund, bis 1,5 cm lang, Kelchblätter purpur-grünlich.

Steinfrucht um 15 mm dick, rundlich, glatt.

Verbreitung: Ursprünglich nur in Südostasien beheimatet, in Europa wegen der Früchte in vielen Sorten (z. B. als Schattenmorelle) kultiviert und stellenweise verwildert. Als Zierpflanze kaum attraktiv neben anderen Vertretern der gleichen Gattung und daher kaum in Parkanlagen oder Gärten angepflanzt.

Blütezeit: April bis Mai.

Allgemeines: Sauer-Kirschen sind seit altersher in Kultur. Die genaue Geschichte ihrer Einbürgerung im Mittelmeergebiet und in nördlicheren Regionen Europas läßt sich nur teilweise aus Abfallfunden rekonstruieren. Regional werden sehr verschiedene Sorten angebaut. Zu den bekanntesten gehört *Prunus cerasus var. austera*, die **Schattenmorelle**, ein kleiner Baum von 5–9 m Höhe, mit kleinen, schwarzroten Früchten, die einen stark färbenden Saft und kugelige Steinsamen enthalten. **Amarellen** *(Prunus cerasus var. caproniana)* sind etwas höher, tragen hellere Steinfrüchte mit nicht färbendem Saft und etwas länglichen Steinen. Hierher gehören die zu Konserven verarbeiteten Sauer-Kirschen. Eine sehr alte Sorte ist die **Strauch-Sauerkirsche** *(Prunus cerasus var. frutescens)*, die man heute nur noch in Bauerngärten oder in höheren Berglagen antrifft. Die Früchte enthalten eiförmige Steine und sind ziemlich hellfarbig. Schließlich verdient noch die **Bitter-Kirsche** *(Prunus cerasus var. marasca)* Erwähnung, die sehr gedrungene Blütenstände aufweist und kleine, schwarzrote, bittere Früchte trägt, aus denen der berühmte Maraschino hergestellt wird. Mit den Sauer-Kirschen verwandt ist die einheimische **Weichsel** *(Prunus mahaleb)*, die in warmen Felsgebüschen vorkommt.

Die kleinen weißen Blüten sitzen in gestielten Schirmtrauben. Die schwarzen Früchte und der Steinkern sind deutlich länglich. Die Art zeigt günstiges, für den Weinbau taugliches Klima an.

Rosen-
gewächse

Gewöhnliche Traubenkirsche *(Prunus padus L.)*

Merkmale: Sommergrüner Laubbaum (nur selten Strauch) zwischen 10 und 17 m Wuchshöhe, mit kegelförmiger, recht schlanker, später jedoch zunehmend säulenförmiger und gewölbter Krone.
Stamm meist ziemlich gerade und recht schlank.
Äste bogig aufsteigend und nicht sehr massiv, mit lockerer, weit gestellter Verzweigung.
Rinde glatt, sehr dunkel braungrau oder fast schwarz, riecht beim Zerreiben ziemlich unangenehm. Triebe ebenfalls glatt und unbehaart, glänzend braun, Knospen sehr schlank und spitz, angedrückt.
Blätter wechselständig, verkehrt-eiförmig oder elliptisch-länglich, mit kurzer, aber schlanker Spitze, an der Basis gewöhnlich rundlich, nur selten herzförmig eingeschnitten, 5–9 cm lang und ungefähr 3–7 cm breit, am Rand fein gezähnt, auf der Blattoberseite matt dunkelgrün, auf der Unterseite heller und zuweilen sehr zerstreut behaart. Blattstiele etwa 2 cm lang, mit 1–3 grünlichen Nektardrüsen.
Blüten im Unterschied zu anderen Kirschen in 7–12 cm langen, meist hängenden oder bogig überstehenden Trauben, diese mit zahlreichen (etwa 20–40) Einzelblüten. Einzelblüten um 18 cm breit. Kronblätter reinweiß, am Rand fein gezähnt.
Steinfrüchte kugelig oder wenig länglich, etwa 7 mm dick, schwarz, etwas glänzend, von leicht bitterem Geschmack, jedoch als Wildobst verwendbar.
Standort: Bevorzugt auf tiefgründigen, sehr nährstoffreichen und gut durchfeuchteten Böden.
Verbreitung: In Europa und in Kleinasien in Auenwäldern und Laubwäldern weit verbreitet. Zunehmend auch als Ziergehölz oder als Straßenbaum gepflanzt.
Blütezeit: April bis Mai.
Verwandte Art: Die aus Nordamerika stammende **Spätblühende Traubenkirsche** *(Prunus serotina)* hat glänzend dunkelgrüne, etwas lederige Blätter und blüht erst um die Monatswende Mai/Juni. Häufig als Ziergehölz.
Die kleinen, schwach glänzenden Steinfrüchte entwickeln nur wenig Fruchtfleisch. Ihre Verwendung als Wildobst lohnt sich nicht.

Merkmale: Sommergrüner, laubwerfender Baum, meist um etwa 10–15 m hoch, mit unregelmäßiger, gewölbter, oft jedoch recht offener Krone auf geradem, schlankem Stamm. Größere *Äste* ziemlich gerade und weit abstehend. Triebe und jüngere Zweige nur anfangs etwas behaart, sonst glatt und braun-rötlich, gelegentlich jedoch mit Kurztriebdornen besetzt.

Rinde anfangs glatt, später in Längs- und Querrichtung rissig gefeldert, dunkel braungrau.

Blätter wechselständig oder büschelig an Kurztrieben, 3–8 cm lang und 2–5 cm breit, verkehrt-eiförmig oder elliptisch, ziemlich dünn, am Rand fein gekerbt oder gesägt, nach dem Austrieb noch auf beiden Seiten fein behaart, später nur noch auf der Blattunterseite etwas kurzhaarig oder matt samtig, an der Basis abgerundet oder keilförmig verschmälert, vorne kurz oder undeutlich zugespitzt, nicht glänzend. Blattstiel um 15 mm lang.

Blüten gewöhnlich zu 2–3, kurz gestielt, erscheinen mit oder kurz vor dem Laubaustrieb. Blüten 1,5–4 cm breit. Kronblätter weiß, im vorderen Drittel etwas unregelmäßig oder fein gezähnt.

Steinfrüchte kugelig-länglich, 2–7 cm lang, zur Reifezeit je nach Sorte verschieden gefärbt.

Verbreitung: Die genaue Herkunft der Pflaume ist nicht gesichert. Wahrscheinlich ist sie das Ergebnis zahlreicher Kreuzungen. Seit alters her ist sie jedoch in Kultur und wird bis heute in zahlreichen Sorten angebaut. Gelegentlich verwildert in Wäldern oder an Säumen.

Blütezeit: März bis April.

Verwandte Arten: Die **Schlehe** oder der **Schwarzdorn** *(Prunus spinosa)* gehört mutmaßlich in die nähere Verwandtschaft der vorigen Art. Kleiner Baum oder (häufiger) Strauch, bis etwa 6–8 m Höhe, mit weit ausgebreiteten, etwas sparrigen und dicht mit Kurztriebdornen besetzten Ästen. Blüten vor dem Laubaustrieb im zeitigen Frühjahr. In Feldgehölzen sehr häufig.

Die blau bereiften Schlehenfrüchte können (nach dem ersten kräftigen Nachtfrost) gesammelt werden.

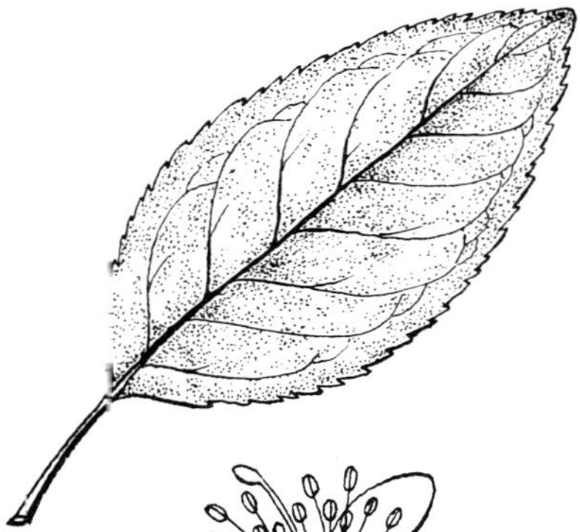

Pfirsichbaum *(Prunus persica* (L.) BATSCH*)* Rosengewächse

Merkmale: Sommergrüner, kleinerer Baum mit recht niedriger, jedoch breit ausholender Krone, häufig auch nur als kleiner Strauch ausgebildet, mit kurzem, bereits dicht über dem Boden in mehrere gleichstarke Äste gegabeltem Stamm. Erreicht je nach Wuchsform 3–6 m Höhe. Triebe ziemlich gerade, glatt, auf der Sonnenseite rötlich-braun, sonst meist grün oder bräunlich-grün.

Rinde anfangs glatt, graubraun, später jedoch zunehmend mit feinen Furchen und Rissen überzogen.

Blätter 5–15 cm lang und nur 2–4 cm breit, daher sehr schmal-lanzettlich, mit der breitesten Stelle ungefähr in der Mitte oder nur wenig darüber, lang zugespitzt, am Rand fein gezähnt, meist glatt, gelegentlich jedoch runzelig oder (bei häufigem Krankheitsbefall) stark gekräuselt. Blattstiele um 1,5 cm lang, mit Drüsen besetzt.

Blüten gewöhnlich zu 1–2, etwa 2–3,5 cm breit, bereits vor dem Laubaustrieb voll entfaltet. Kronblätter weißlich, rosa oder sogar kräftiger rötlich, auf der Innen- und Außenseite gleichfarbig.

Steinfrüchte je nach Sorte 4–8 cm dick, kugelig-rundlich, kaum verlängert, stark samtig behaart, blaßgrünlich, gelblich oder auch rötlich. Steinkerne tief grubig gefurcht.

Verbreitung: Die genaue Herkunft des Pfirsichbaums ist unklar. Man nimmt jedoch an, daß die Wildform aus China oder aus dem westlichen Zentralasien stammt. Seit alters her ist dieser Baum bereits in Kultur und wird heute besonders im Mittelmeergebiet in ausgedehnten Plantagen angepflanzt. Auch in Mitteleuropa oder noch weiter nördlich können verschiedene Sorten in Obstgärten gezogen werden.

Blütezeit: März bis Mai.

Allgemeines: Die sehr umfangreiche Gattung *Prunus*, in der botanisch alle Steinobst-Arten zusammengeschlossen werden, wird neuerdings in verschiedene Gattungen gegliedert. Danach wäre der Pfirsichbaum als *Persica vulgaris* zu bezeichnen.

Auch die übrigen Steinobst-Arten werden mit abweichenden wissenschaftlichen Namen versehen, die zunehmend in Gebrauch kommen.

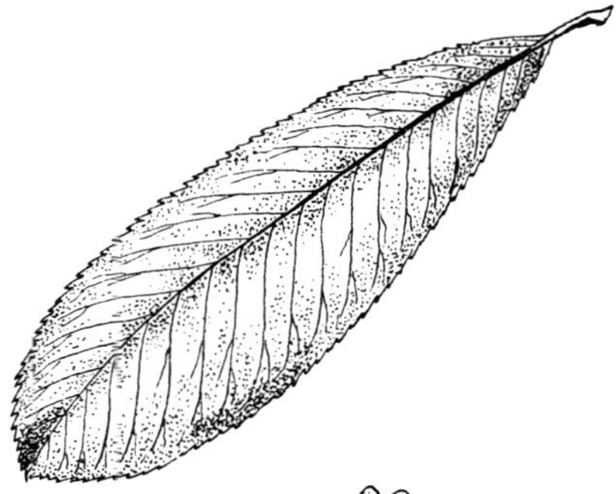

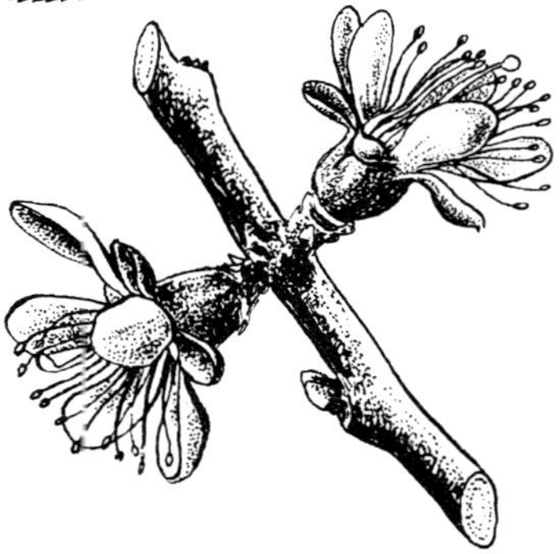

Merkmale: Hoher Strauch oder kleiner Baum bis etwa 6–10 m Wuchshöhe. Krone ziemlich unregelmäßig, rundlich, eher etwas breiter als hoch, mit schräg abstehenden, ziemlich geraden Ästen, meist schon sehr niedrig über dem Boden beastet.

Rinde braungrau oder einheitlicher grau, anfangs glatt, später zunehmend rissig und gefurcht, jedoch nicht grob geschuppt oder in größeren Platten abspringend. Triebe etwas gebogen oder gedreht, weit abstehend, glatt, braunrötlich.

Blätter wechselständig, lang gestielt, sehr breit-oval oder annähernd rundlich, vorne deutlich, aber sehr kurz zugespitzt, am Grund rundlich oder wenig herzförmig eingeschnitten, etwa 5–10 cm lang und fast ebenso breit, dadurch von den meisten übrigen Steinobst-Arten dieser Gattung auch vegetativ gut zu unterscheiden; auf beiden Seiten kahl und mattgrün, unterseits etwas heller.

Blüten meist einzeln, seltener auch zu 2, ziemlich kurz gestielt und fast sitzend, kurz vor dem Laubaustrieb oder mit den Blättern erscheinend, bis etwa 2,5 cm breit, weiß oder blaßrosa. Krone leicht glockig. Kelch rötlich-braun, kürzer als die Krone.

Steinfrüchte 4–8 cm dick, kugelig, fein samtig behaart, gelblich oder kräftiger gelb. Stein verhältnismäßig groß, glatt, gut vom Fruchtfleisch lösbar, nur am Rand mit 2–3 dicklichen Furchen.

Verbreitung: Das Ursprungsgebiet dieses Baums liegt in Zentralasien und in China. Seit Jahrhunderten wird die Aprikose jedoch kultiviert und ist heute in weiten Teilen des Mittelmeergebiets mit zahlreichen Kultursorten vertreten. Auch im nördlichen Mitteleuropa ist die Aprikose anbaufähig. Hier hat sie sich jedoch nicht einbürgern können und verwildert auch nicht.

Blütezeit: März bis April.

Allgemeines: Das Wort »Aprikose« leitet sich vom lateinischen Begriff *praecox* = früh beziehungsweise frühreif ab. Da im Mittelmeerraum die Aprikosenblüte um einige Wochen früher beginnt als in Mitteleuropa, konnten frühreife Sorten schon ziemlich bald im Sommer geerntet werden. Etwa im ersten Jahrhundert unserer Zeitrechnung kam die Aprikose aus Zentralasien über Turkestan, den Iran und Armenien in den Mittelmeerraum und wurde dort bald sehr beliebt. Die Araber besorgten die weitere Verbreitung des Baums. Heute gibt es die Aprikose in fast allen Regionen, in denen auch der Weinbau möglich ist.

Die Gattung *Prunus* innerhalb der Rosengewächse ist sehr umfangreich und wurde wegen der zum Teil größeren Unterschiede ihrer Arten in verschiedene kleinere Gattungen aufgegliedert. Demnach wird die Aprikose auch als *Armeniaca vulgaris* bezeichnet.

Wie bei allen Steinobst-Arten gibt es auch von der Aprikose eine reiche Sortenvielfalt, die für den Nichtfachmann nur schwer zu übersehen ist. Die Früchte werden nicht nur als Obst gegessen, sondern auch zur Herstellung von Spirituosen verwendet.

Japanische Mispel, Woll-Mispel *(Eriobotrya japonica* LINDL.*)* Rosengewächse

Merkmale: Immergrüner Strauch oder kleinerer Baum von etwa 5–7 m Wuchshöhe, nur selten noch höher. Krone etwas unregelmäßig gestaltet und meist ziemlich offen.

Äste schräg aufsteigend oder aufrecht, im oberen Kronenteil auch überhängend oder seitwärts abgehend, insgesamt uneinheitlich angeordnet. Triebe und jüngere Zweige sehr dicht weißwollig und samtig, an älteren Zweigen und Ästen weniger ausgeprägt oder kahl.

Blätter wechselständig, ziemlich kurz gestielt oder fast sitzend, ungeteilt, länglich-oval oder verkehrt-eiförmig, an beiden Enden verschmälert, vorne in eine kurze Spitze ausgezogen, ziemlich fest und derb, mit kräftigen, besonders auf der Blattunterseite deutlich hervortretenden, etwas bogig verlaufenden Blattnerven, 15–25 cm lang, oberseits dunkelgrün und leicht glänzend, auf der Unterseite dicht bräunlich bis rötlich filzig behaart.

Blüten in endständigen, aufrechten Rispen. Rispenäste ebenso wie die Triebe stark filzigwollig behaart. Blüten weiß, geöffnet etwa 1–2 cm breit. Kronblätter reinweiß oder cremeweiß, wie bei allen Rosengewächsen in Fünfzahl vorhanden, daneben 2–3 Griffel und ungefähr 20–40 Staubblätter mit gelblich-rötlichen Staubbeuteln. Kelchblätter 5, außen behaart.

Früchte apfelähnlich mit bleibenden Resten der Kelchblätter, elliptisch-länglich, gelblich bis orangegelb, fleischig und von sehr angenehm-süßlichem Geschmack. Enthalten zwei große, steinkernartige Samen von etwa Haselnußgröße.

Verbreitung: Die Woll-Mispel stammt ursprünglich aus Ostasien (China und Japan), wurde zu Beginn des vorigen Jahrhunderts in das Mittelmeergebiet eingeführt und dort zunächst als Zierbaum angepflanzt. Unterdessen wird diese Art besonders in Italien wegen der immer beliebter werdenden Früchte in Kulturen angebaut.

Blütezeit: September bis November.

Allgemeines: Die in den Herbst hineinreichende Blütezeit ist für einen Obstbaum aus der Familie der Rosengewächse ungewöhnlich spät oder, je nach Standpunkt, besonders früh. Die Folge dieses Blühzeitraums ist, daß die reifen Früchte schon sehr zeitig im nachfolgenden Frühjahr zur Verfügung stehen. Bereits Anfang Mai kann man sie in Italien auf den Obstmärkten sehen, wo sie unter dem Namen *mespoli* angeboten werden. Wegen ihrer vergleichsweise geringen Haltbarkeit sind sie für den Export kaum geeignet und kommen deshalb nur selten nach Mitteleuropa.

Das saftige, gelbliche Fruchtfleisch entwickelt sich wie bei allen echten Apfelfrüchten nicht aus den Fruchtblättern, sondern aus dem Blütenboden.

Merkmale: Immergrüner Laubbaum bis etwa 10–12 m Wuchshöhe, mit breiter, kegelförmiger, zumeist etwas unregelmäßig erscheinender Krone, die besonders bei älteren Exemplaren in einzelne Teilkronen aufgegliedert erscheint.

Äste vergleichsweise lang und schlank, anfangs aufwärts gehend, später mehr herabgedrückt erscheinend.

Rinde an jungen Bäumen eigenartig hell bläulich-grün und ziemlich glatt, erst im Alter zunehmend grau oder auch schwärzlich und dann mit tieferen Längsrissen und -furchen. Triebe auffallend grünlich oder weißlich grün, mit dichter, sehr feiner, wolliger Behaarung.

Blätter sehr groß, etwa 10–15 cm lang und um 5 cm breit, wechselständig, doppelt (mitunter auch dreifach) gefiedert: An jeder Seite der Blattspindel sitzen 10–12 Fiedern erster Ordnung, die jeweils etwa 20–30 kleine Fiederblättchen tragen, diese um 3 mm lang, schmal-linealisch, kurz zugespitzt, beidseits (wie ihre Achsen) fein silbrig behaart (namengebendes Merkmal) und daher hell gelbgrün bis bläulich erscheinend.

Blüten (im Unterschied zu den nah verwandten Schmetterlingsblütlern) strahlig symmetrisch und sehr klein, mit zahlreichen Staubblättern, hellgelb bis goldgelb, zu mehreren in kleinen, etwa 3–5 mm breiten kugeligen Blütenständen zusammengefaßt, die ihrerseits große, endständige oder blattachselständige Blütenstände bilden. Gesamtblütenstand traubig oder rispig organisiert.

Verbreitung: Ursprünglich nur im südöstlichen Australien sowie in Tasmanien (erreicht im Ursprungsgebiet Wuchshöhen um 30 m). Besonders häufig im Mittelmeergebiet als Zierbaum in Parkanlagen oder an Promenaden angepflanzt. In Deutschland nur in botanischen Gärten in Kalthäusern zu sehen, da die Art nicht winterfest ist. Ansehnliche Bestände dieses Baums gibt es auch in Südengland.

Blütezeit: Januar bis Februar.

Allgemeines: Die Silber-Akazie ist nur eine von mehreren, überwiegend tropisch-subtropisch verbreiteten *Acacia*-Arten, die im Mittelmeergebiet sehr gerne als Ziergehölze angepflanzt werden. Die auffallenden gelben Blütenstände werden schon im Winter von Blumengeschäften unter der botanisch nicht ganz korrekten Bezeichnung Mimosen angeboten. Akazien-Blütenstände befinden sich als besonders früher Blütenschmuck fast immer in den Dekorationen von Faschings- und Karnevalsumzügen.

Als tropische Pflanzen, die zum Teil in sehr trockenen Regionen vorkommen, haben die Akazien noch eine eigenartige Anpassung entwickelt: Sie bilden keine fein gefiederten Blätter aus, sondern wandeln einfach Blattstiele und Blattachsen in breite Scheinblätter *(= Phyllodien)* um, wie sie im Bild rechts unten zu erkennen sind.

Die Mimosengewächse (Mimosaceae) bilden zusammen mit den Johannisbrotgewächsen (Caesalpiniaceae/Ceratoniaceae) und Schmetterlingsblütengewächsen oder Schmetterlingsblütlern (Fabaceae) eine Gruppierung, deren gemeinsames Merkmal die besondere Fruchtform (= Hülse) ist und die daher auch als Hülsenfrüchtler (Leguminosae) im Rang einer Familie bezeichnet werden. Die drei genannten Gruppen von Gewächsen erhalten bei dieser Zuordnung den Rang von Unterfamilien. Man findet sie in botanischen Nachschlagewerken ebenso als eigenständige Familien geführt.

Blüten

Merkmale: Laubwerfender, sommergrüner Baum bis etwa 10 m Wuchshöhe, meist jedoch deutlich darunter und besonders in Gebüschen oder Anpflanzungen kaum über 5 m hoch. Krone sehr dicht, kugelig oder kuppelförmig gewölbt, jedoch sehr dicht belaubt und daher immer recht schattig.
Stamm meist schon tief am Boden in mehrere, etwa gleich starke, steil aufwärts strebende Äste verzweigt oder auch mehrstämmig.
Äste vergleichsweise kurz, kaum hängend, aufgerichtet oder nur wenig abstehend.
Rinde auch an älteren Exemplaren glatt oder nur wenig gefurcht, bräunlich-grau. Triebe dicklich, bräunlich, wenig auffällig gestaltet.
Blätter wechselständig, paarig gefiedert, auf beiden Seiten der Blattspindel mit 2–5 Fiedern, diese verkehrt-eiförmig oder rundlich, kurz gestielt, vorne mitunter ausgerandet, 3–7 cm lang und 2–4 cm breit, ziemlich fest und derb, oberseits glänzend dunkelgrün.
Blüten eingeschlechtig (oder zwittrig), Baum ein- oder zweihäusig. Einzelblüten wenig auffällig; männliche Blüten mit nur 5 Staubblättern, weibliche mit gestieltem, grünlichem Fruchtknoten, in traubigen, bis etwa 15 cm langen Blütenständen.
Frucht eine etwa 2–3 cm breite, 10–20 cm lange Hülse, im reifen Zustand schokoladenbraun. Fruchtfleisch schmeckt anfangs sehr süßlich, verhärtet aber später. Früchte sind während des ganzen Jahrs am Baum zu sehen und werden vor allem am älteren Holz angelegt.

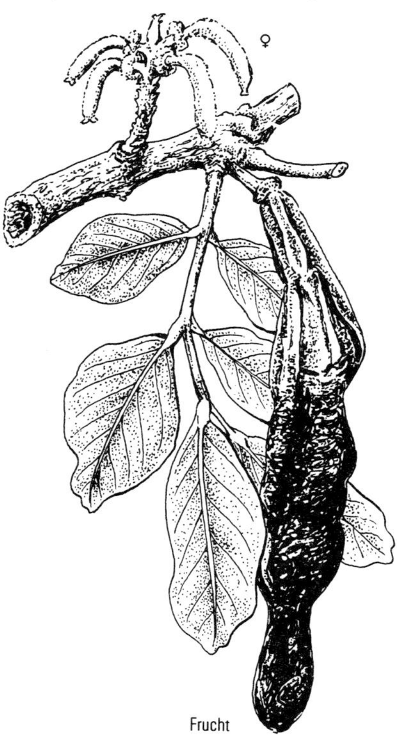

Frucht

Verbreitung: Im Mittelmeergebiet beheimateter kleiner Baum oder Strauch, der wegen seiner Hülsen auch häufig in Gärten oder auf Terrassen angepflanzt wird.
Blütezeit: August bis November.
Allgemeines: Mit seinen dunkelgrünen, glänzenden Blättern hebt sich der Johannisbrotbaum in der sommerlich-trockenen Mittelmeerlandschaft als belebendes Element deutlich ab und kann schon von weitem vom eher gleichförmigen Graugrün der Olivenhaine unterschieden werden. Die langen, schokoladenfarbigen Hülsen (Johannisbrot) kann man essen. Sie werden häufig auch als Viehfutter verwendet und besonders gerne an Pferde verfüttert. In den Hülsen finden sich zahlreiche, flache, glänzend braune Samen. Diese wurden in der Mittelmeerregion früher als Handelsgewichte verwendet und bildeten die (heute anders festgelegte) Gewichtseinheit »Karat«, die besonders zur gewichtsmäßigen Erfassung von Edelmetallen oder Edelsteinen diente. Eigenartig sind die Blüten des Johannisbrotbaums, denen die Kronblätter fehlen. Man hat diese Art, übrigens die einzige in ihrer Gattung, daher vor allem aufgrund der Früchte und der Blattform in die Verwandtschaft der Hülsenfrüchtler *(Leguminosae)* gestellt, die sich auf 3 verschiedene Familien bzw. Unterfamilien verteilen.
Diese unterscheiden sich im wesentlichen nur in ihrem Blütenaufbau. Mimosengewächse besitzen strahlige Blüten. Bei den Johannisbrotgewächsen befindet sich das innerste Kronblatt in der Blüte immer oben.

Blüten ♂

Blüten ♀

Früchte

Merkmale: Sommergrüner, laubwerfender Baum oder größerer Strauch bis etwa 10 m Wuchshöhe mit sehr ausladender, breiter, flach gewölbter und ziemlich unregelmäßig erscheinender Krone, meist sogar stark einseitig überhängend oder ausgezogen.

Äste nicht allzu stark, abstehend oder bogig aufsteigend.

Rinde leicht rötlich-braun an jüngeren Zweigen, an Ästen und Stamm wesentlich dunkler bis fast schwarz und in regelmäßige, kleine, rechteckige Plättchen gefeldert. Triebe dunkel braun-rötlich, stellenweise durch Lentizellen gepunktet. Knospen rötlich, sehr schmal, zugespitzt, anliegend, nur etwa 4 mm lang.

Blätter immer wechselständig, von annähernd kreisrundem Umriß, am Grund herzförmig eingeschnitten, am Rand nur mit undeutlichen oder sehr seichten Buchten oder auch ganzrandig, um 10 cm lang und fast ebenso breit, mit handförmigem Verlauf der größeren Blattnerven, lang gestielt, auf der Oberseite matt mittel- oder dunkelgrün, auf der Unterseite heller, kahl, manchmal auch leicht bläulich-grün erscheinend, am Blattrand glatt und nicht knorpelig.

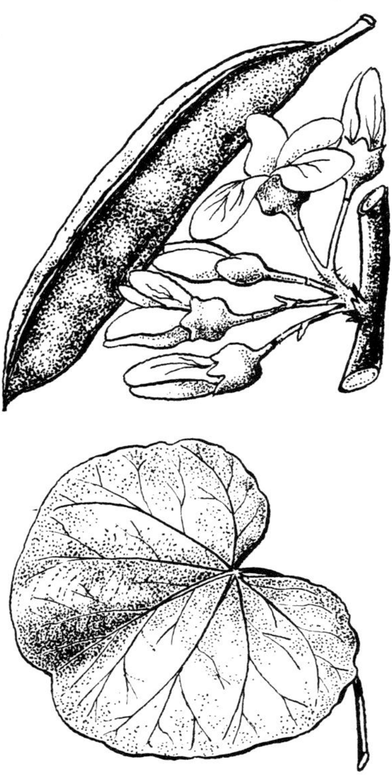

Blüten mit bräunlichem, regelmäßig 5zähnigem Kelch. Blütenkrone rosarot, etwa 1–2 cm lang, ähnlich aufgebaut wie eine Schmetterlingsblüte, die oberen 3 Kronblätter jedoch deutlich schmäler als die beiden unteren. Blüten zu je 3–8 in kleinen Büscheln, diese vor allem an den stärkeren Ästen und schon geraume Zeit vor dem Laubaustrieb erscheinend.

Frucht eine 5–9 cm lange Hülse, zur Reifezeit bräunlich-rötlich, manchmal auch karminrot, läuft in eine schlanke, schmale Spitze aus.

Verbreitung: Vor allem eine im östlichen Mittelmeergebiet beheimatete und häufig als Ziergehölz angepflanzte Art. In fast allen Parks und größeren Gärten in Baumform anzutreffen, sonst jedoch häufig busch- oder strauchförmig auf Ödland, entlang von Schienenwegen oder in aufgelassenen Plantagen.

Blütezeit: März bis April.

Allgemeines: Der ostmediterran-orientalisch verbreitete Baum wurde schon vor Jahrhunderten auch in die westliche Mittelmeerregion eingeführt und in Südfrankreich »Baum aus Judäa« genannt, woraus mit der Zeit die Benennung Judasbaum entstanden ist. Allerdings gibt es auch die unbestätigte Legende, wonach sich Judas an einem Vertreter dieser Spezies erhängt haben soll. Eigenartig und sehr auffallend sind die hübschen und sehr zahlreich im Frühjahr erscheinenden Blüten, die bevorzugt am älteren Holz oder sogar am Stamm austreiben. In der Botanik wird dieser vergleichsweise seltene Fall als *Kauliflorie* = Stamm- oder Astblütigkeit bezeichnet. Die Art ist in milden Gegenden Mitteleuropas winterfest.

Kennzeichnendes Merkmal der Johannisbrotgewächse ist die sogenannte aufsteigende Knospendeckung der Blütenblätter. Von den 5 Kronblättern befindet sich bei Normallage der Blüte das innerste immer oben. Bei den Schmetterlingsblütengewächsen ist das oberste Kronblatt immer das äußerste.

junge Früchte

reife Früchte

Gleditschie, Lederhülsenbaum *(Gleditsia triacanthos* L.*)* Unterfamilie Johannisbrotgewächse

Merkmale: Sommergrüne, sehr hochwüchsige Laubbäume bis über 40 m Wuchshöhe, mit meist schmaler, nach oben jedoch stärker verbreiterter, etwas gewölbter Krone.
Äste vergleichsweise dünn, schräg aufsteigend und aufgerichtet, selten überhängend.
Rinde dunkel graubraun oder rötlich-purpurn, anfangs noch glatt, später in schmale, flache Platten aufgegliedert, die von gewundenen, flachen, jedoch ziemlich schuppigen Rippen und Furchen begleitet werden. Besonders bei älteren Bäumen mit auffallenden Büscheln sehr starrer, bis etwa 20 cm langer, verzweigter Dornen bewehrt, diese meist in Dreiergruppen (namengebendes Merkmal: *triacanthos* = dreidornig). Trieb dünn, ausgebreitet, an den Knospen meist ebenfalls mit je 3 Dornen besetzt.

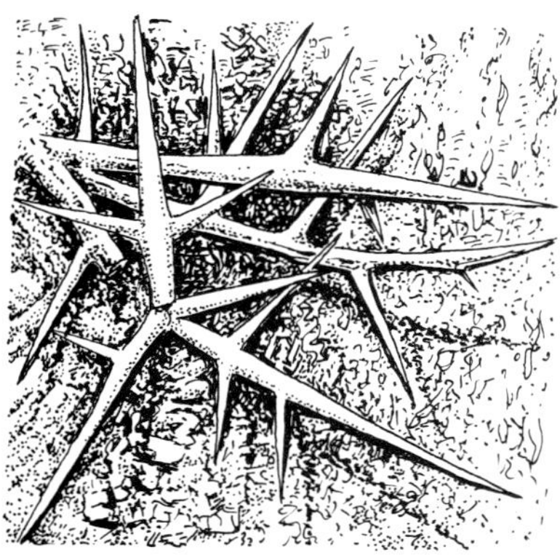

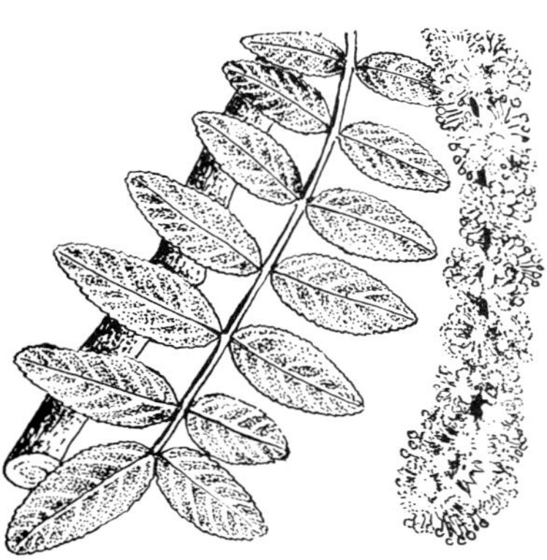

Blätter wechselständig, einfach oder (häufiger) doppelt gefiedert. Einfach gefiederte Blätter mit etwa 20–30 Fiederblättchen, bei doppelt gefiederten Blättern mit etwa 8–12 Fiedern zweiter Ordnung, diese mit je 20–30 Fiederblättchen von etwa 2 cm Länge besetzt, jedes länglich-lanzettförmig, zugespitzt, im vorderen Teil leicht gekerbt, glänzend hellgrün oder auch dunkelgrün.
Blüten eingeschlechtig, männliche Blüten gelblich, etwas glockig; weibliche Blüten mit unscheinbarer Blütenhülle, jeweils in besonderen, traubig organisierten Blütenständen.
Hülse 2–3 cm breit und bis 40 cm lang, häufig gedreht, knotig gegliedert, dunkelbraun, lederig, mit dickem Rand.
Verbreitung: Ursprünglich nur im östlichen Nordamerika, vor allem in der Gegend der Mississippimündung beheimatet. Seit langem jedoch als Park- und Zierbaum von hohem Dekorationswert verwendet, wobei von den städtischen Grünflächenämtern und Parkverwaltungen dornenlose Formen deutlich bevorzugt werden.
Blütezeit Mai bis Juni.
Verwandte Arten: Der **Geweihbaum** *(Gymnocladus dioicus)* zeichnet sich durch sehr dicke, bläulich bereifte Triebe aus, an denen die Blattpolster lange sichtbare Narben zurücklassen. Blätter außergewöhnlich groß, etwa 50–80 cm lang, doppelt gefiedert; Fiederblättchen 5–7 cm lang, nahezu ganzrandig, unterseits weißlich, oberseits hellgrün, bewimpert. Jüngere Triebe auffällig hell bereift. Ursprünglich nur in den östlichen USA, gelegentlich als Parkbaum angepflanzt. Samen dienen als Kaffee-Ersatz Das **Gelbholz** *(Cladrastis lutea)* ist näher mit den beiden nachfolgenden Arten verwandt. Die Belaubung erinnert an die der einheimischen Esche, ist jedoch immer wechselständig angeordnet. Schmetterlingsblüten in dichten Trauben, hellgelb, niemals reinweiß. Zunehmend als Park- und Straßenbaum angepflanzt.
Zur Abgrenzung der Familie siehe auch die Hinweise bei den Mimosengewächsen (S. 204) und beim Johannisbrotbaum (S. 206).

Blüten ♂

Früchte

Schnurbaum, Pagodenbaum *(Sophora japonica* L.*)* Unterfamilie Schmetterlingsblütler

Merkmale: Sommergrüner, laubwerfender Baum bis etwa 20–25 m Wuchshöhe, mit breiter, rundlicher, zuweilen sehr offener und mehrteilig erscheinender Krone auf vergleichsweise kurzem Stamm.

Äste schräg aufsteigend, abstehend, bei einigen Gartenformen auch häufig gewunden und gedreht oder sogar lang überhängend.

Rinde dunkel graubraun, bei jungen Bäumen fast glatt, im Alter jedoch zunehmend breit gefurcht und runzelig. Trieb anfangs noch fein samtig behaart, dann verkahlend und fast einheitlich grün. Knospen sehr klein, mit mehreren, sehr kleinen Knospenschuppen.

Blätter wechselständig, mit sehr kleinen, frühzeitig abfallenden Nebenblättern, unpaarig gefiedert, etwa 15–25 cm lang, mit 7–17 Fiederblättchen; diese kurz, aber deutlich gestielt, ganzrandig, von ovalem Umriß, vorne verschmälert, aber nicht zugespitzt oder mit sehr kurzem, kaum erkennbarem Spitzchen, oberseits matt dunkelgrün, unterseits fein behaart und eher bläulich-grün. Blätter treiben erst ziemlich spät im Frühjahr/Frühsommer aus, bleiben dafür jedoch auch länger grün als die anderen Laubgehölze in Parkanlagen.

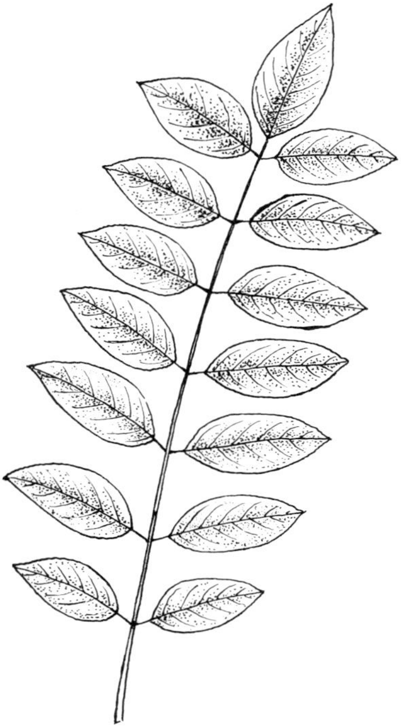

Blüten in endständigen oder blattachselständigen, bis 25 cm langen Rispen. Einzelblüten gelblich-weiß. Kelch grünlich-weiß und undeutlich 2lippig; Krone 2seitig symmetrisch, 15–20 mm lang.

Frucht eine 5–7 cm lange, zwischen den rundlichen Samen sehr auffällig eingeschnürte Hülse, die sich nicht leicht öffnen läßt.

Verbreitung: Ursprünglich nur im südöstlichen Asien, vor allem in Südchina und in Korea, dagegen nicht in Japan, wie die wissenschaftliche Benennung irrtümlich angibt. Seit längerer Zeit wegen seines dekorativen Werts als Straßen- oder Parkbaum (trockenresistenter Stadtbaum) angepflanzt; vor allem in Frankreich oder in Südengland häufiger anzutreffen. In vielen Sorten, die sich in Blütenfarbe und Blütezeit stärker unterscheiden, vorhanden.

Blütezeit: Juli bis August.

Allgemeines: 3 Pflanzenfamilien, die alle auch mit Gehölzen vertreten sind, faßt man wegen ihrer charakteristischen Früchte als Hülsenfrüchtler *(Leguminosae)* zusammen. Es sind dies die Mimosengewächse *(Mimosaceae)*, Johannisbrotgewächse *(Ceratoniaceae)* und die außerordentlich artenreichen Schmetterlingsblütengewächse *(Fabaceae)*. Zu dieser letzteren Familie wird auch der Schnurbaum (so genannt wegen der stark eingeschnürten Gliederhülse) gestellt, weil seine gelblich-weißen Blüten genauso aufgebaut sind wie etwa die einer Wicke oder eines Ginsters. Bei echten Schmetterlingsblüten sind die 3 obersten Kronblätter immer größer und auffälliger entwickelt als die beiden unteren. Darin liegt ein wichtiger Unterschied zu den Johannisbrotgewächsen.

Außerdem sind die Blüten nach dem Prinzip der absteigenden Knospendeckung aufgebaut. In Normallage der Blüte ist das oberste Kronblatt gleichzeitig auch das äußerste; alle weiteren Kronblätter schließen jeweils das nachfolgende ein. Bei den Johannisbrotgewächsen ist die Reihung umgekehrt.

Früchte

Blüten

Robinie, Scheinakazie *(Robinia pseudacacia L.)* Unterfamilie Schmetterlingsblütler

Merkmale: Laubwerfender, sommergrüner Baum bis etwa 25 m Wuchshöhe, nur selten auch darüber, mit offener, lichter, im Umriß ovaler Krone, die kurz unterhalb des Gipfels am breitesten entwickelt ist.

Stamm ziemlich kurz, meist nicht eindeutig bis in den oberen Kronenbereich zu verfolgen, sondern schon weiter unten in mehrere, ungefähr gleich starke Äste gegabelt.

Äste steil aufgerichtet, häufig gewunden oder gekrümmt, kleinere Äste abstehend oder leicht überhängend.

Rinde an jungen Bäumen glatt und bräunlich, jedoch schon bald deutlich rissig und im Alter von tiefen, netzartig verzweigten und etwas gewundenen Furchen durchzogen. Stamm und Krone oft sehr unsymmetrisch und schief gestellt oder auch stark einseitig ausgezogen. Mehrstämmigkeit kann vorkommen. Trieb dunkel braun-rötlich, mit einem Dornenpaar unterhalb der Blattknospen (= verdornte Nebenblätter); jeder Dorn etwa 5–15 mm lang, sehr schlank und spitz. Knospen ziemlich klein, ohne schützende Knospenschuppen; die für die nächste Vegetationsperiode im Spätsommer oder Herbst angelegten Blätter sind stark zusammengefaltet und werden vom Blattstiel verdeckt

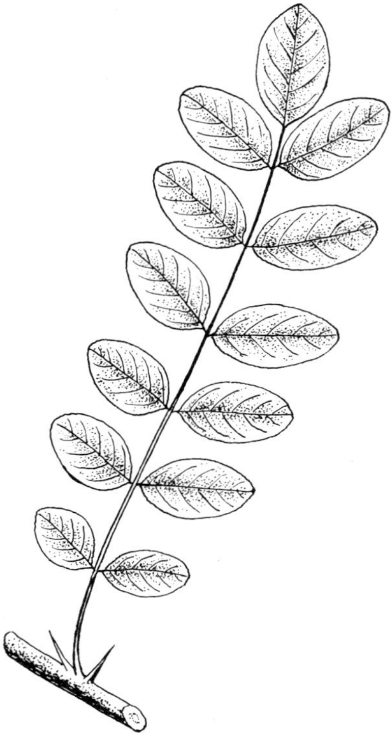

Blätter alle wechselständig, etwa 15–20 cm lang, unpaarig gefiedert, Fiederblättchen zu 11–15, etwa 3 cm lang, oval, ganzrandig, am vorderen Ende undeutlich eingeschnitten oder ausgerandet, wobei die Blättchenrippe in eine sehr feine Stachelspitze verlängert ist, oberseits matt frischgrün bis dunkelgrün, unterseits etwas heller oder grau-grünlich; treiben erst vergleichsweise spät im Frühjahr aus. Herbstlaub hellgelb, fällt dafür entsprechend später als bei anderen Laubbäumen.

Schmetterlingsblüten in vielblütigen, sehr dichten, hängenden, bis 15 cm langen Trauben. Einzelblüten mit gelblichem Kelch und weißer, etwa 15–20 mm langer Krone, angenehm duftend, wertvolle Bienenweide, in manchen Jahren sehr reichlich entwickelt.

Frucht eine 5–10 cm lange Hülse, dunkelbraun, zu mehreren in traubigen Büscheln, bleiben am Baum ziemlich lang hängen.

Verbreitung: Ursprünglich nur im östlichen Nordamerika, um 1640 von dem französischen Botaniker Jean Robin nach Europa eingeführt und seither in mehreren Sorten angepflanzt, stellenweise verwildert.

Blütezeit: Juni.

Allgemeines: Robinien sind verhältnismäßig anspruchslos und können auch auf Rohböden als Erosionsschutz angepflanzt werden. Ihr Holz ist sehr fest und widerstandsfähig und wird zur Herstellung von Schäften und Werkzeugstielen verwendet. Rinde, Blätter und Samen sind durch Alkaloide leicht giftig, besonders für Pferde.

Das Holz der Robinie ist außerordentlich fest und haltbar. Wegen seiner hellen Färbung wurde es zeitweise als Möbelholz genutzt. Bedeutsamer ist heute seine Verwendung zu Werkzeugschäften, Griffen oder Sportgeräten.

Blüten

Früchte

Apfelsinenbaum, Orangenbaum, Orange *(Citrus sinensis* (L.) OSBECK*)* Rautengewächse

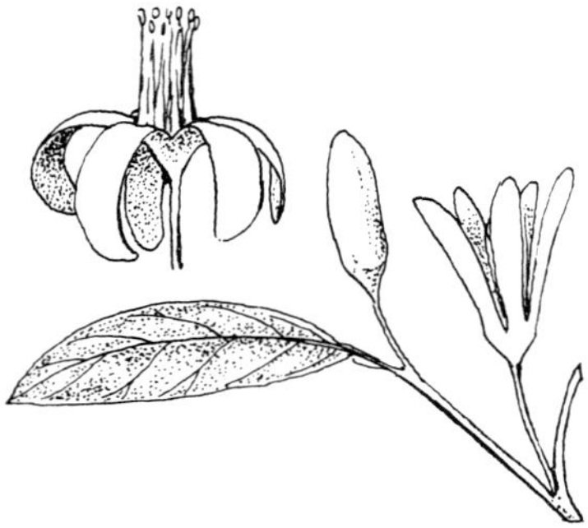

Merkmale: Immergrüner, kleiner Baum oder hoher Strauch bis etwa 6–10 m Wuchshöhe, mit rundlicher oder unregelmäßig gestalteter Krone auf verhältnismäßig kurzem Stamm.
Äste meist steil aufrecht.
Rinde glatt, dunkelbraun-schwärzlich.
Blätter elliptisch-lanzettlich, an beiden Enden verschmälert, mit schmal geflügelten Blattstielen, oberseits dunkelgrün glänzend, dünn, aber dennoch fest und lederig.
Blüten einzeln oder in wenigblütigen, sehr lokkeren Blütenständen, mit meist 5 grünlichen Kelchblättern und 5 weißen Kronblättern, intensiv duftend, Staubblätter meist sehr zahlreich.
Beerenfrucht auffallend groß, mit fast glatter Fruchtschale. Fruchtfleisch mit zahlreichen Safthaaren.
Verbreitung: Ursprünglich in Ostasien beheimatete *Citrus*-Art, die jedoch in weiten Teilen des Mittelmeergebiets angebaut wird.
Blütezeit: Februar bis Juni.
Allgemeines: *Citrus*-Arten werden heute im Mittelmeerraum (und in Regionen vergleichbaren Klimas weltweit) in zahlreichen Arten und Sorten angebaut, die kaum noch zu übersehen sind. Manche werden nicht nur wegen der Früchte, sondern auch der Blütenöle wegen sehr geschätzt. Wichtig ist beispielsweise noch die **Zitrone** *(Citrus limon)*, deren Blätter denen der Orange sehr ähnlich sind. Ihre Zweige tragen Dornen.
Man kann sie auch an der Blattform unterscheiden (schlanker Blattgrundriß, schmalere Blattstielflügel).

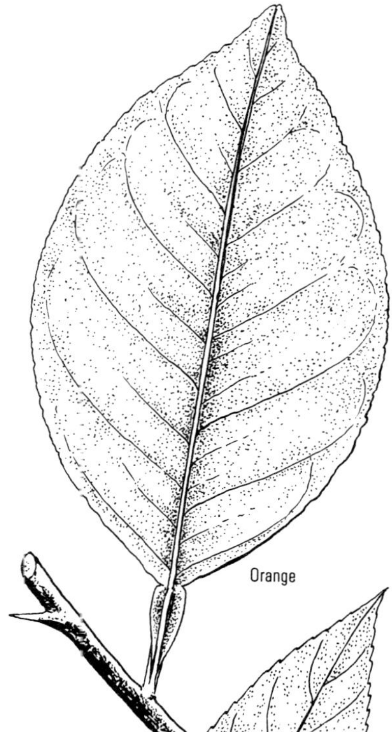

Orange

Zitrone

Citrus sinensis (Orange)

Zierform

Citrus limon (Zitrone)

Merkmale: Sommergrüner, laubwerfender Baum mit Wuchshöhen um 20–25 m, mit hoher, meist etwas unregelmäßig gestalteter, gewölbter, nicht allzu ausladender Krone auf geradem und kräftigem Stamm.

Äste ziemlich gerade und steil aufgerichtet, locker und unregelmäßig verzweigt.

Rinde auch an älteren Exemplaren ziemlich glatt, jedoch mit auffälligem Muster aus weißen Längsstreifen versehen, diese deutlich kantig. Triebe ziemlich kräftig und dick, mit großen Blattnarben und zahlreichen hellen Lentizellen besetzt. Knospen ziemlich klein, länglich-oval, während des Winters rötlich-braun, kurz vor der Laubentfaltung im Frühjahr intensiv rot.

Blätter wechselständig, sehr variabel in der Größe, etwa zwischen 40 und 60 cm lang, wegen ihrer beachtlichen Größe mitunter mit einem Trieb verwechselt, unpaarig gefiedert, jedes der 11–18 Fiederblättchen etwa 5–15 cm lang, von ovalem Umriß, vorne verschmälert und zugespitzt, am Grund breit-keilförmig, ganzrandig bis auf 1–3 ungleich große Zähne in der rückwärtigen Blatthälfte, von denen der unterste am deutlichsten ausfällt, unterseits je 1 Drüse. Hauptnerv der Fiederblättchen verläuft meist nicht exakt in der Mitte der Blättchenspreite, sondern teilt diese in zwei deutlich ungleich große Hälften ein; Blättchen auf der Oberseite matt dunkelgrün, auf der Unterseite etwas heller, immer kahl, riechen beim Zerreiben unangenehm. Blattspindel grünlich oder kräftiger rötlich, an der Basis verbreitert.

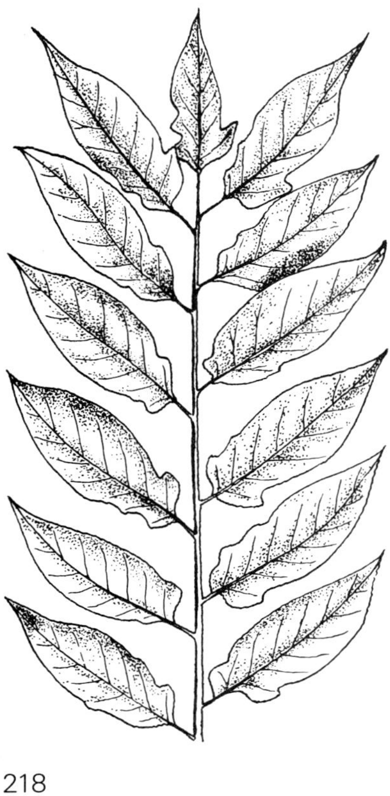

Blüten eingeschlechtig. Männliche Blüten mit 10 Staubblättchen, weibliche Blüten mit 3–4 Fruchtblättern, die zu einem Fruchtknoten verwachsen sind, beide Blüten mit je 5 Kron- und Kelchblättern, gelblich-weiß. Blüten in locker verzweigten Rispen.

Samen in der Mitte eines etwa 4 × 1 cm großen Flügels, der zur Reifezeit intensiv rot verfärbt ist. Früchte gewöhnlich in rispigen Büscheln am Baum.

Verbreitung: Ursprünglich nur in Ostasien beheimatet, seit langem jedoch als Zierbaum in großen Gärten und Parkanlagen angepflanzt.

Blütezeit: Juli bis August.

Allgemeines: Der Götterbaum wächst auch in abgasbelasteten Städten recht gut und wird deshalb gerne in städtischen Grünanlagen verwendet. Sein Holz ist verhältnismäßig weich und hat keinen besonderen technischen Nutzwert. Ein auffallendes Merkmal, an dem man diese Art auch im unbelaubten Zustand erkennen kann, ist das kräftig orangegelb gefärbte Mark der Zweige, das bei keinem anderen Laubbaum in vergleichbarer Form auftritt. An den großen Blattnarben kann man die Leitbündelspuren sehr gut erkennen. Ihre Anzahl entspricht jeweils der Menge der zuvor ausgebildeten Fiederblättchen.

Obwohl dieser Baum recht ansehnliche Höhen bei ziemlich raschem Wuchs erreicht, wird sein helles, festes Holz nur wenig verwendet. Geeignet wäre es als Bauholz oder zur Herstellung von Papierschliff.

Blüten und junge Früchte

Spitz-Ahorn *(Acer platanoides L.)*

Merkmale: Ansehnlicher, sommergrüner Baum mit Wuchshöhen um 25–30 m. Krone meist regelmäßig und sehr schön gewölbt, auf geradem, aber ziemlich kurzem Stamm.
Äste steil aufrecht oder schräg aufgerichtet.
Rinde an älteren Bäumen feinrissig, dunkelgrau, nicht abblätternd, mit feinem Leistenmuster überzogen. Trieb kräftig, bräunlich. Knospen länglich-oval, ziemlich dick.
Blätter alle gegenständig, langgestielt, etwa 10–15 cm lang und fast ebenso breit, mit 5–7 ungleich großen Lappen handförmig geteilt, untere Blattlappen deutlich kleiner als die vorderen, jeweils in mehrere, sehr schlanke und lange Blattzähne ausgezogen, auf der Oberseite frischgrün oder dunkelgrün, matt, unterseits etwas heller und mitunter leicht bläulichgrün, Blattstiel mit Milchsaft; Herbstlaub gelb.
Blüten zahlreich in aufrechten, rispigen Blütenständen, die schon lange vor dem Laubaustrieb aufblühen und erst nach der Belaubung verschwinden.
Standort: Verbreitet in frischen bis mäßig feuchten Schlucht- und Auenwäldern oder in verschiedenen anderen Laubwaldgesellschaften.
Verbreitung: Überall in Europa verbreitet und häufig in Parkanlagen angepflanzt. Ursprüngliche Vorkommen wesentlich seltener.
Blütezeit: März bis April.
Verwandte Arten: Der **Kolchische Ahorn** *(Acer cappadocicum)* unterscheidet sich durch Blätter, deren Lappen jeweils nur in einer langen Spitze auslaufen. Nur in großen Parks und Gärten. Beim **Lobels Ahorn** *(Acer lobelii)* treten zusätzlich nur wenige Zähne auf. Heimisch in Süditalien. Selten angepflanzt. Der **Kretische Ahorn** *(Acer sempervirens)* ist halb-immergrün und hat kleine, ovale Blätter mit 3 undeutlichen Lappen. Nur in großen Sammlungen. Der **Französische Ahorn** *(Acer monspessulanum)* trägt gleichförmig 3lappige Blätter und kommt wild in trocken-warmen Wäldern (bis zur unteren Mosel) vor.
Er gehört zu den nahezu unbekannten in Mitteleuropa einheimischen Ahorn-Arten und gilt an seinem natürlichen Standort als wichtiger Klimazeuge für die nacheiszeitliche Vegetationsentwicklung.

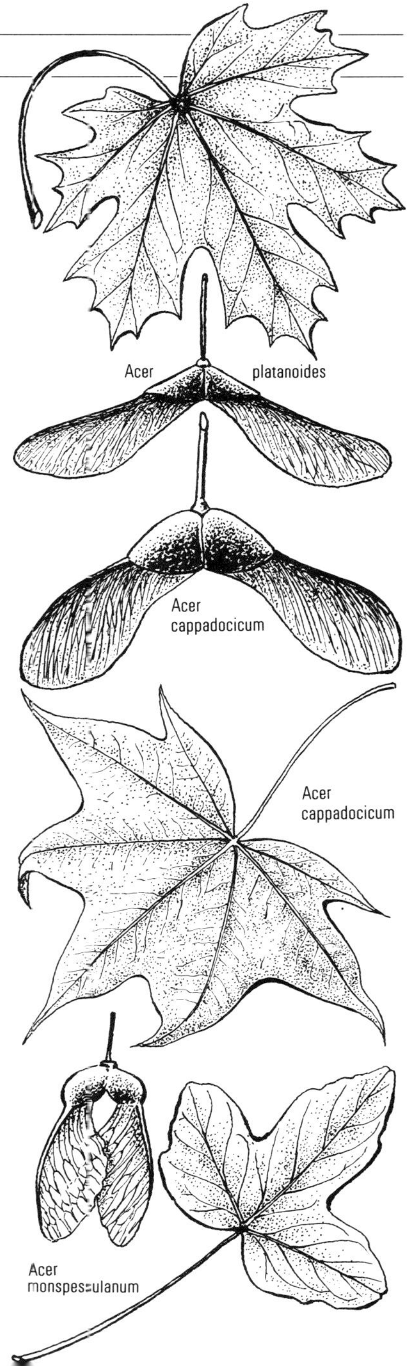

Feld-Ahorn *(Acer campestre* L.*)*

Merkmale: Meist kleinerer, laubwerfender Baum, nur selten Wuchshöhen über 10 m erreichend, mit kugelig-rundlicher, häufig etwas ausladender Krone auf deutlichem, gekrümmtem Stamm, Rinde oft korkig.
Äste kurz, unregelmäßig gegabelt, schräg nach oben gehend. Trieb bräunlich. Zweige rissig und oft mit Korkleisten. Knospen eiförmig, rötlich-braun, an der Spitze fein behaart.
Blätter gegenständig, ziemlich regelmäßig 5lappig, einzelne Lappen zum Grund hin kleiner werdend, vorne abgerundet und mit undeutlichen Zähnen, daher fast ganzrandig erscheinend, oberseits matt dunkelgrün, unterseits etwas heller, kahl, langgestielt. Blattstiel mit Milchsaft.
Blüten erscheinen zusammen mit den Blättern, unscheinbar gelblich-grün in Rispen.
Früchte mit waagerecht gegenüberstehenden Flügeln, je etwa 5 cm lang.
Standort: Liebt nährstoffreiche Lehm- oder Mullböden in krautreichen Eichen-Hainbuchenwäldern. Von der Ebene bis etwa 900 m Höhe.
Verbreitung: In Europa weit verbreitet und ziemlich häufig. Nur gelegentlich als Ziergehölz angepflanzt, wichtiges Flurgehölz.
Blütezeit: April bis Mai.
Verwandte Arten: Der **Schneeball-Ahorn** *(Acer opalus)* ist ein kleinerer Baum bis höchstens 20 m Wuchshöhe oder auch ein mittelgroßer Strauch. Die hellbraune Rinde springt an älteren Exemplaren in kleinen Platten auf, die eventuell auch abfallen und hellere, gelbliche Flecken zurücklassen, jedoch nicht so groß sind wie bei den Platanen. Blätter etwa 5–8 cm lang und ebenso breit, mit 3–5 ungefähr gleich großen Lappen, die vorne abgerundet sind. Wärmeliebende Art in den Gebirgen des westlichen Mittelmeergebiets, nördlich der Alpen nur im Schweizer Jura. Kaum angepflanzt. Der **Zucker-Ahorn** *(Acer saccharum)* fällt durch seine scharf geschnittene Kontur aus 5–11 fast gleichseitig dreieckigen Lappen auf, die von der kanadischen Nationalflagge bekannt sind. In Nordamerika zur Zuckergewinnung aus Blutungssaft häufig gezogen, in Europa nur selten in Parks oder größeren Gärten angepflanzt.

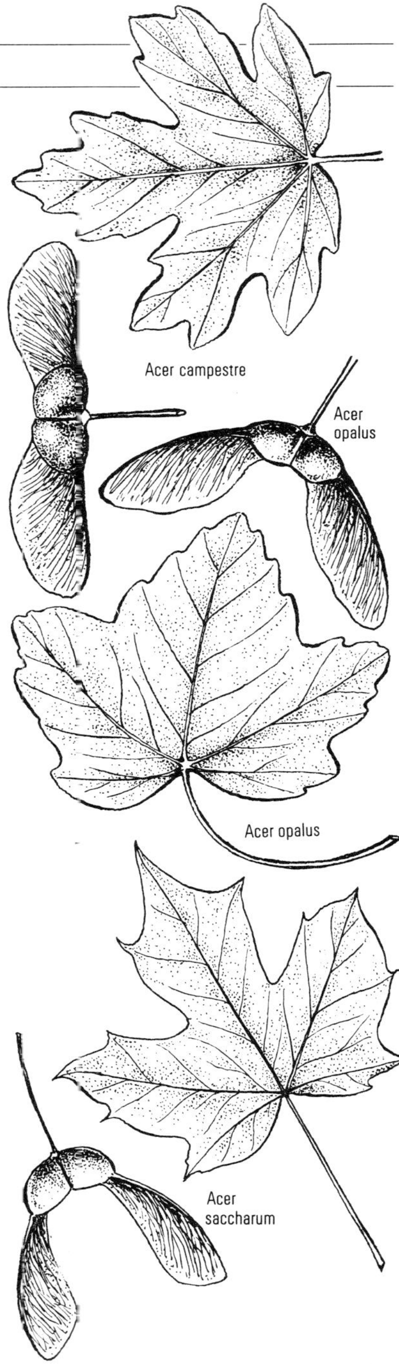

Ahorn-
gewächse

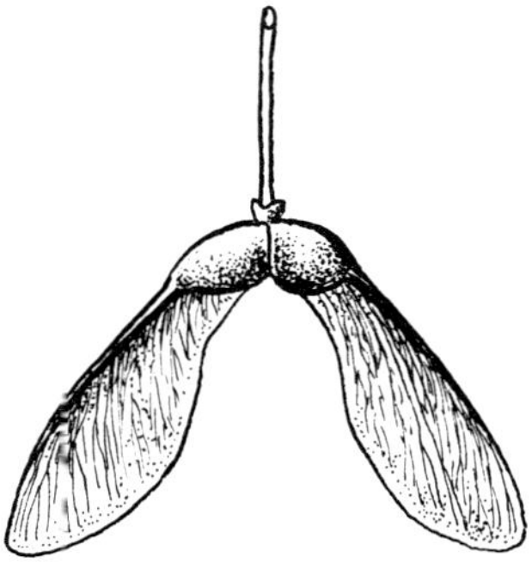

Merkmale: Meist stattlicher, besonders im Freistand häufig prächtig entwickelter, sommergrüner, 30–40 m hoher Laubbaum, mit hoch gewölbter, nicht sehr ausladender, aber recht regelmäßiger Krone auf geradem, kräftigem Stamm.

Äste sehr dicht stehend, unregelmäßig verzweigt, meist schräg aufwärts oder steil aufgerichtet. Trieb grünlich, mit helleren Streifen (Lentizellen). Knospen oval-spitz, grün, um 1 cm lang, abstehend.

Blätter gegenständig, langgestielt, rundlich, meist 5lappig, die 3 vorderen Lappen ungefähr gleich groß, die beiden unteren jedoch deutlich kleiner. Lappen tief eingeschnitten, unregelmäßig grob gezähnt, auf der Oberseite matt dunkelgrün, auf der Unterseite graugrün, im Herbst goldgelb, auf den größeren Blattnerven fein behaart.

Blüten in langen, hängenden Rispen, gelblichgrün, erscheinen mit oder kurz nach der Laubentfaltung, etwa 10–12 cm lang.

Flügelfruchtpaare bilden zueinander ungefähr einen rechten Winkel.

Standort: Wichtiger Waldbaum in Buchenmischwäldern der Gebirge, oft bis zur Baumgrenze vertreten. In der Ebene viel seltener.

Verbreitung: Überall in Europa recht häufig und oft in Gärten oder Parkanlagen (auch in einer rotblättrigen Form) angepflanzt. Ursprüngliche Standorte in der Mittelgebirgsregion nicht sehr häufig.

Blütezeit: April bis Mai.

Verwandte Arten: Der **Griechische Ahorn** *(Acer heldreichii)* trägt 6–15 cm lange Blätter, deren Blattspreite in 3–5 sehr tief eingeschnittene, buchtig gezähnte Lappen geteilt ist. Die Blattunterseite ist bläulich-grün, in den Blattnervenachseln sitzen dichte, weißliche oder bräunliche Haarbüschel. Blüten zu wenigen hängenden Rispen. In den Bergwäldern des Balkans. Nur selten als Ziergehölz verwendet. Der **Tataren-Ahorn** *(Acer tataricum)* hat längliche, am Grund herzförmige Blätter, die ungeteilt, aber scharf und ziemlich regelmäßig gesägt sind. Blüten zahlreich in aufrechten, grünlich-weißen Rispen, erscheinen nach dem Laubaustrieb. Flügelfrüchte schließen einen spitzen Winkel ein, zur Fruchtzeit dunkelrot. Ursprünglich nur in Südosteuropa beheimatet, nicht selten als Straßen- oder Parkbaum angepflanzt. Der **Pennsylvanische Ahorn** *(Acer pensylvanicum)* hat eine auffällig weiß gestreifte, grüne Rinde und Blätter, die am Grund herzförmig gestaltet sind und vorne in 3 lange, schlanke Spitzen auslaufen. In den östlichen USA und in Kanada beheimatet, gelegentlich angepflanzt. Ähnlich im Stammbild ist der **Rotnervige Ahorn** *(Acer rufinerve)*. Seine Blätter bleiben jedoch kleiner (bis 12 cm lang) und tragen einen großen sowie 2 seitliche, wesentlich kleinere Lappen. Nicht selten in Parks und Gärten.

Zeichnungen zu den hier genannten Arten stehen auf Seite 227.

Blüten

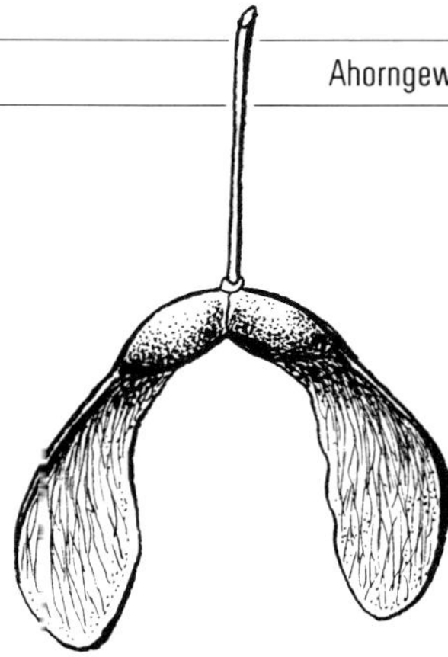

Merkmale: Sommergrüner, laubwerfender Baum bis etwa 25–30 m Wuchshöhe, im Ursprungsgebiet oft noch höher. Krone ziemlich licht, doch regelmäßig und kaum lückig, zum oberen Kronenbereich hin verbreitert und hoch gewölbt.

Äste steil aufrecht, verhältnismäßig schlank, im oberen Teil oft auch nach außen gerichtet und häufig mit hängenden Trieben.

Rinde auch an älteren Bäumen glatt, grau bis braungrau, allenfalls mit einem feinen Netzwerk aus Leisten und flachen Rinnen überzogen, in sehr feinen Plättchen abschuppend. Trieb kräftig braun-rötlich. Knospe leicht kantig, groß, bräunlich.

Blätter gegenständig, langgestielt, tief eingeschnitten 5lappig bis 5teilig, einzelne Blattlappen ungleich groß, ihrerseits mehrfach lappig eingeschnitten bis grob gezähnt, auf der Oberseite frisch- oder mittelgrün matt, auf der Unterseite auffällig silbrig-weißlich behaart, nicht verkahlend, etwa 10–15 cm lang und um 10 cm breit, im Herbst schön gelb.

Blüten erscheinen vor dem Laubaustrieb, eingeschlechtig. Männliche Blüten kurzgestielt, die getrennt davon stehenden weiblichen Blüten langgestielt.

Fruchtflügel sichelförmig geschwungen, schließen einen spitzen Winkel ein. Oft bleibt einer der beiden Flügel in der Entwicklung zurück. Herbstlaub kräftig gelb, seltener auch in Rottönen gefärbt.

Verbreitung: Der Silber-Ahorn stammt wie viele seiner Verwandten aus Nordamerika und kommt dort vom Gebiet der großen Seen im östlichen Nordamerika bis nach Florida vor. Wegen ihrer Schnellwüchsigkeit wird gerade diese Ahorn-Art in städtischen Grünanlagen und in größeren Parks angepflanzt.

Blütezeit: April bis Mai.

Allgemeines: Der Silber-Ahorn ist in seinem Heimatgebiet ein typischer Baum der Niederungen, wo er zusammen mit Birken, Erlen, Weiden und weiteren *Acer*-Arten lockere Bestände bildet. Er ist deshalb kein eigentlicher Waldbaum, sondern eher ein Auengehölz auf Schwemmlandböden. Seine Schnellwüchsigkeit und seine prächtige Entwicklung im Freistand machen ihn zum nahezu idealen Parkbaum städtischer Grünanlagen. Leider neigen die großen Exemplare jedoch etwas zur Windbrüchigkeit.

Auch beim Silber-Ahorn ist der Saft, der zur Zeit der Blattentwicklung in die Triebe steigt, zuckerhaltig wie beim Zucker-Ahorn. Die Indianer Nordamerikas, die diese Möglichkeit der Zuckergewinnung entdeckt haben, verwendeten daher auch den Silber-Ahorn zum Anzapfen. Auch andere Arten wurden ähnlich genutzt.

Verwandte Art: Im gleichen Verbreitungsgebiet ist der **Rot-Ahorn** *(Acer rubrum)* zu Hause, der 3- bis 5lappige, 6–10 cm lange Blätter trägt. Er ist wegen seiner prächtigen weinroten Herbstfärbung bekannt und wird manchmal angepflanzt.

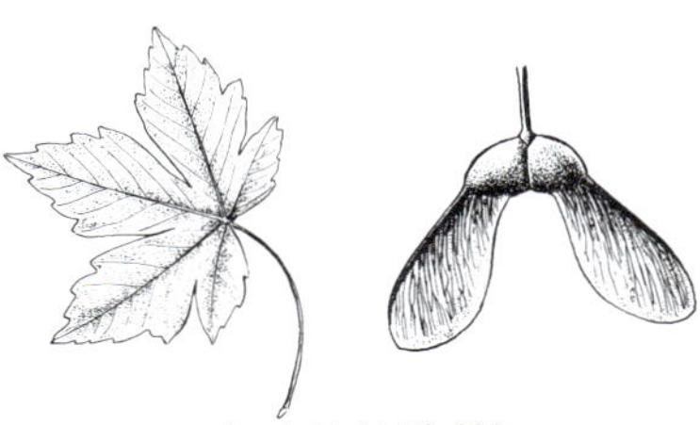

Acer heldreichii S. 224

Acer tataricum S. 224

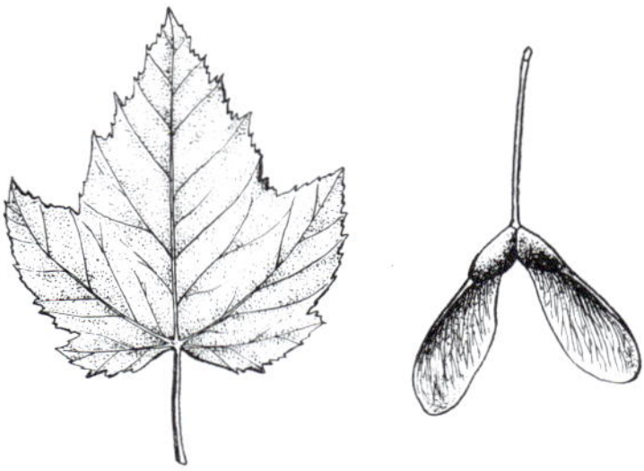

Acer rubrum

Acer pensylvanicum S. 224

Acer rufinerve S. 224

Merkmale: Kleinerer, sommergrüner, laubwerfender Baum bis etwa 15 m Wuchshöhe, seltener auch größer. Krone kuppelförmig gewölbt, aber meist etwas lückig-offen und unregelmäßig erscheinend.
Stamm schlank und ziemlich gerade.
Äste kurz, steil aufgerichtet oder ausgebreitet, mitunter aufsteigend.
Rinde auch an älteren Exemplaren glatt, braungrau bis grau-schwärzlich, kaum gefurcht oder gemustert, an städtischen Standorten häufig sehr stark von Grünalgenbewuchs (*Pleurococcus*-Arten) überzogen. Triebe ziemlich dünn und schlank, nicht gekrümmt oder gebogen wie bei anderen Arten, manchmal etwas bereift. Knospe im Unterschied zu anderen *Acer*-Arten sehr klein, nur wenige Millimeter lang, auffallend weiß, nur mit 2 Knospenschuppen geschützt.
Blätter gegenständig, etwa 7–15 cm lang, unpaarig gefiedert (Ausnahme innerhalb der Gattung *Acer*!), Fiederblättchen zu 5, seltener auch zu 7, meist sehr kurz gestielt bis fast sitzend, nur die Endfieder deutlicher gestielt, je etwa 5–10 cm lang, zugespitzt und am Rand unregelmäßig scharf gezähnt oder nahezu ganzrandig, meist hellgrün, sehr dünn und deswegen auch meist etwas schlaff hängend. Fiederteilung bei manchen Blättern nicht vollständig, diese dann gelegentlich mit 3lappiger Endfieder.
Blüten getrennt geschlechtig, auf verschiedenen Individuen (zweihäusige Art, ebenfalls eine Ausnahmeerscheinung innerhalb der Gattung), ohne Kronblätter, in lockeren Rispen, die mit dem Laubaustrieb erscheinen. Flügelfrüchte sehr schmal, schließen einen spitzen Winkel ein, sichelförmig einwärts gekrümmt, hellbräunlich.
Verbreitung: Ursprünglich nur in Nordamerika, dort vor allem in den östlichen Teilen des Kontinents verbreitet, mit abweichenden Rassen jedoch auch in den westlichen USA (zum Beispiel in Kalifornien) vertreten. In verschiedenen Sorten mit einfarbigen oder panaschierten Blättern recht häufig als Parkbaum angepflanzt. Ziemlich raschwüchsige Art.
Blütezeit: April bis Mai.

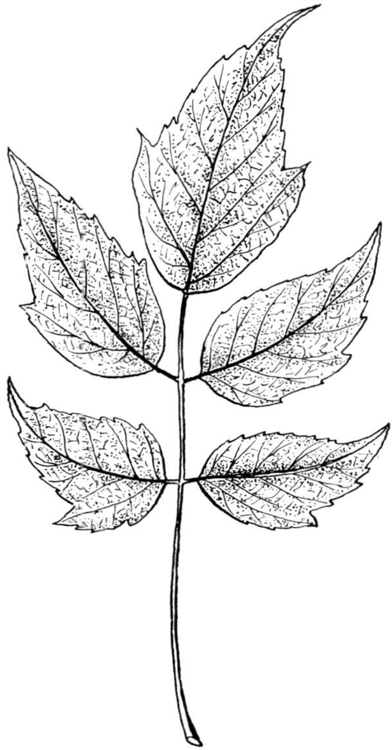

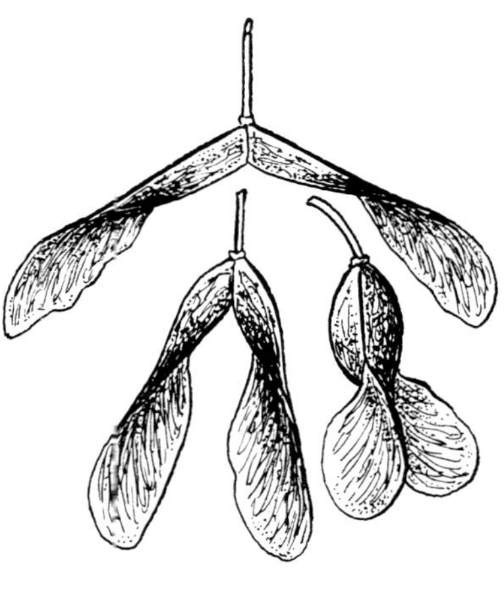

Ahorn-
gewächse

Blüten

junge Früchte

reife Früchte

Merkmale: Kleinerer bis mittelgroßer, oft recht ansehnlicher sommergrüner Baum bis etwa 15 m Wuchshöhe, meist sogar deutlich darunter. Krone kugelig oder kuppelförmig, von recht regelmäßig rundlichem Umriß, ziemlich dicht.

Stamm schon sehr dicht über dem Boden verzweigt, jedoch klar bis in die mittlere Kronenregion zu verfolgen.

Äste aufsteigend oder steil aufrecht, oft stärker gewunden oder gekrümmt.

Rinde rauh, braun oder braungrau, unauffällig längs gefurcht oder mit flachem Leistenwerk überspannt, hinterläßt beim vorsichtigen Ablösen orangegelbe Flecken. Triebe rötlich-braun, schlank. Knospen sehr klein, nur um 2 mm lang.

Blätter wechselständig, 20–35 cm lang, unpaarig gefiedert, in Teilen auch doppelt gefiedert, Fiederblättchen zu 7–17, von ovalem Umriß, zugespitzt, 3–8 cm lang, grob gekerbt bis gesägt und teilweise auch tief fiederteilig, stehen sich an der Blattspindel überwiegend nicht exakt gegenüber, an der Blattbasis deutlich kleiner als in der Blattmitte, zur Blattspitze wiederum kleiner, Endfieder fast rautenförmig, kahl, oberseits dunkelgrün, matt, unterseits etwas heller grün.

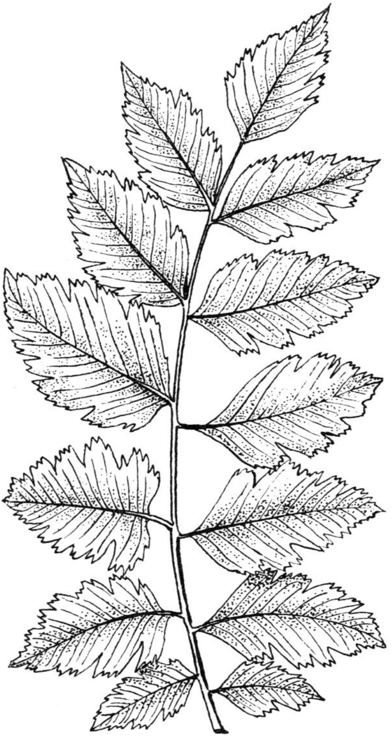

Blüten etwa 1 cm breit, mit 4 kräftig gelben Kronblättern und 5 grünlichen Kelchblättern, zu mehreren in bis 50 cm großem, locker verzweigtem, rispigem, aufrechtem, endständigem Blütenstand.

Kapselfrucht 3klappig, stark aufgeblasen und etwas papier- oder lampionartig, spitz oder abgerundet, mit zahlreichen schwarzen Samen, rötlich-bräunlich.

Verbreitung: Die Blasenesche stammt ursprünglich aus dem südlichen Ostasien (Nordchina, Korea) und wird vor allem wegen ihrer ausgesprochen dekorativen Eigenschaften gerne als Parkbaum angepflanzt. Im mitteleuropäischen Klima ist dieser Baum winterhart. Liebt Wärme und Trockenheit.

Blütezeit: August bis September.

Allgemeines: Die Seifenbaumgewächse *(Sapindaceae)* sind eine pantropisch verbreitete Pflanzenfamilie, die fast ausschließlich Gehölze umfaßt. Viele von ihnen sind Lianen. Die Vertreter der Gattung *Litchi*, mit der *Koelreuteria* eng verwandt, sind eine auch wirtschaftlich wichtige Gruppe von Nahrungspflanzen, die vor allem wegen ihrer angenehm schmeckenden Früchte angepflanzt werden. Die Blasenesche ist eigentlich der einzige nennenswerte Zierbaum innerhalb der recht artenreichen Familie. Er wurde schon in der Mitte des 18. Jahrhunderts aus seinem ostasiatischen Ursprungsgebiet eingeführt. Benannt ist die Gattung nach dem württembergischen Botaniker Josef Gottlieb Kölreuter, der sich als erster genauer um die Fortpflanzungsverhältnisse der Blütenpflanzen bemühte und die Grundlagen der modernen Pflanzenzüchtung schuf.

Auf der Abbildung rechts unten sind die eigenartigen Kapselfrüchte zu sehen, deren papierartige Fruchtwände im Herbst bräunlich umfärben.

Merkmale: Im Freistand meist sehr stattlicher, ansehnlicher Baum von etwa 20–25 m Wuchshöhe, mit sehr dichter, schöner, regelmäßig gestalteter und sehr hochgewölbter Krone.

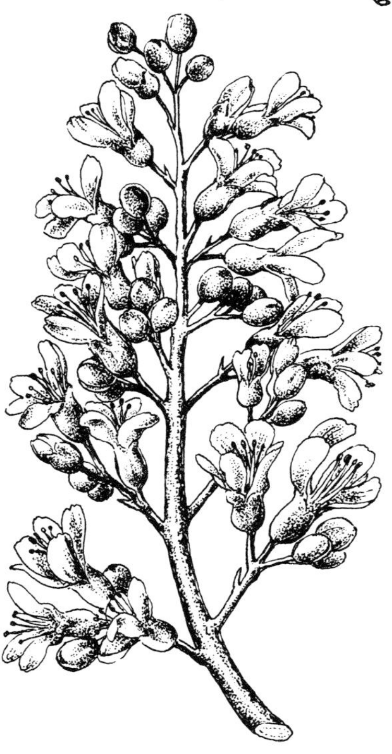

Stamm bei alten Bäumen sehr mächtig, meist gerade und bis in die obere Kronenregion klar zu verfolgen.

Äste im unteren Kronenbereich sehr kräftig, abstehend oder steil aufwärts gerichtet. Zweige unregelmäßig abgehend, abstehend oder zum Teil auch herabhängend.

Rinde bei sehr jungen Bäumen glatt und hell bräunlich, später zunehmend grau-rötlich oder dunkler braun und in einzelne, grobrissige Platten gefeldert, die sich an den Enden aufbiegen. Trieb sehr kräftig und fast fingerdick, bräunlich, mit helleren Lentizellen besetzt. Knospen sehr groß, bis 3 cm lang und 1,5 cm dick, werden in der Größe von keinem anderen europäischen Laubbaum übertroffen, im Winter glänzend rötlich-braun, im Frühjahr unmittelbar vor dem Laubaustrieb stark klebrig.

Blätter sehr groß, handförmig geteilt mit 5–7 Blättchen von breit keilförmigem Umriß, am Grund nicht gestielt, etwa 25 cm lang und an der breitesten Stelle bis 10 cm breit. Seitliche Blättchen meist kleiner. Blattstiel kräftig, grünlich, bis 20 cm lang. Blätter oberseits meist matt dunkelgrün, unterseits etwas heller und schwach glänzend. Im Herbstlaub leuchtend goldgelb, hinterlassen nach dem Laubfall auf den Zweigen große, deutliche Blattnarben von hufeisenförmigem Umriß, an denen der Sitz der einzelnen Leitbündel genau zu erkennen ist.

Blüten sehr zahlreich in großen, auf echten, bis 30 cm hohen Rispen, Kronblätter reinweiß, mit gelblichem oder rötlichem Saftmal.

Kapselfrucht stachelig, mit 1–3 großen, rotbraunen Samen (= Kastanien).

Verbreitung: Ursprünglich nur in den Bergwäldern der Balkanhalbinsel heimisch, seit langem schon in allen Teilen Europas (mit Ausnahme Nordeuropas) eingeführt und als Park- und Zierbaum sehr beliebt.

Blütezeit: Mai.

Allgemeines: Die Einzelblüten der komplexen Blütenstände zeigen eine interessante blütenökologische Anpassung: Nur bei gelbem Saftmal wird auch gleichzeitig Nektar erzeugt. Bei rotem Saftmal ist die Quelle versiegt. Blüten mit rotem Saftmal-Signal werden von Insekten (meist Bienen oder Hummeln) nicht mehr angeflogen.

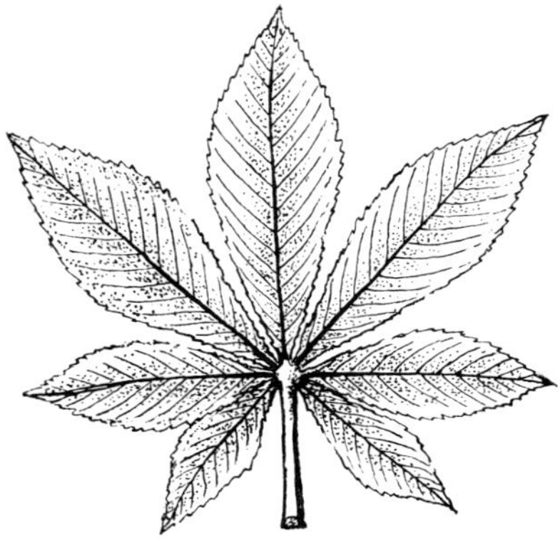

Merkmale: Laubwerfender, sommergrüner Baum bis etwa 15 m Wuchshöhe, nur selten darüber, in allen Teilen etwas kleiner als die Gemeine Roßkastanie *(Aesculus hippocastanum)* (vgl. vorige Art). Krone ziemlich dicht verzweigt und regelmäßig kugelig gewölbt, nicht so hochgezogen und breit wie bei der weißblühenden Art.
Stamm gerade, klar bis in den Kronenbereich hinein zu verfolgen.
Äste steil aufgerichtet, im unteren Kronenteil auch abstehend oder zum Boden geneigt, unregelmäßig, aber häufig verzweigt.
Rinde anfangs bräunlich-grün, mit feinem Streifenmuster, an älteren Bäumen zunehmend braunrötlich und oft mit dicklichen Maserknollen. Viele der angepflanzten Rotblühenden Kastanien sind allerdings hochstämmig auf der Gemeinen Roßkastanien veredelt, so daß deren Stamm- und Rindenmerkmale in Erscheinung treten. Triebe heller als bei der vorigen Art, eher graugrün oder graurötlich, nicht braunrötlich, mit auffallenden, helleren Lentizellen und großen Blattnarben. Knospen um 1,5–2 cm lang und etwa 1 cm dick, meist nicht dunkelbraun glänzend, sondern matt grünlich-grau.
Blätter handförmig in 5 Fiederblättchen geteilt, diese sitzen am Ende eines sehr kräftigen, meist über 20 cm langen Blattstiels. Einzelne Fiederblättchen breit-keilförmig oder angenähert rautenförmig, ungefähr in der Blättchenmitte am breitesten (nicht im vorderen Drittel wie bei der weißblühenden Form), etwa 8–12 cm lang (oder wenig länger), am Rand kerbartig gesägt, ziemlich fest und kräftig, auf der Oberseite matt dunkelgrün und mitunter etwas runzelig oder rauh. Die Blätter färben im Herbst nicht um, sondern fallen bleichgrün oder bräunlich vertrocknend vom Baum.
Blüten uneinheitlich hellrot, sehr zahlreich in langen, aufrechten Rispen. Kronblätter am Rand drüsig und zottig, mit gelblichem oder rötlichem Saftmal.
Frucht eine nur mit wenigen Stacheln besetzte oder auch völlig glatte, grünliche Kapsel mit 1–3 glatten, hellbräunlichen Samen (Kastanien).

Verbreitung: Fast ebenso häufig wie die Gemeine Roßkastanie als sehr dekoratives Gehölz an Straßen und in großen Parkanlagen angepflanzt.

Blütezeit: Mai bis Juni.

Allgemeines: Die oben beschriebene Rotblühende Roßkastanie ist ein fruchtbarer Bastard zwischen der südosteuropäischen **Gemeinen Roßkastanie** *(Aesculus hippocastanum)* und der in Nordamerika beheimateten eigentlichen **Roten Kastanie** *(Aesculus pavia)*. Die amerikanische Elternart ist in Parks oder Gärten nur sehr selten zu sehen. Sie entwickelt sich nur zu kleinen, niedrigwüchsigen Bäumen bis etwa 6–8 m Höhe und zeichnet sich durch ihre hängenden Äste und Zweige aus. Ihre Blätter sind ebenfalls 5zählig handförmig gefiedert, doch fallen die Blättchen wesentlich schmaler aus und sind eher elliptisch als keilförmig sowie doppelt gesägt. Typisch sind jedoch die wesentlich kräftiger rot gefärbten Kronblätter der Blüten, die untereinander sehr ungleich groß sind und trichterförmig zusammenneigen. Anstelle des Kreuzungsbastards findet man in manchen Anlagen auch die auf einen Stamm der Gemeinen Roßkastanie aufgepfropfte Rote Kastanie, die in manchen Wuchsmerkmalen dann nicht mehr der ursprünglichen Form entspricht. Aus Nordamerika stammt noch eine weitere Art, die **Gelbe Roßkastanie** *(Aesculus flava)*, die gelb-rosa gefärbte Blüten trägt. Sie wird manchmal als Zierbaum angepflanzt und sieht in Mischbeständen mit ihren beiden Verwandten sehr dekorativ aus.

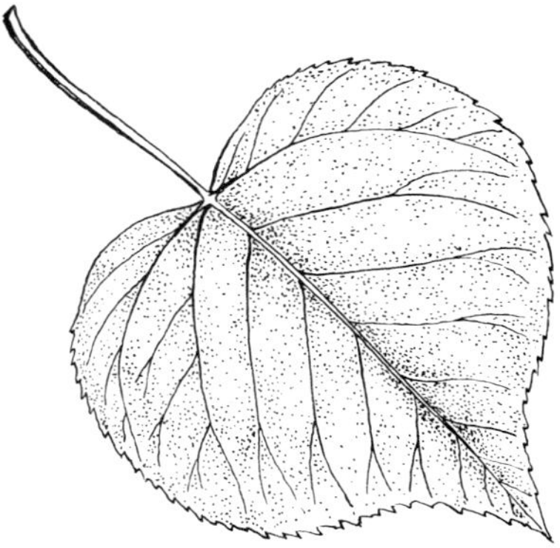

Merkmale: Meist sehr stattlicher, sommergrüner, laubwerfender Baum bis etwa 35–40 m Wuchshöhe, mit großer, hochgewölbter, ziemlich dicht geschlossener Krone, die jedoch nicht sehr breit auslädt, sondern eher schmal hochgezogen erscheint.
Stamm meist gerade und bei älteren Exemplaren sehr dick.
Äste überwiegend im unteren Kronenbereich abgehend, steil aufwärts gerichtet und strahlig abgehend, nur im unteren Teil auch zur Erde gewendet.
Rinde dunkelgrau oder graubräunlich, mit feinen, längs verlaufenden Furchen und schmalen, netzig verzweigten Leisten, jedoch nicht grob oder tief skulpturiert. Triebe grünlichrot, fast immer samtig behaart (Behaarung kann sich auf die Spitzenregion beschränken), nur selten völlig kahl. Knospen nur mit 2 sehr ungleich großen Knospenschuppen, länglich-oval, vorne abgerundet, rotbraun.
Blätter wechselständig, herzförmig, fast ebenso lang wie breit und etwa 7–12 cm groß, vorne mit schlanker, langer Spitze, am Grund oft mit leicht schiefem Blattgrund, aber nicht so stark asymmetrisch wie etwa bei den Ulmen-Arten, kerbig gesägt, Zähne alle nach vorne weisend, oberseits matt dunkelgrün und fein behaart, unterseits heller grün und nur auf den größeren Blattnerven kurz samthaarig, in den Achseln der Blattnerven mit hellen, weißlichen Haarbüscheln. Blattränder sind abwärts gebogen.
Blüten gelblich-weiß, ohne unfruchtbare Staubblätter, Griffel des Fruchtknotens unbehaart, zu 2–6 in einem hängenden, traubigen oder rispigen Blütenstand, dessen Achse etwa zur Hälfte mit einem großen, bleichgrünen oder gelblichgrünen Hochblatt (Tragblatt) von länglich-ovalem Umriß verwachsen ist. Kelchblätter der Blüten 5, gelblich-weiß; Kronblätter 5, sehr schmal, gelb.
Kapselfrucht um 1 cm groß, länglich-kugelig mit 3–5 hervortretenden Kanten, behaart.
Standort: Die Sommer-Linde kommt von Natur aus recht zerstreut in krautreichen Ulmen-Ahorn-Eschen-Schluchtwäldern oder in Buchen-Linden-Bergwäldern auf sickerfrischen, nährstoff- und basenreichen, lockeren Böden vor. Ziemlich empfindlich gegen Luftverschmutzung mit Staub und Abgasen, daher als Dorflinde immer seltener werdend.
Verbreitung: Wichtiger europäischer Waldbaum mit einigen geographischen Rassen, meist jedoch nur vereinzelt und selten im geschlossenen Verband. Wesentlich häufiger dagegen als Park- oder Straßenbaum angepflanzt.
Blütezeit: Juni.
Allgemeines: Linden gehören zu den typischen mitteleuropäischen Gehölzen, die auch als Nutzholz immer noch sehr gefragt sind. Lindenholz ist sehr hell und weich. Es eignet sich daher besonders für Schnitzarbeiten oder für die Verwendung in der Modelltischlerei. Lindenbast ist ausgesprochen zäh und fest. Er wurde vor der Einführung von Kunststoffen gerne als Flecht- und Bindematerial verwendet. Blühende Linden sind als Bienenweide wertvoll – Lindenblütenhonig ist eine sehr geschätzte Spezialität. Lindenblüten gehören andererseits auch zu den bekanntesten Hausmitteln. Ein daraus zubereiteter Tee wird vor allem gegen Beschwerden der oberen Luftwege verwendet. Gesammelt werden die kompletten Blütenstände. Sie müssen im Schatten ohne weitere Wärmezufuhr getrocknet werden. Tauglich sind nur die Blüten der reinen Arten.
Auf Linden außerhalb städtischer Kernzonen siedelt sich gern ein artenreicher Flechtenaufwuchs an, der als Reinluftzeiger (Bioindikator) angesehen wird.

Winter-Linde *(Tilia cordata* MILLER*)*

Merkmale: Meist recht ansehnlicher, stattlicher, sommergrüner Laubbaum bis etwa 30 m Wuchshöhe oder gelegentlich auch darüber, mit hochgewölbter, oftmals jedoch etwas unregelmäßig gestalteter Krone.

Rinde bei jungen Exemplaren auffallend glatt und grau, bei älteren Bäumen eher braungrau und in verschiedene flache, längs verlaufende Furchen und Leisten gegliedert.

Äste steil aufrecht, nur bei alten Bäumen auch abwärts gebogen und zur Erde geneigt. Triebe zumindest auf der Oberseite bräunlich-rot mit helleren Lentizellen, unbehaart oder fast kahl. Knospen mit nur 2 ungleich großen Knospenschuppen, eiförmig, glatt, glänzend rotbraun.

Blätter wechselständig, im Umriß fast kreisrund erscheinend, mit sehr kurzer, schlanker, aber deutlich erkennbarer Spitze, am Grund herzförmig eingeschnitten und zuweilen etwas schief, aber niemals so stark asymmetrsich gestaltet wie ein Ulmenblatt, etwas breiter als lang und etwa 6 × 5 cm groß, am Rand regelmäßig gesägt, oberseits glänzend dunkelgrün, unterseits blaugrün und in den Achseln der Blattnerven mit rostbraunen Haarbüscheln. Blattränder nach oben gebogen.

Blüten zu 4–12 in hängenden Blütenständen oder allseitig abstehend. Kelch- und Kronblätter weißlich.

Kapselfrucht kugelig, nur etwa 6 mm groß, kahl, ohne hervortretende Rippen.

Standort: Ziemlich zerstreut in sommerwarmen Eichen-Hainbuchwäldern auf frischen, meist tiefgründigen Böden.

Verbreitung: In Europa weit verbreiteter Laubbaum, vorwiegend jedoch in der Mittelgebirgsregion, im nördlichen Tiefland von Natur aus seltener. Häufig als Straßen- oder Parkbaum angepflanzt.

Blütezeit: Juni bis Juli.

Verwandte Arten: Die beiden einheimischen Linden-Arten *Tilia platyphyllos* und *Tilia cordata* bilden im gemeinsamen Verbreitungsgebiet einen fruchtbaren Bastard aus, der als **Holländische Linde** *(Tilia x europaea)* bezeichnet wird. Diese Form übertrifft ihre Eltern meist an Wuchshöhe (bis 40 m) und Schönheit der Kronenentwicklung. Die meisten Merkmale stehen ziemlich genau in der Mitte zwischen den Elternarten. Am zuverlässigsten sind vielleicht die weißlich-bräunlichen Haarbüschel auf der Blattunterseite in den Achseln der Blattnerven und die leicht eiförmigen, bis 8 mm großen, undeutlich kantigen und behaarten Kapselfrüchte. Sehr häufig in Städten und großen Gärten angepflanzt. Die **Krim-Linde** *(Tilia x euchlora)* ist ein Bastard unbekannter Herkunft, der durch seine sehr großen, bis 15 cm langen, am Grund stark schief-herzförmigen, oberseits glänzend dunkelgrünen Blätter gekennzeichnet ist. Meist kleinerer Baum bis 15 m Höhe, immer mit überhängenden Zweigen, auch untere Äste meist stark hängend. Häufig in Alleen und Parks gepflanzt.

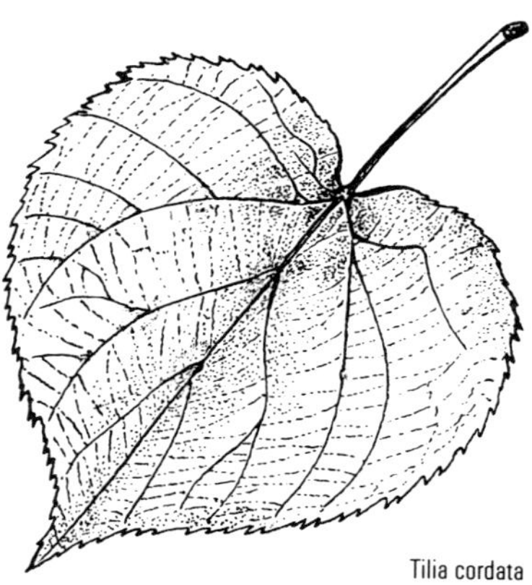

Tilia cordata

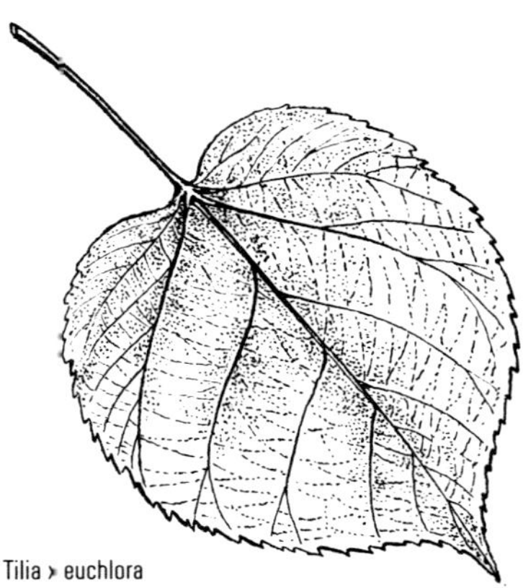

Tilia x euchlora

Linden-
gewächse

Blüten Blattrückseiten Früchte

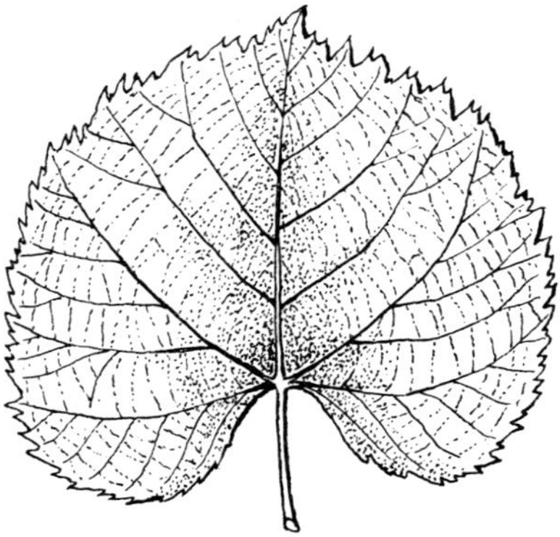

Merkmale: Sommergrüner, laubwerfender Baum mit Wuchshöhen um 25–30 m. Krone sehr dicht, schon an vergleichsweise jungen Bäumen sehr schön regelmäßig kugelig gewölbt, bei älteren Exemplaren sehr tief ansetzend, breiter ausladend als bei den vorigen Arten und hochgezogen, besonders im Freistand sehr ansehnlich entwickelt.

Stamm gerade.

Äste ziemlich tief am Stamm ansetzend und strahlig nach oben abgehend, nur wenig zur Seite oder zurückgebogen.

Rinde bei jüngeren Bäumen grünlich-grau und ziemlich glatt, erst im Alter von einem feinen, aber sehr flachen Leisten- und Furchenmuster überzogen. Triebe heller oder dunkler graugrün, besonders im Frühsommer sehr auffällig und dicht weißfilzig behaart, nicht ganz gerade, sondern unregelmäßig hin- und hergehend. Knospe oval, vorne abgerundet, mit nur 2 großen Knospenschuppen, die jedoch etwas unterschiedlich groß ausfallen, grünlich und meist stärker behaart.

Blätter wechselständig, von rundlichem Umriß, am Grund meist stärker schief-herzförmig gestaltet und daher deutlich asymmetrisch erscheinend, vorne mit schlanker, verlängerter, aufgesetzter Spitze, am Rand gezähnt oder gesägt, Zähne ziemlich einheitlich und überwiegend nach vorne weisend, dicklich, auf der Oberseite einheitlich dunkelgrün, matt und leicht runzelig-rauh, auf der Unterseite auffällig dicht weißfilzig behaart und daher sehr hell oder fast silbrig erscheinend (= namengebendes Merkmal). Blattstiel nur 2–3,5 cm lang.

Blüten zu 3–9 in hängenden, rispig organisierten Trugdolden, deren Achse bis über die Hälfte mit einem silbrig-weißen Tragblatt (Hochblatt) verwachsen ist.

Blüten mit hellgelben Kronblättern und goldgelben Staubbeuteln, sehr angenehm duftend.

Frucht zwischen 8–10 mm groß, dicklich-kugelig und leicht warzig, mit undeutlich hervortretenden Rippen.

Verbreitung: In Südosteuropa und in Kleinasien beheimateter und dort waldbildend auftretender Baum. Wegen seines dekorativen Werts schon seit fast 200 Jahren sehr gerne als Park- und Straßenbaum verwendetes Gehölz. Sehr schöne, hell- oder goldgelbe Herbstfärbung.

Blütezeit: Juli.

Allgemeines: Silber-Linden haben sich in den vergangenen Jahren als wesentlich beständiger gegen die Luftverschmutzung mit Staub und Abgasen von Verkehr, Industrie und Haushalten erwiesen, weswegen sie sich besonders als städtische Straßen- und Parkbäume eignen. Eine als **Hängende Silber-Linde** *(Tilia petiolaris)* bezeichnete Form ist möglicherweise keine selbständige Art, sondern nur eine schon seit langem angepflanzte Varietät der Silber-Linde, eventuell auch ein Bastard mit einer vorderasiatischen Art. Ihre Herkunft ist noch nicht genau geklärt. Sie unterscheidet sich von der Typform im wesentlichen durch ihre lang herabhängenden oder überhängenden Zweige, die der Krone eine etwas eigentümliche Erscheinung verleihen. Alle übrigen Merkmale (grau- oder weißfilzige Behaarung der Triebe und Blattunterseiten) sind identisch mit der Typform. Blattstiele 5–6 cm lang.

Die Lindengewächse stellen weltweit nur eine vergleichsweise kleine Pflanzenfamilie mit Bäumen und Sträuchern. In Europa kommen von Natur aus nur 3 (reine) Arten vor, die jedoch alle miteinander gekreuzt werden können. Wegen dieser Neigung zur Bastardierung kann die eindeutige Bestimmung von Linden manchmal sehr erschwert sein.

Anhand der für die reinen Arten geschilderten Merkmale erkennt man aber auch Bastarde.

Merkmale: Immergrüner, meist recht hochgewachsener, in allen Teilen aromatischer Baum mit Wuchshöhen um 20–30 m, im Ursprungsgebiet allerdings noch erheblich höher. Krone sehr unregelmäßig und lückig, locker verzweigt. Bezweigung an den Astenden gehäuft und daher in großen Büscheln gruppiert, Krone deshalb in einzelne Partien aufgelöst erscheinend, nur bei jüngeren Exemplaren etwas einheitlicher, aber immer sehr licht und durchscheinend.

Stamm sehr hoch, meist erst oberhalb der Mitte mit größeren Ästen, ziemlich gerade und schlank.

Äste anfangs bogig ansteigend, bei älteren Bäumen schräg aufwärts gehend, ziemlich kräftig, erst am oberen Ende stärker verzweigt, in Stammnähe nahezu kahl.

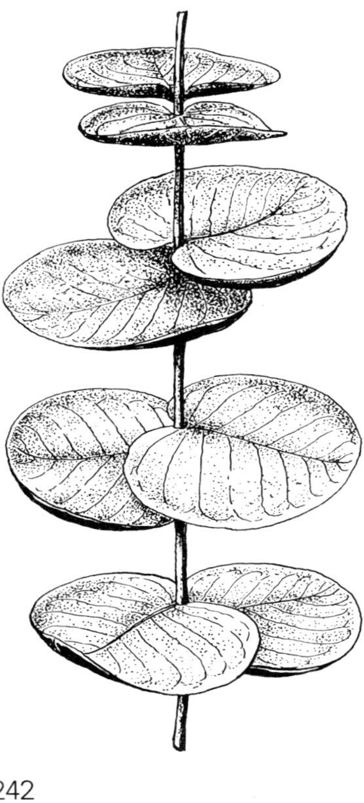

Rinde auffallend glatt, grünlich oder auch von hellerer Färbung, löst sich in langen Streifen und großen Platten ab.

Blätter: Eukalyptus-Bäume besitzen zwei verschiedene Blattformen: Die Jugendblätter an den Trieben werden etwa 2–3 Jahre alt, sind gegenständig, ungestielt, von rundlichem Umriß, etwa 3–6 cm lang und fast ebenso breit, graublau, etwas bereift, überlappen sich am Grund etwas. Die Altersblätter, die die Jugendblätter ablösen und mehrere Jahre alt werden können, sind lanzettlich-länglich, vorne spitz, am Grund keilförmig verschmälert oder rundlich, etwa 9 cm lang und 2–4 cm breit, oberseits blaugrün, unterseits etwas gelblicher oder auf beiden Seiten fast gleichfarbig, stark genervt, mit etwa 2–3 cm langem, gelbem Blattstiel, riechen beim Zerreiben stark nach Hustenbonbons (Eukalyptusöl).

Blüten meist zu 3 an einem gemeinsamen Stiel. Jede Knospe endet mit einem rundlichen Deckel, der ein Teil des Kelches ist und zum Aufblühen abgesprengt wird. Separate Kelch- und Kronblätter fehlen.

Frucht: Aus dem kegelförmigen Gebilde entwickelt sich zur Reifezeit eine kreiselförmige, sehr holzige Kapsel, die kleine, schwärzliche Samen entläßt.

Verbreitung: Wie alle *Eucalyptus*-Arten stammt auch dieser Baum ursprünglich aus Australien und ist dort eine der häufigsten und verbreitetsten Formen. Seit geraumer Zeit als Schmuck- und Parkbaum auch in den wärmeren Regionen Europas angepflanzt. Nur im Mittelmeergebiet und in England oder Frankreich häufiger anzutreffen.

Blütezeit: Juli.

Verwandte Art: Der **Schnee-Eukalyptus** *(Eucalyptus niphophila)* kommt in Australien bis zur Baumgrenze (dort in etwa 2000 m Höhe) vor. Die Triebe sind anfangs gelblich, werden dann leuchtend rot und erscheinen zuletzt rötlich-violett. Die langen Altersblätter erscheinen schon innerhalb des ersten Jahres. Sie sind etwa 10–15 cm lang und bis 5 cm breit, dabei sehr dick und derb. Gelegentlich in Parks und Gärten angepflanzt.

Eukalyptus-Holz aus europäischen Anpflanzungen wird für Zellstoffgewinnung verwendet.

Merkmale: Immergrüner Laubbaum mit Wuchshöhen um 45 m, stellenweise (und im Ursprungsgebiet) auch noch wesentlich höher, bis etwa 65 m. Krone ziemlich leicht, wirft deshalb wenig Schatten, sehr hochgezogen und schmal-kegelförmig, bei älteren Exemplaren auch in mehrere Teilkronen aufgegliedert.
Stamm gerade, meist erst in größerer Höhe gegabelt, drehrund, mitunter recht kräftig.
Rinde löst sich in lange, etwas spiralig um den Stamm verlaufende Streifen auf und hinterläßt nach dem Abschilfern weißliche oder verschiedenfarbige Stellen.
Äste nur bei jüngeren Bäumen abstehend oder ansteigend, bei älteren Exemplaren meist steil aufgerichtet. Triebe ziemlich dünn, im Querschnitt etwas kantig und zuweilen leicht geflügelt.

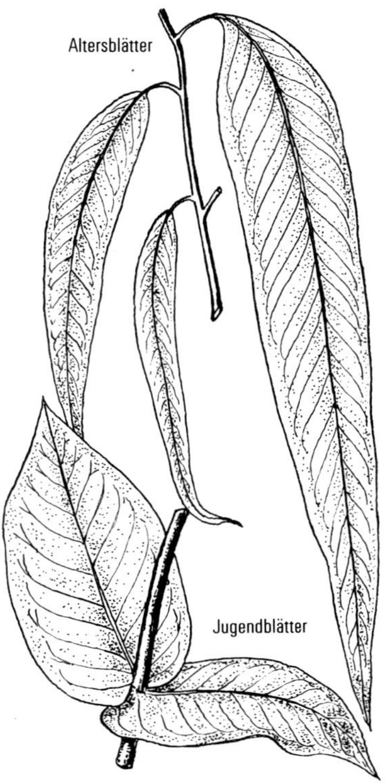

Blätter: wie alle *Eucalyptus*-Arten besitzt auch der Blaugummibaum zwei verschiedene Blattformen: Jugendblätter gegenständig, teilweise stengelumfassend, gerade abstehend, bläulich-weißlich auf beiden Seiten, im Umriß länglich-elliptisch, etwa 10–15 cm lang. Altersblätter (= Folgeblätter) wechselständig und hängend, kurzgestielt, sehr schmal und leicht sichelförmig gebogen, vorne spitz, am Grund keilförmig verschmälert, etwa 10–30 cm lang und bis 4 cm breit, lederig, beidseits gleichfarben dunkelgrün, etwas glänzend.
Blüten einzeln in den Blattachseln der Altersblätter, mit dicker, unregelmäßiger Deckhaube.
Frucht kegelig, vierkantig, dunkelgrau-schwärzlich, bereift.
Verbreitung: Ursprünglich nur in Australien. Vor allem im Mittelmeergebiet in großem Umfang zur Trockenlegung von Feuchtgebieten angepflanzt, daneben aber auch häufiger als Park- oder Straßenbaum verwendet. Besonders ansehnliche Exemplare finden sich auch in Irland.
Blütezeit: Juni bis November.
Allgemeines: Der Blaugummibaum ist die mit Abstand am häufigsten verwendete Art der gesamten Gattung, die mit über 800 Arten und Varietäten zu den umfangreichsten Verwandtschaftsgruppen unter den Gehölzen gehört. Typisch für diese eigenartigen Bäume sind die stark umgeformten Blüten, die keine typischen Kelch- und Kronblätter mehr entwickeln, sondern nur in Form einer umgekehrt kegelförmigen Kapsel erscheinen. Von dem vor dem Aufblühen abgesprengten Deckel (= *Calyptra*) erhielt die gesamte Gattung ihren wissenschaftlichen Namen *Eucalyptus.* Kennzeichnend für die Familie der Myrtengewächse ist das Vorkommen ätherischer Öle, die von gewisser medizinischer Bedeutung sind. Das Holz der *Eucalyptus*-Arten kann als Bauholz verwendet werden. Zunehmend gewinnen einzelne Arten, darunter auch der Blaugummibaum, Bedeutung als Rohstofflieferanten für die Papierherstellung.
Wegen der enormen Wüchsigkeit (je nach Klima etwa 3–10 m im Jahr) ist das Holz nicht sehr fest.

Jugendblätter

Myrten-
gewächse

Altersblätter, Blüten und Früchte

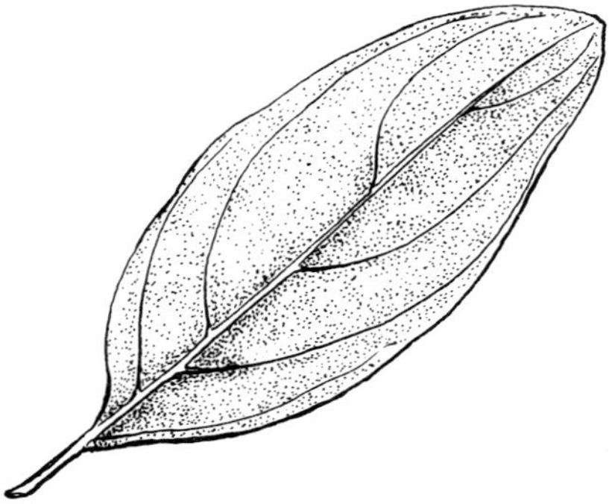

Merkmale: Immergrüner oder (außerhalb des natürlichen Verbreitungsgebiets) halb-immergrüner Strauch oder kleinerer Baum bis etwa 12 m Wuchshöhe, mit sehr breit ausladender, etwas unregelmäßig gestalteter Krone.

Stamm meist schon ziemlich dicht über dem Boden gegabelt.

Äste weit ausgebreitet, abstehend oder schräg aufgerichtet.

Rinde bräunlich-grau, in kleinen Platten oder Feldern abschuppend. Triebe hellgrün bis fast weißlich.

Blätter gegenständig, länglich-oval, vorne verschmälert, am Grund keilförmig oder abgerundet, weich-lederig, am Rand deutlich gewellt mit wenigen, kaum erkennbaren, entfernt stehenden Zähnen, auf der Oberseite blaßgrün bis mittelgrün, auf der Unterseite leicht bläulichgrün, beidseits sehr fein samtig behaart, Blattnerven bogig zur Blattspitze zusammenneigend.

Blüten sehr klein und unscheinbar, mit je 4 Kelch-, Kron- und Staubblättern und einem einzelnen Fruchtknoten, zu mehreren in dichten, endständigen, doldigen Rispen. Blütenstände von kräftig gelben, sehr blumig aussehenden Hochblättern umgeben. Diese Hochblätter sind in Wirklichkeit umgewandelte Laubblätter, die die Funktion echter Kronblätter übernehmen und dazu dienen, bestäubende Insekten anzulocken.

Frucht ist eine Steinfrucht, die anfangs hellgrün ist, bei der Reife rot umfärbt und wie eine Erdbeere aussieht (= namengebendes Merkmal).

Verbreitung: Ursprünglich nur in Südwestasien (China und Himalajagebiet) beheimatet, in milden Gebieten Europas gelegentlich als Ziergehölz verwendet. Besonders an den oberitalienischen Seen, im Mittelmeergebiet oder auch in Irland und Südengland stellenweise anzutreffen.

Blütezeit: Juni bis Juli.

Allgemeines: Der deutsche Gattungsname Hartriegel bezieht sich auf das ausgesprochen harte Holz dieser meist kleineren Bäume, das früher häufiger in der Drechslerei oder zur Herstellung von Schäften und Werkzeuggriffen verwendet wurde. Der wissenschaftliche Gattungsname leitet sich vom lateinischen *cornu* = Horn ab und meint ebenfalls das hornharte, sehr widerstandsfähige Holz.

Verwandte Art: Im südlichen Mitteleuropa beheimatet ist der **Gelbe Hartriegel** oder die **Kornelkirsche** *(Cornus mas)*, die selten baumförmig, sondern meist als sehr großer Strauch entwickelt ist. Schon im Frühjahr vor dem Laubaustrieb fallen die zahlreichen hellgelben, büscheligen Blüten auf. Sie werden nicht von einer auffällig ausgefärbten Hochblatthülle umgeben. Die kirschartigen Steinfrüchte sind leuchtend rot und können zu einer sehr schmackhaften Marmelade verarbeitet werden, sofern man sie nicht lieber den Vögeln überläßt.

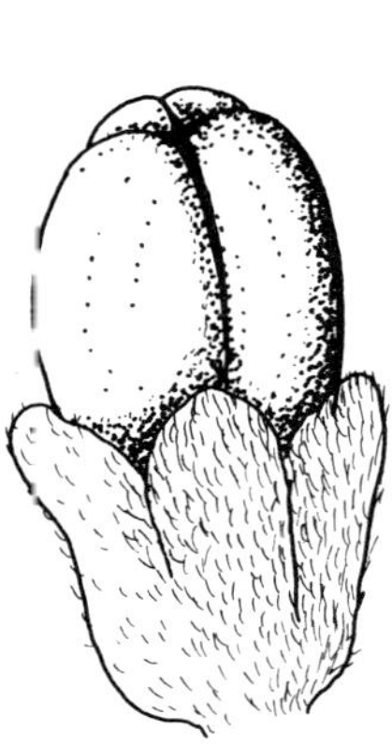

Einzelknospe

Erdbeerbaum *(Arbutus unedo* L.*)*

Merkmale: Immergrüner, meist kleinerer Laubbaum mit Wuchshöhen bis etwa 10 m. Krone sehr dicht, gewöhnlich stark rundlich gewölbt und ziemlich regelmäßig erscheinend.
Stamm nur selten ganz gerade, meist stärker gekrümmt und fast immer schon in geringer Höhe stärker gegabelt.
Äste strahlig nach allen Seiten abstehend, ihrerseits stärker gekrümmt und häufig gebogen.
Rinde bei jüngeren Exemplaren noch dunkel braun-rötlich, bei älteren Exemplaren braungrau oder grau, auffällig zerrissen, rauh und sehr schuppig. Triebe rötlich, drüsig behaart, daneben aber auch noch längere Behaarung.
Blätter länglich-elliptisch, vorne zugespitzt, annähernd doppelt so lang wie breit, etwa 5–10 cm lang und bis 5 cm breit, ganzrandig oder sehr fein gezähnt, oberseits glänzend dunkelgrün, unterseits deutlich heller grün, auf beiden Seiten kahl oder nur am Grund sehr wenig behaart. Blattstiel etwa 1–1,5 cm lang, rötlich, kräftiger behaart.
Blüten maiglöckchenähnlich mit krugförmiger Krone von weißlicher, hell grünlicher oder sehr hell rötlicher Färbung, um 9 mm lang, meist behaart. Kelch grünlich, sehr kurz, bleibend, mit undeutlichen Zipfeln. Blüten zu mehreren in hängenden, etwa fingerlangen Rispen, erscheinen im Herbst zusammen mit den reifenden Früchten.
Frucht eine bis 2 cm große, vielsamige Beere, annähernd kugelig, warzig-höckerig, anfangs gelblich, später kräftig rot, von fadem, säuerlichem Geschmack.

Verbreitung: Vor allem im Mittelmeergebiet in Trockengebüschen und in Macchien weit verbreiteter Baum, darüber hinaus entlang der Atlantikküste bis nach Irland nicht selten anzutreffen, dort häufig auch als Ziergehölz in Parks oder Gärten angepflanzt, besonders wegen der hübschen Blütenstände und der leuchtenden, im Spätsommer sehr attraktiven Früchte.

Blütezeit: Oktober bis Dezember.

Verwandte Art: Der **Zyprische Erdbeerbaum** *(Arbutus andrachne)* erreicht 10–12 m Höhe. Krone sehr dicht, von rundlichem Umriß. Rinde bei jüngeren Exemplaren sehr glatt, fuchsrot-bräunlich, streifig. Blätter kurzgestielt, länglichoval, 5–10 cm lang und bis 6 cm breit. Blüten krugförmig, weiß, in gedrungenen, aufrechten Rispen. Früchte beerenartig, 1–1,5 cm dick, kugelig, mit warziger Oberfläche, orangerot oder bräunlich-gelb. Vor allem im östlichen Mittelmeergebiet, in der Ägäis und im Schwarzmeergebiet verbreitet. Bastardiert mit der vorigen Art.

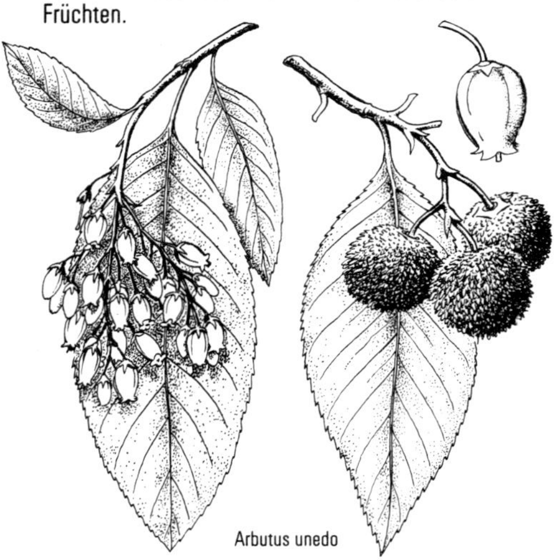

Arbutus unedo

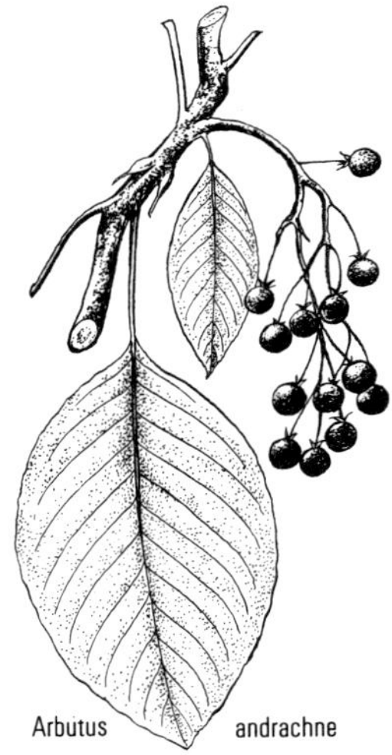

Arbutus andrachne

Merkmale: Sommergrüner, laubwerfender Baum bis etwa 12 m Wuchshöhe, mit rundlicher oder hochgezogener, regelmäßig gewölbter und ziemlich dichter Krone.
Stamm drehrund und meist gerade, bis in den oberen Kronenbereich zu verfolgen.
Äste regelmäßig angeordnet und schräg aufsteigend oder aufgerichtet.
Rinde längs gefurcht oder geschuppt, löst sich in kleineren Platten ab, daher ziemlich grob und rauh erscheinend, graubraun oder leicht rötlich. Triebe anfangs stärker behaart, mit der Zeit verkahlend und zuletzt völlig glatt.
Blätter wechselständig, mitunter aber auch angenähert gegenständig, länglich-elliptisch bis länglich-oval, vorne zugespitzt, am Grund keilförmig verschmälert, 6–15 cm lang und bis 7 cm breit, auf der Oberseite dunkelgrün-glänzend, auf der Unterseite heller und dicht behaart, mit der Zeit jedoch verkahlend und nur noch auf den größeren Blattnerven behaart. Blattstiele 5–10 cm lang und ebenfalls fein behaart.
Blüten um 3 cm breit, meist eingeschlechtlich; männliche Blüten überwiegend in kleinen, gedrängten Büscheln, weibliche Blüten einzeln, mit 4zipfligem Kelch und blaßgelber bis schwefelgelber, 4zähliger Krone.
Frucht beerenartig, 4–7 cm dick, ähnlich wie eine etwas abgeflachte Tomate, jedoch kräftig orange bis goldbraun, mit anhaftenden, vergrößerten Kelchblättern. Geschmack sehr angenehm, jedoch nur im Zustand der Vollreife (etwa Oktober bis November) genießbar.

Verbreitung: Die Kakipflaume stammt ursprünglich aus Ostasien (China, Japan). Sie wird in den Mittelmeerländern und in Südfrankreich stellenweise in Obstplantagen angebaut. Seltener in Parks oder Gärten als Zierbaum. In Mitteleuropa nur im Weinbauklima winterfest sonst sehr selten anzutreffen.
Blütezeit: Juni.
Allgemeines: Die sehr weichen und saftigen Kakipflaumen sind nach der Ernte nicht besonders haltbar, werden aber dennoch zunehmend auf den Südfruchtmärkten in den größeren Städten angeboten. Ihr Geschmack ist köstlich und mit kaum einer anderen Frucht zu vergleichen. Im Mittelmeerraum spielt sie eine weitaus größere Rolle und wird inzwischen schon in vielen Sorten und Rassen angebaut.
Ähnlich wie die Kakipflaume sind die mit kleineren Früchten ausgestatteten **Dattelpflaumen** *(Diospyros lotus)* und die **Persimone** *(Diospyros virginiana)*, deren Geschmack jedoch nicht an den der echten Kakipflaume heranreicht. Das Holz dieser Bäume ist auffallend graubraun und sehr fest. Es wird meist zur Herstellung von schlagfesten Gegenständen, zum Beispiel Kegeln und Kugeln, verwendet.
Die Abbildung rechts unten zeigt die noch unreife, deutlich wachsig bereifte Beerenfrucht vor dem Umfärben. Gleichzeitig sind die bleibenden, recht großen und zur Zeit der Fruchtreife noch grünen Kelchblätter sichtbar, die dieser interessanten Frucht ein eigenartiges und unverwechselbares Aussehen verleihen.

Merkmale: Sommergrüner, laubwerfender Baum bis etwa 20–25 m Wuchshöhe, meist jedoch unter 10 m hoch, mit lockerer, ziemlich lichter, rundlich gewölbter Krone.
Stamm meist drehrund, gerade, erst in einiger Höhe über dem Boden gegabelt.
Rinde dunkelgrau oder fast schwärzlich-grau, sehr glatt, ohne deutliches Furchen- und Leistenmuster (Unterscheidungsmerkmal zur Gewöhnlichen Esche).
Äste überwiegend strahlig abgehend, aber nicht so gerade wie bei der einheimischen Esche, sondern häufiger gebogen und gedreht. Triebe bräunlich-grün, durch Lentizellen fein punktiert. Knospen gegenständig, mit nur zwei äußeren, kräftig braunen Knospenschuppen, vorne stumpf und etwas gewölbt.

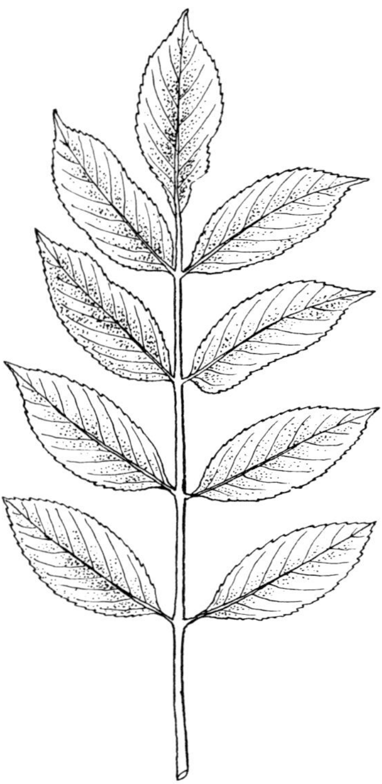

Blätter gegenständig, unpaarig gefiedert, etwa 15–20 cm lang, von länglich-ovalem Umriß, Fiederblättchen meist zu 7, allenfalls länglich, vorne zugespitzt, deutlich gestielt, gezähnt bis unregelmäßig gesägt, je etwa 3–7 cm lang, auf der Oberseite mittelgrün, auf der Unterseite heller und auf den Blattnerven (besonders nahe der Blättchenbasis) bräunlich oder weißlich behaart.
Blüten mit 4teiligem, sehr unscheinbarem Kelch und 4 weißlichen, bis etwa 6 mm langen Kronblättern. Blüten zahlreich in hängenden, sehr dichten, endständigen, etwa 10 cm langen und ebenso breiten Rispen, angenehm duftend.
Früchte mit sehr schmalen, länglichen, etwa 2 cm langen Flügeln, die vorne leicht ausgerandet sind. Zur Reifezeit (Oktober) bräunlich.
Verbreitung: Die Blumen- oder Blüten-Esche stammt ursprünglich aus dem östlichen Mittelmeergebiet und wird in Südeuropa und dem südlichen Mitteleuropa als Zier- oder Straßenbaum angepflanzt.
Blütezeit: Mai.
Allgemeines: Die Blüten der Manna-Esche sind wesentlich auffälliger gestaltet als die auf Windblütigkeit spezialisierten Blüten der einheimischen **Gemeinen Esche.** Sie bestimmen damit den dekorativen Wert dieses Baums. Das Herbstlaub ist bei den Eschen nicht sehr auffallend gestaltet. Die gefiederten Blätter verfärben sich kaum oder fallen (meist als Ganzes) mit bleichgrüner oder grau-bräunlicher Farbe ab.
Ihren Namen erhielt die Manna-Esche von einem erhärtenden Saft, der aus den angeritzten Ästen und Zweigen austritt. Er beinhaltet größere Mengen eines süß schmeckenden, sechswertigen Alkohols und außerdem noch einige weitere Inhaltsstoffe, die ihn für verschiedene medizinische Anwendungen interessant machen. In Italien werden die Bäume zur Gewinnung der gummiartigen Manna-Masse sogar in Plantagen angebaut. Wahrscheinlich ist dieses Produkt nicht mit dem biblischen Manna identisch, für das eine ganze Reihe anderer Pflanzen bemüht wird.

Ölbaumgewächse

Blüten

Früchte

Merkmale: Meist sehr hoher, ansehnlicher, sommergrüner Baum mit Wuchshöhen um 40 m – gehört damit zu den hochwüchsigsten einheimischen Laubgehölzen. Krone junger Bäume sehr licht, mit ziemlich steil aufgerichteten Ästen, bei älteren Bäumen sehr hochgewölbt, dabei aber offen und etwas unregelmäßig bei rundlichem Umriß, im Bereich der Kronenspitze am breitesten, weiter unten recht schmal und kaum ausladend.

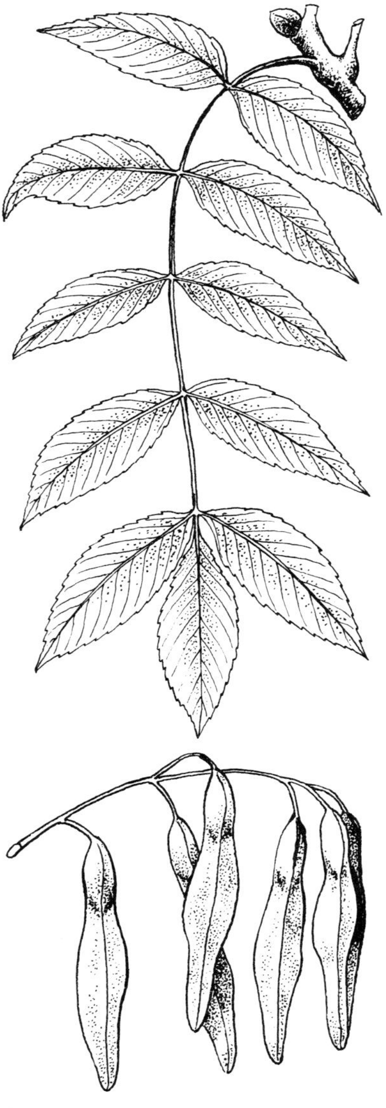

Äste ziemlich gerade aufrecht oder strahlig abgehend, schon im unteren Stammbereich ansetzend.
Stamm meist ziemlich gerade.
Rinde an jüngeren Bläumen glatt, später zunehmend längs gefeldert und gefurcht oder mit einem schmalen Leistenwerk überspannt, graubraun. Triebe dick, hellgrau, mit hell-weißlichen Lentizellen gepunktet, im Bereich der Knospenansätze eigenartig abgeflacht oder zusammengedrückt erscheinend. Knospen gegenständig, dick, spitz, tiefschwarz; außer den Hauptknospen ist noch ein Paar Nebenknospen vorhanden, die jedoch nur austreiben, wenn die jungen Blätter durch Spätfröste geschädigt wurden.
Blätter gegenständig, unpaarig gefiedert, 20–25 cm lang, mit 9–13 Fiederblättchen, diese oval-länglich, vorne spitz, gezähnt, auf der Oberseite matt grün, unterseits heller und (mit Ausnahme der Mittelrippe) kahl.
Blüten unscheinbar, ein- oder zweigeschlechtig, ein- oder zweihäusig.
Flügelfrüchte um 3 cm lang, zur Reifezeit braun, vorne zugespitzt.
Standort: Verbreitet in krautreichen Auen- oder Schluchtwäldern, meist auf sickerfrischem, nährstoffreichem Boden.
Verbreitung: In ganz Europa weit verbreitet und häufig als Park- oder Zierbaum angepflanzt.
Blütezeit: April.
Verwandte Art: Die aus Südosteuropa stammende **Schmalblättrige Esche** *(Fraxinus angustifolia)* unterscheidet sich durch ihre schlanken Fiederblättchen von der vorigen Art. Ihr Stamm kann im Alter sehr knorrig werden. Auffällig ist auch die im Vergleich zur einheimischen Esche dichter belaubte Krone. Ein typisches und sehr wichtiges Merkmal sind die purpurbraunen Winterknospen mit ihrer grauen Behaarung.

junger Baum

Blüten

Früchte

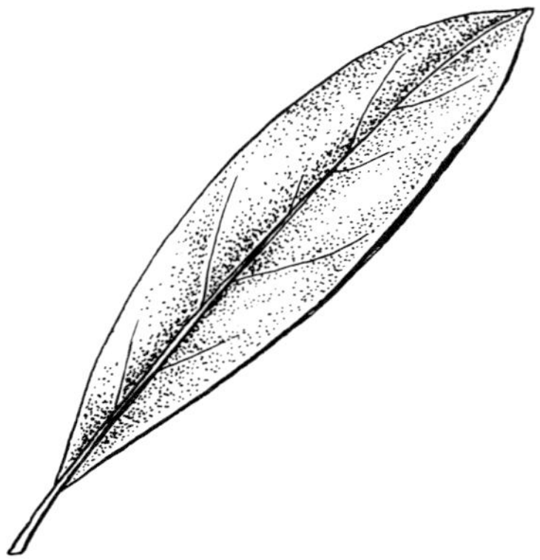

Merkmale: Immergrüner, außerordentlich langlebiger Laubbaum bis etwa 12–15 m Wuchshöhe.

Stämme älterer Exemplare sehr knorrig und meist in sich gedreht, an der Basis sehr breit oder zusammengedrückt erscheinend. Eigentlicher Stamm sehr kurz, schon bald in mehrere sehr dicke, gedrehte und gewundene Äste gegabelt.

Äste meist steil aufrecht, seltener auch flach ausgebreitet oder schräg abstehend. Größere Äste und Stamm besonders bei sehr alten Bäumen innen hohl und löcherig durchbrochen.

Rinde an jüngeren Exemplaren oder an den dünneren Ästen und Zweigen hell silbrig-grau und mit sehr feinem Furchenmuster. Triebe rundlich oder ein wenig kantig, mit feinen silbrigen Schuppen dicht besetzt.

Blätter gegenständig, lanzettlich, an beiden Enden zugespitzt, ganzrandig, sitzend oder undeutlich gestielt, auf der Oberseite matt dunkelgrün bis graugrün, auf der Unterseite grauweiß oder bräunlich-weiß behaart, am Rand meist eingerollt.

Blüten ein- oder zweigeschlechtig, sehr klein, mit 4zähnigem Kelch und 4teiliger, weißlicher, nur in der Mitte gelblicher Krone, angenehm duftend, zu mehreren in langen, achselständigen Rispen.

Frucht eine ölig-fleischige Steinfrucht, 1–3 cm lang, anfangs grünlich, später eher schwärzlich, manchmal auch elfenbeinfarben. Steinkern sehr hart, Außenhaut zäh.

Verbreitung: Überall im Mittelmeerraum verbreitet und vielfach in Olivenhainen angepflanzt.

Blütezeit: Juni bis August.

Allgemeines: Ölbäume wachsen sehr langsam. Nach der Faustregel, daß langsam wachsende Bäume auch sehr alt werden können, findet man Exemplare, deren Alter man auf mindestens 2000 Jahre schätzt. Der Ölbaum leitet sich von einer stärker bedornten Pflanze ab, die jedoch selten baumförmig wächst. In der Kulturform fehlen die Dornen. Er gehört zu den ältesten und langlebigsten Kulturpflanzen des Mittelmeerraums, und seine wirtschaftliche Bedeutung ist auch heute noch unbestritten. Aus seinen Früchten, den Oliven, preßt man das bekannte Öl. Aber auch die Früchte selbst finden in den verschiedenen Reifestadien vielfältige Verwendung. Die vollreifen, schwarzen Oliven erntet man erst im Spätherbst oder Winter.

Der ursprünglich aus Asien stammende Ölbaum ist heute fast weltweit in südlichen Breiten als Kulturpflanze oder als verwilderter Baum und Strauch bekannt. Man findet ihn außer in den Mittelmeerländern auch in Afrika (Ostküste), in Mittel- und Südamerika, vorwiegend in Mexiko und Peru, wo er durch Antonio Ribero schon 1560 eingeführt wurde. Für den Mittelmeerraum kann man ihn jedoch schon wesentlich länger als eine der Charakterpflanzen bezeichnen, von der bereits das Alte Testament berichtet. So wurde die Ölfrucht den Juden im Gelobten Land verheißen, bildete einen bedeutenden Teil des Reichtums des Landes und galt neben Feigenbaum und Weinstock als Beweis und Ausdruck von Wohlstand und Glück. Die eingewanderten Juden fanden den Ölbaum in Palästina bereits vor, und David und Salomon trieben den Anbau voran. Das Öl benutzte man schon damals für die Zubereitung von Speisen, als Opfergabe, Brennöl und Heilmittel. Als Kosmetikum hatte es ebenfalls große Bedeutung, denn man rieb sich seinerzeit Haare und auch den ganzen Körper damit ein. Im klassischen Griechenland verarbeitete man das Holz wegen seiner großen Widerstandsfähigkeit zu Stielen für Äxte und anderes Handwerkszeug.

Ölbaum-
gewächse

Merkmale: Immergrüner Baum mit Wuchshöhen um 10–15 m, mit halbkugeliger oder länglich-ovaler, ziemlich dichter, schattenwerfender Krone, oft auch nur strauchförmig entwikkelt und dann stark buschig verzweigt.

Äste auf kurzem, geradem Stamm, strahlig abgehend und überwiegend steil aufrecht, ziemlich regelmäßig verzweigt, wobei die einzelnen Seitenzweige von der Abstammungsachse jeweils sehr weit abstehen.

Rinde anfangs glatt, bei etwas älteren Exemplaren auch fein rissig oder längsfurchig, grau, mit helleren, blaßgrauen Längsstreifen. Triebe dünn, unbehaart, durch bräunlich-weißliche Lentizellen (zur Durchatmung des Rindengewebes) gepunktet, ziemlich gerade.

Blätter alle gegenständig, lanzettlich-länglich, an beiden Enden zugespitzt, sehr kurzgestielt oder fast sitzend, etwa 7–12 cm lang und um 1–2 cm breit, auf der Oberseite stark glänzend und dunkelgrün; auf beiden Seiten gehen von der kräftig entwickelten Mittelrippe etwa 6–8 gerade oder leicht bogig verlaufende Seitennerven ab.

Blüten zwittrig, mit cremeweißer oder elfenbeinfarbener, 4zipfliger Krone, diese am Grund röhrig; Kronzipfel trichterartig oder radförmig ausgebreitet, etwa so lang wie die Kronröhre selbst.

Blüten zahlreich in einer verlängerten, endständigen, etwa 10–20 cm langen und am Grund ebenso breiten Rispe, stark duftend.

Beerenfrucht mehrsamig, oval, zur Reifezeit schwärzlich; giftig.

Verbreitung: Der Glanz-Liguster stammt ursprünglich aus Südostasien (China, Korea, Japan) und wird im Mittelmeergebiet sehr gerne als dekorativer Zier- und Straßenbaum, aber auch in Gärten oder Parkanlagen angepflanzt.

Blütezeit: August bis Oktober.

Allgemeines: Der Glanz-Liguster ist ein naher Verwandter des in Mitteleuropa in wärmeliebenden Wäldern oder Gebüschen vorkommenden **Gemeinen Ligusters** *(Ligustrum vulgare)*, der jedoch nur strauchförmig wächst und deshalb hier nicht weiter behandelt wird. Von manchen Fachleuten wird der Glanz-Liguster als besondere Varietät des **Japanischen Ligusters** *(Ligustrum japonicum)* angesehen, der in der Erscheinungsweise sehr ähnlich ist, jedoch sehr fein behaarte Triebe hat und etwas breiter-ovale Blätter trägt, die nur 4–5 Seitennerven aufweisen. Er wird ebenfalls im Mittelmeergebiet sehr gerne als Ziergehölz in Anlagen angepflanzt. Alle Liguster-Arten sind die Futterpflanzen des leider sehr selten gewordenen Ligusterschwärmers, der in manchen Jahren weite Wanderungen ins nördliche Mitteleuropa unternimmt und deshalb auch hierzulande mitunter anzutreffen ist.

Die reifen Früchte, die im Spätherbst in großer Anzahl bereitstehen, sind nicht nur ungenießbar, sondern auch recht giftig. Dies gilt auch für den einheimischen Gemeinen Liguster, dessen Beerenfrüchte auf keinen Fall als Wildobst gesammelt und verwendet werden dürfen.

junge Früchte

reife Früchte

Merkmale: Kleinerer, immergrüner Baum mit Wuchshöhen um 7–10 cm, meist jedoch wesentlich darunter bleibend oder auch einfach nur strauchförmig entwickelt. Krone sehr stark buschig verzweigt, ziemlich dicht und von rundlich-kugeligem Aussehen.

Stamm sehr kurz, meist schon dicht über dem Boden stärker verzweigt.

Äste strahlig abgehend, überwiegend aufrecht, nur wenig ausgebreitet, nur im unteren Kronenbereich auch zur Erde geneigt.

Rinde auch bei älteren Bäumen ziemlich glatt und einfarbig grau bis bräunlich-grau. Triebe sehr schlank, dicht filzig behaart, wie die Rinde bräunlich oder hellgrau.

Blätter fast gegenständig, ungeteilt, entweder länglich-oval und am Rand scharf gezähnt oder länglich-lanzettlich und angenähert ganzrandig bis flach-wellig, etwa 3–7 cm lang und 1–3 cm breit, auf der Oberseite dunkelgrün bis fast schwärzlich und glänzend, auf der Unterseite heller grün und matt.

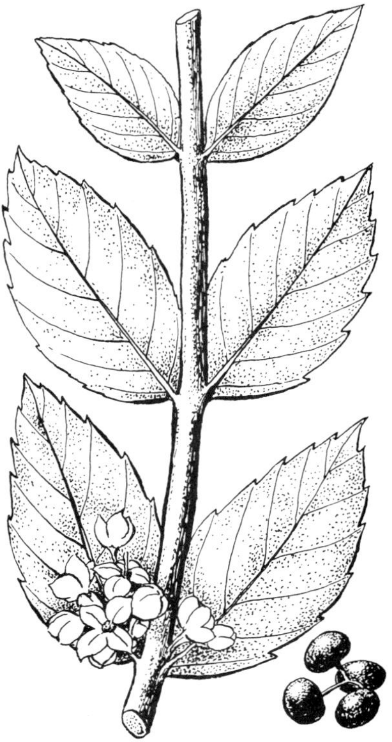

Blüten sehr klein, in kleinen, achselständigen, dichtgedrängten Büscheln; Kronen röhrig, weißlich-grünlich, mit vier freien Zipfeln.

Frucht eine kleine, kugelige, zur Reifezeit bläuliche oder schwärzliche Steinfrucht, einer Olive nicht unähnlich, jedoch kaum länglich und kürzer gestielt.

Verbreitung: Überall in den immergrünen Gehölzbeständen der Mittelmeerländer vorkommender Baum oder Strauch. Auch an der portugiesischen Atlantikküste stellenweise verbreitet. Nur selten als Ziergehölz angepflanzt, obwohl er im ozeanischen Klima des westlichen Europa ebenfalls gedeiht, wie gelegentliche Anpflanzungen in England und Irland zeigen.

Blütezeit: Juni.

Allgemeines: Die deutsche Bezeichnung Steinlinde für die *Phillyrea*-Arten ist ziemlich irreführend, weil die entsprechenden Gehölze nicht einmal entfernt mit den Vertretern der Gattung *Tilia* (= Linde) verwandt sind, sondern in den näheren Verwandtschaftskreis des immergrünen Ölbaums gehören. Die immergrüne Vegetation ist eines der prägenden Elemente des Mittelmeerraums. Neben den paradiesisch anmutenden Obstbaugebieten gibt es in Küstennähe sehr trockene, auf armen Böden stockende Pflanzengemeinschaften, die gerade durch den hohen Anteil an immergrünen, an Wärme und Trockenheit extrem gut angepaßten Arten ausgezeichnet sind: Es sind die unter der Bezeichnung Macchie und Garrigue bekannten Gebüsche, in denen die Steinlinden mit mehreren Arten neben Vertretern der Zistrosen, der Baum-Heide, den Erdbeerbaum-Arten und einigen weiteren typischen Arten vorkommen. Unter ähnlichen Klimabedingungen stellen sich ähnliche Verbände überall auf der Erde ein.

Die Abbildungen auf der rechten Seite zeigen Zweige der Varietät »media«, bei der die Blätter insgesamt etwas schlanker ausfallen. Zu beachten ist auch die unterschiedliche Blattrandgestaltung bei verschiedenen Exemplaren der gleichen Art.

Blattoberseiten (Varietät media)

Blattunterseiten (Varietät media)

Paulownie, Blauglockenbaum *(Paulownia tomentosa* STEUDEL*)* Braunwurzgewächse

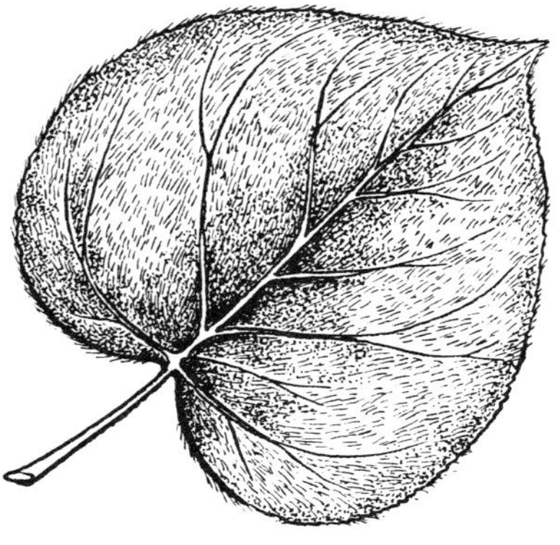

Merkmale: Sommergrüner, laubwerfender Laubbaum bis etwa 20 m Wuchshöhe, meist jedoch etwas darunter bleibend, mit breiter, hochgewölbter, ziemlich lichter Krone.

Stamm gerade und bis in den oberen Kronenbereich hinein klar zu verfolgen.

Äste im unteren und mittleren Kronenteil meist abstehend oder ausgebreitet, nur im oberen Drittel der Krone strahlig abgehend oder steil aufrecht.

Rinde auch an älteren Exemplaren ziemlich glatt und grau bis bräunlich-grau, durch große rötlich-gelbe Lentizellen aufgelockert. Triebe sehr kräftig, fuchsbraun, eigenartigerweise ohne Endknospe. Knospen alle seitenständig, über großen, recht auffälligen Blattnarben (= Ansatzstellen der ehemaligen Tragblätter), rötlich-braun, auffallend klein.

Blätter gedrängt an den Spitzen der vorjährigen Triebe, gegenständig, sehr groß, etwa 15–30 cm lang und fast ebenso breit, an zurückgeschnittenen Exemplaren sogar bis 50 cm lang und breit, im Umriß breit-oval, am Grund herzförmig eingeschnitten, vorne zugespitzt, ganzrandig oder (vor allem bei jüngeren Exemplaren) mit wenigen, aber sehr großen zugespitzten Zipfeln oder breit-dreieckigen Lappen; auf der Oberseite matt dunkelgrün oder frischgrün und samtig-kurzhaarig, auf der Unterseite dicht graufilzig, besonders in den Winkeln zwischen den größeren Blattnerven. Blattstiele an Langtriebblättern bis 40 cm lang und dicht behaart.

Blüten in aufrechten, rispig verzweigten Blütenständen, diese bis etwa 40 cm hoch, mit starken Seitenzweigen von 5–15 cm Länge. Blütenstiele dicht wollig behaart. Blütenknospen auffallend fuchsbraun oder braunrot behaart, überdauern in dieser Form den Winter. Einzelblüten sehr groß, fingerhutförmig-glokkig, am Grund etwa 1 cm breit, an der Öffnung der 5–6 cm langen Kronröhre bis 4 cm breit, außen blaß violett-bläulich, innen mit gelblichen Streifen, mit 5 breiten, radförmig ausgebreiteten, etwas ungleich großen Kronzipfeln. Kelch unscheinbar bräunlich, behaart.

Frucht eine bis 4 cm lange und 1,5–2 cm breite Kapsel mit aufgesetzter, schlanker Schnabelspitze, glänzend grünlich und leicht klebrig, vielsamig.

Verbreitung: Ursprünglich (zusammen mit fünf weiteren, zum Teil recht ähnlich aussehenden Arten) nur in Südwestasien (China) verbreitet. Seit geraumer Zeit jedoch auch in den wärmeren Regionen Europas sehr gerne als ausgesprochen dekorativer Park- und Zierbaum angepflanzt. In Deutschland nur in sehr wintermilden Gegenden (Weinbaugegenden, Tieflandsbucht) anzutreffen.

Blütezeit: Mai.

Allgemeines: Die sehr auffallenden, großen und sehr schmucken Blüten erscheinen an den großen Blütenständen noch vor dem Laubaustrieb, der erst gegen Ende Mai beginnt. Zur Blütezeit ist der Baum ein unvergleichliches Schmuckstück, der immer wieder die Bewunderung von Betrachtern hervorruft, eigenartigerweise jedoch so gut wie unbekannt ist. Die stark duftenden Blüten sind relativ kurzlebig, ebenso wie große Blätter, die schon frühzeitig im Herbst ohne auffällige Verfärbung abgeworfen werden. Die Einordnung dieses Baums bei den Braunwurzgewächsen ist umstritten. Manche Botaniker meinen, daß die verwandtschaftlichen Beziehungen zur nachfolgend beschriebenen Familie größer seien. Andere stellen ihn in eine eigene Familie *Paulowniaceae*. Gleichgültig wie die systematische Zugehörigkeit auch ausfallen mag, stellt diese außerordentlich dekorative, als Parkgehölz zunehmend beliebte Art den einzigen baumförmigen Vertreter ihres Verwandtschaftskreises dar.

Blütenknospen

junge Früchte

reife Früchte

Gewöhnlicher Trompetenbaum *(Catalpa bignonioides* WALTER*)* Trompetenbaumgewächse

Merkmale: Sommergrüner, laubwerfender Baum mit Wuchshöhen um 15–20 m, mit vergleichsweise niedriger, breit ausladender, dabei jedoch recht offener und lichter Krone.

Äste gabeln schon in geringer Höhe vom kurzen, niedrigen, drehrunden Stamm ab, meist aufrecht, im unteren Kronenbereich jedoch auch abstehend und ausgebreitet, meist stärker gebogen, selten ganz gerade.

Rinde an jüngeren und älteren Bäumen bräunlich oder grau-bräunlich, anfangs glatt, dann zunehmend in kleine, rundliche oder eckige Schuppen aufbrechend und abschuppend. Triebe ziemlich kräftig und dick, braun, mit auffallend großen Blattnarben und eigenartigerweise ohne Endknospe. Knospen allesamt seitenständig, ziemlich klein, hell-bräunlich.

Blätter gegenständig oder in Dreierwirteln, meist sehr groß, etwa 10–20 cm lang und fast ebenso breit, im Umriß breit-oval bis herzförmig, am Grund eingeschnitten, vorne kurz zugespitzt, ganzrandig oder mit 1–2 sehr kleinen, kaum auffallenden Seitenlappen, meist kräftig hellgrün, auf der Oberseite matt, auf der Unterseite dicht weichhaarig, beim Zerreiben von unangenehmem Duft.

Blüten etwa 3–5 cm breit, mit 5teiliger, ausgebreiteter, ausgefranster Krone, innen mit rötlichen Saftmalen. Blüten zu mehreren in großen, bis 20 cm langen, meist aufrechten Rispen.

Früchte lange, etwa 30 × 2 cm messende, rundliche Kapseln.

Verbreitung: Ursprünglich nur im südöstlichen Nordamerika beheimatet, jedoch häufig in Parkanlagen oder größeren Gärten als Ziergehölz angepflanzt.

Blütezeit: Juni bis August.

Verwandte Arten: Der **Westliche Trompetenbaum** *(Catalpa speciosa)* wird im Ursprungsgebiet bis 30 m hoch und besitzt ovalherzförmige, lang zugespitzte Blätter, die beim Zerreiben nicht unangenehm riechen. Sie sind oberseits dunkler grün, unterseits aber ebenfalls dicht weichhaarig. Blüten etwa 5 cm breit, glockig, innen mit gelblichen Saftmalen. Blüht etwas früher als die vorige Art. Der **Chinesische Trompetenbaum** *(Catalpa ovata)* wird nur etwa 10 m hoch, trägt unbehaarte Zweige und große, bis 25 cm lange, meist 3- bis 5lappige Blätter auf langen Stielen, die unterseits in den Winkeln rötlich drüsig gefleckt sind. Blüten in hohen Rispen, außen elfenbeinfarben, innen gelblich und purpurn gefleckt und gestreift. Nicht allzu oft als Ziergehölz in Parks angepflanzt. Der **Bastard-Trompetenbaum** *(Catalpa x erubescens)* ist aus einer Kreuzung zwischen *C. bignonioides* und *C. ovata* entstanden. Seine Blüten sind kleiner, die Blätter breit-herzförmig, mit 1–2 deutlichen Ecklappen. Fruchtkapseln bis 40 cm lang. In Parks angepflanzt.

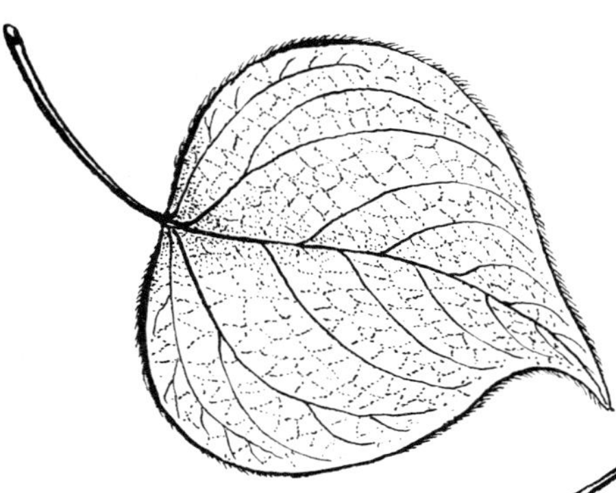

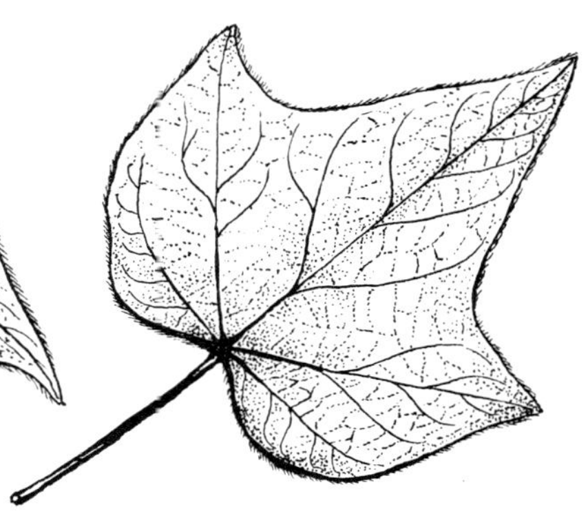

Früchte

Merkmale: Immergrüner Baum mit Wuchshöhen um 10 m, außerhalb des natürlichen Verbreitungsgebiets jedoch meist wesentlich kleiner und mitunter auch strauchig. Im typischen Fall mit einfachem, aufrechtem, drehrundem Stamm oder schon kurz über der Erde gabelig geteilt und dann mehrstämmig erscheinend.
Stämme meist gerade, mitunter aber auch übergelehnt oder etwas bogig aufsteigend, im oberen Teil immer unverzweigt.
Rinde kräftig rehbraun, mit tiefen, kantigen Furchen, an sehr alten Bäumen auch grau oder graubraun.
Blätter am oberen Ende des Stammes schopfig gedrängt, etwa 30–80 cm lang, ungeteilt, einfach, linealisch bis schmal-lanzettlich, im Durchschnitt etwa 5 cm breit, vorne spitz zulaufend und mit scharfer Spitze ausgestattet, ziemlich steif und hart, dunkelgrün bis frischgrün, anfangs (in der Nähe der Triebspitze) aufrecht und strahlig ausgebreitet, später allmählich verfärbend und zurückgeschlagen, hängen dann als breite Manschette abgestorbener Blätter am Stamm herab. Die Blätter der Keulen-Lilie unterscheiden sich von Palmblättern dadurch, daß sie niemals geteilt sind.
Blüten erscheinen nur auf älteren, kräftig entwickelten Exemplaren. Einzelblüten mit weißer, 6teiliger Krone, 6 Staubblättern und 3teiligem Fruchtknoten. Blüten sehr zahlreich in großen, rispig organisierten Blütenständen auf langem, geripptem, bis 1 m erreichendem Blütenstandschaft, der bogig aus dem Blattschopf herausragt. *Früchte* in Form kugeliger, mehrsamiger Beeren von weißlicher oder bläulicher Färbung. Fruchtreife meist im Herbst.

Verbreitung: Die Keulen-Lilie oder Cordyline ist auf der Südhalbkugel in Neuseeland beheimatet und wächst dort an Waldrändern, auf Lichtungen oder entlang kleinerer Flußläufe. Seit geraumer Zeit wird sie auch außerhalb ihres ursprünglichen Verbreitungsgebiets gärtnerisch verwendet und ist besonders im Mittelmeerraum in oft prächtigen Exemplaren anzutreffen. In Mitteleuropa nicht frosthart, aber hier nur als Kübelpflanze, die während des Winters im Kalthaus geschützt werden muß.

Blütezeit: März bis Juni.

Allgemeines: Keulen-Lilien sind verwandt mit unseren einheimischen Maiglöckchen und stellen demnach einkeimblättrige Pflanzen dar, unter denen es nicht sehr viele baumförmige Vertreter gibt. Die eigenartige Form dieser Pflanze signalisiert bereits, daß sie zu den übrigen Holzpflanzen offenbar in keinem engeren Verwandtschaftsverhältnis steht. Ihre 3zähligen Blüten sind wie die einer Tulpe aufgebaut. Aufgrund vergleichender Untersuchungen werden die Keulen-Lilie und ihre näheren Verwandten neuerdings auch in eine eigene Familie Agavengewächse gestellt.

Blütenstände

Chinesische Hanfpalme *(Trachycarpus fortunei* WENDL.*)* Palmengewächse

Merkmale: Immergrüner Baum mit hohem, schlankem Stamm, der Wuchshöhen um 15 m erreichen kann, meist aber darunter bleibt, besonders in Kultur.

Stamm einfach und unverzweigt, meist ziemlich gerade, zylindrisch, besonders im oberen Drittel mit einem dichten, faserigen Netzwerk, sonst mit dreieckigen, aufwärts weisenden Basen abgestorbener, entfernter Blätter bedeckt.

Rinde nicht erkennbar.

Äste nicht vorhanden.

Blätter schopfig gedrängt am oberen Stammende, fächerförmig mit kreis- oder halbkreisrunder Blattspreite auf sehr langem, etwa 50–100 cm lang werdendem Blattstiel. Spreite etwa 60 cm lang und bis 100 cm breit, tief vielstrahlig geteilt: Bis zu 25 Strahlen, die bis fast zur Basis getrennt sind, gehen vom oberen Ende des Blattstiels aus. Jedes Segment längs gefaltet, vorne zugespitzt, hellgrün. Blattstiele nur an den Rändern sehr fein gezähnt, jedoch nicht dornig bewehrt.

Blüten eingeschlechtig, männliche und weibliche Blüten getrennt auf der gleichen Pflanze, sehr klein, gelblich, mit je 3 kelch- und kronblattähnlichen Blütenhüllblättern, zahlreich in 2–4bogig aus dem Blattschopf heraushängenden, sehr großen Rispen von 30–60 cm Länge.

Früchte kugelig, um 1 cm dick, Steinfrüchte, zur Reifezeit blauschwarz.

Verbreitung: Typische ostasiatische Palme, in Südchina, Japan und Burma beheimatet, etwa seit der Mitte des vorigen Jahrhunderts auch in Europa stellenweise als Zierbaum angepflanzt. Besonders im Mittelmeergebiet mit schönen, hochgewachsenen Exemplaren vertreten. Sonst nur als relativ kleine, aber sehr häufig gezogene Kübelpflanze zu sehen, die 6 m Wuchshöhe im allgemeinen nicht überschreitet.

Blütezeit: Mai bis Juni.

Allgemeines: Die Chinesische Hanfpalme ist eine der bekanntesten Erscheinungen aus der sehr artenreichen Familie der Palmengewächse und repräsentiert als solche den Typus einer Fächerpalme. Die andere Blattform, die bei den Palmen auftritt, unterscheidet sich durch eine wohl entwickelte Blattspindel, wodurch das Blatt fiederig wird. Eine typische Fiederpalme ist die Dattelpalme (siehe dort). Neben der Hanfpalme, die ihren deutschen Namen von den dichten, faserigen Manschetten im oberen Stammdrittel hat, wird noch eine zweite Fächerpalme sehr häufig zu Alleen oder in Parkanlagen der wärmeren Länder angepflanzt: Es ist die aus dem westlichen Nordamerika stammende *Washingtonia filifera*, deren Blätter am Rand und an den Spitzen lange Faseranhänge tragen. Sie schlägt die abgestorbenen Blätter zu einer dichten Manschette zurück.

Als einkeimblättrige Pflanzen zeigen Palmen kein sekundäres Dickenwachstum. Ihr Stamm wird von Anfang an auf die Dicke des Enddurchmessers angelegt, wozu ein sehr großer Sproßvegetationspunkt erforderlich ist. Wird er zerstört, geht die Palme ein. Die am Stamm verbleibenden Blattbasen abgestorbener Blätter können jedoch mitunter einen großen Stammdurchmesser vortäuschen.

Blütenstände

Früchte

Merkmale: Immergrüner Laubbaum bis etwa 20 m Wuchshöhe, meist jedoch wesentlich niedriger.

Stamm verhältnismäßig schlank, nur bei sehr alten Exemplaren im Ursprungsgebiet bis über 1 m dick, meist einfach und unverzweigt. Reste der Blätter (= Blattbasen) bilden um den zylindrischen Stamm eine dicke, dichte Außenlage, durch die die Rinde verdeckt und nicht sichtbar ist.

Blätter um 5 m lang, am oberen Ende des Stamms schopfig gedrängt, recht zahlreich; bis zu 200 Blätter je Palme sind schon gezählt worden. Blätter gefiedert, im Umriß lanzettlich, vorne schwertförmig zugespitzt, ziemlich fest und starr. Einzelne Fiederblättchen je Blattseite etwa 80–100, verhältnismäßig kurz, nur wenig in der Mitte längs gefaltet, daher am Blatt ziemlich flach ausgebreitet, ganzrandig, dunkelgrün, jedoch nicht glänzend. Blattstiel sehr flach rinnig gewölbt, an der Basis mit kurzen Stacheln, die nach oben zu allmählich in Blattfiedern übergehen.

Blüten eingeschlechtig und auf verschiedene Individuen verteilt, Pflanzen daher zweihäusig. Blütenstände sehr reich verzweigt, erscheinen an langen, bis 2 m großen, gebogenen Schäften im Bereich der dichten Blattschöpfe. Einzelblüten sehr klein, gelblich.

Früchte kugelig-länglich, an den Fruchtständen in großen Massen entwickelt, etwa 2–3 cm groß, gelb-bräunlich, Steinfrüchte mit leicht runzeligem, sehr hartem Samen, ungenießbar und ohne weiteren Nutzwert.

Verbreitung: Ursprünglich nur auf den Kanarischen Inseln zu Hause, seit längerer Zeit jedoch im gesamten Mittelmeergebiet als Zierbaum (auch in Alleen und an Straßen) angepflanzt und dort heute sehr häufig.

Blütezeit: März bis Juni.

Allgemeines: Dattelpalmen (Gattung *Phoenix*) sind mit rund einem Dutzend Arten in den Tropen und Subtropen der Alten Welt verbreitet. Sie kommen von Natur aus nur in sehr heißen, trockenen Klimaten vor. Die oben beschriebene Kanarische Dattelpalme ist eine der dekorativsten Arten, die man an ihren sehr langen, buschig dicht stehenden Fiederblättern recht gut erkennen kann. Im Freiland trifft man sie noch bis in das Gebiet der obertialienischen Seen (Tessin) in prächtig entwickelten Exemplaren an. Nördlich der Alpen muß sie frostfrei überwintert werden und ist daher nur als Kübelpflanze zu halten. Die **Echte Dattelpalme** *(Phoenix dactylifera)* unterscheidet sich durch ihren wesentlich schlankeren Stamm, die etwas kürzeren (bis etwa 4 m langen) und weniger zahlreichen (je Palme nur etwa 30) Blätter, die ebenfalls gefiedert sind, im Umriß aber breiter erscheinen. Das berühmte Vorkommen bei Elche in Südspanien ist nicht ursprünglich, sondern von den Arabern angelegt worden.

Palmenholz besteht aus verschiedenen Faserbündeln, die über den Stammquerschnitt unregelmäßig verteilt sind. Infolgedessen kann das Holz auch keine Jahresringe ausbilden. Technisch wird es nur wenig genutzt.

Fruchtstände

Früchte

Merkmale: Immergrüner Laubbaum mit sehr kurzem, kaum entwickeltem Schaft oder mehreren, bereits am Boden verzweigten Stämmen und dann meist nicht wesentlich höher als 2 m. In seltenen Fällen, besonders bei einigen Gartenformen, auch einstämmig entwickelt und dann bis 4–5 m hoch.

Stämme, sofern vorhanden, wie bei vielen anderen Palmen mit den Resten abgestorbener Blätter bedeckt, deren Blattscheiden grau oder graubräunlich auffasern, manchmal aber auch weißlicher scheinen können.

Blätter endständig schopfig gedrängt, fächerförmig. Blattspreite annähernd halbkreisförmig oder kreisrund, etwa 50–90 cm Durchmesser, bis zum Grund in zahlreiche, sehr steife und feste, graugrüne bis bläulich-grüne Segmente geteilt, diese zu 12–18, weit auseinander gespreizt, vorne stachelspitzig und nur wenig längs gefaltet, ohne deutliche Mittelrippe. Blattstiel 60–100 cm lang, ziemlich schlank, am Grund jedoch scharf bedornt. Besonders die in Gartenkultur einstämmig und vergleichsweise hoch wachsenden Zwergpalmen könnten eventuell mit einer Hanfpalme (*Trachycarpus fortunei*; siehe dort) verwechselt werden, unterscheiden sich aber in der stachelig-dornenartigen Bezahnung der Blattstiele von dieser Palme eindeutig, deren Blattstiele völlig glatt sind.

Blüten eingeschlechtig, männliche und weibliche Blüten auf getrennten Individuen, Pflanze daher zweihäusig. Blüten sehr zahlreich in verzweigten, rispig organisierten Blütenständen, die achselständig im Bereich des Blattschopfs angelegt werden und daraus bogig hervorschauen.

Früchte rötlich-gelb, kugelig-länglich, im Aussehen einer reifenden Olive nicht unähnlich, etwa 3–4 cm dick, ungenießbar und ohne Nutzwert.

Verbreitung: Die Zwergpalme kommt nur im westlichen Mittelmeergebiet von Süditalien, Sizilien, Sardinien, Balearen bis Südspanien vor, zusätzlich auch entlang der nordafrikanischen Küste bis etwa Tunesien, westlich bis Marokko und Algerien. In Frankreich und im nördlichen Italien ist sie von Natur aus nicht zu finden.

Blütezeit: Juni bis August.

Allgemeines: Die Zwergpalme ist die einzige in Europa von Natur aus (heute noch) heimische Palme. Fossilfunde beweisen, daß es Palmen vor den Eiszeiten auch nördlich der Alpen gab. Zwergpalmen findet man meist in Küstennähe auf sandigen, steinigen, recht trockenen Böden. Sie eignen sich auch recht gut zur Kübelkultur und lassen sich leicht vegetativ vermehren. Die Gattung *Chamaerops* ist monotypisch und umfaßt nur diese eine Art. Ein weiteres Palmenvorkommen auf Kreta *(Phoenix theophrasti)* ist möglicherweise nicht ursprünglich, so daß die Zwergpalme tatsächlich der einzige Europäer innerhalb dieser artenreichen Familie ist.

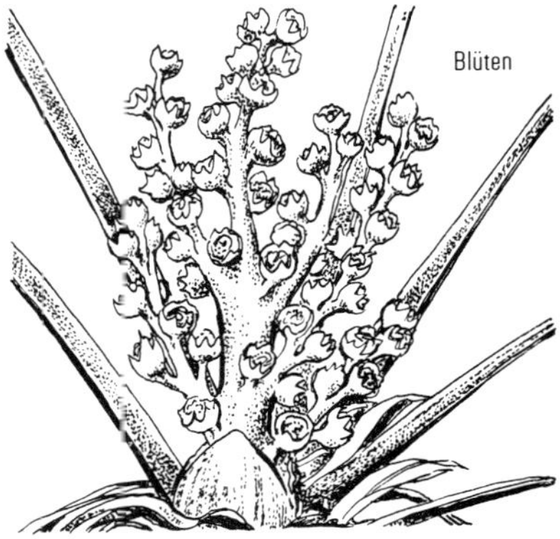

Blütenstände

Früchte

Holz

Ein Baumstamm ist kein gleichförmiger Werkstoff. Schon der einfache Stammquerschnitt zeigt einen deutlich schichtförmigen Aufbau. Innen im Stamm liegt das meist dunkler gefärbte, ziemlich trockene und im reifen Zustand tote Kernholz, das bei vielen Baumarten eine charakteristische Färbung in schönen Braun- und Rottönen zeigt. Außen folgt eine meist hellere und ziemlich feuchte Lage, die Splintholz genannt wird. Kernholz und Splintholz bilden zusammen den Holzkörper, das Xylem. Dieser zylindrische Holzkörper wird von einer bei den verschiedenen Bäumen unterschiedlich starken Lage ummantelt, dem Bastteil oder Phloem. Sie geht über verschiedene Korkschichten in die Rinde oder Borke über. Die Rinde bildet ein dichtes Gewebe, das die tiefer liegenden Schichten des Stamms nach außen abschließt. Jede Schicht oder Lage des Stamms erfüllt bestimmte Aufgaben.

Das Xylem übernimmt im wesentlichen den Transport des Wassers von den Wurzeln bis in die entlegensten Teile der Krone. Es hat am Stammquerschnitt immer den größten Anteil, weil ihm auch Stützfunktionen obliegen.

Im Phloem, das im Unterschied zum Xylem nur aus lebenden Zellen besteht, findet der Transport löslicher, organischer Stoffe statt. Die stoffliche Erzeugung der Blätter soll ja auch denjenigen Bereichen eines Baums zugute kommen, die selbst keine Primärproduktion betreiben können, zu ihrem Wachstum jedoch ständig mit Bau- und Betriebsstoffen beliefert werden müssen.

Der Bastteil eines Stamms umfaßt die Leitbahnen für den Transport von Zuckern von den Orten der Produktion (Blätter) zu den Orten des Verbrauchs (beispielsweise Wurzeln). Der umgekehrte Vorgang vollzieht sich im Frühjahr, wenn nach der winterlichen Ruhe die Knospen auszutreiben beginnen. Die wachsenden Triebe und noch nicht voll entfalteten Blätter bedürfen dann noch der Nährstoffe aus den Vorräten der Pflanze, die im Stamminnern liegen und im Frühjahr als zuckerhaltiger Saft stammaufwärts in die Krone geschickt werden. Die steigenden Säfte wurden ein beinahe sprichwörtlicher Begriff für den Austrieb der Bäume im Frühling. Bei manchen Baumarten ist der Zuckergehalt des Phloemsaftes so hoch, daß er wirtschaftlich genutzt werden kann. Die weißen Siedler lernten von den nordamerikanischen Indianern, wie man den einheimischen Zucker-Ahorn im Frühjahr anzapft und den abfließenden Saft zu Sirup verarbeitet.

Ein Stamm als Stütze muß von Jahr zu Jahr umfangreicher werden, um die sich fortentwickelnde Krone tragen zu können. Das Dickenwachstum übernimmt eine hauchdünne Lage von Zellen, die zwischen Holzteil und Bastteil als teilungsfähiges, unspezialisiertes Gewebe eingefügt ist. Diese als Kambium bezeichnete Schicht ist für das Überleben eines Baums von entscheidender Bedeutung. Jedes Jahr im Frühling nimmt das Kambium seine Teilungstätigkeit auf und gibt nach innen die Zellen des neuen Xylems, nach außen die des Phloems ab. Die vom Kambiummantel nach innen abgegliederten Holzzellen vergrößern den Xylemzylinder ständig; er nimmt an Dicke zu. In gleichem Maß wird dabei das Kambium nach außen geschoben, wobei es zusätzlich die für den Bastteil bestimmten Zellen abschnürt.

Eichenstamm (Holzquerschliff)

Eigentlich müßten alle außerhalb des Kambiums gelegenen Zellschichten irgendwann einmal aufreißen, wenn sie von innen unter Druck gesetzt und seitlich stärker gedehnt werden. Ganz außen, im Bereich der Rinde, geschieht das tatsächlich. Auf diese Weise entstehen die längs verlaufenden Furchen- und Netzmuster, die von innen ständig abgedichtet und aufgefüllt werden müssen. Die Arbeitsweise des Kambiummantels erscheint umständlich. In Wirklichkeit liegt hier die geradezu geniale Lösung eines ganzen Bündels verschiedener Probleme. Würde das empfindliche, teilungsaktive Kambium außerhalb des Bastes unterhalb der Rinde sitzen, könnte es nicht hinreichend gegen Schädigungen von außen geschützt werden. Zudem könnten dann nicht gleichzeitig von einem Teilungsgewebe aus zwei verschiedene Zellgruppen jeweils nach innen und nach außen abgegeben werden. Somit erweist sich der tiefer innen gelegene Kambiummantel als einzig mögliche Lösung. Die Teilungsfähigkeit des Kambiums bedingt noch eine weitere Erscheinung. Im Frühjahr und Frühsommer werden in den Baumstämmen verhältnismäßig große Wassermengen in kurzer Zeit fortbewegt. Im Holzteil müssen dafür wegsame Leitbahnen mit ziemlich großem Querschnitt bereitstehen. Im sogenannten Frühholz legt das Kambium daher besonders große Zellen zum Wassertransport an. Im Lauf des Sommers verlangsamt das Kambium seine Tätigkeit und stellt sie gegen Frühherbst ein. Die vom Sommer bis zum Ende der Vegetationsperiode abgegebenen Xylemzellen fallen wesentlich kleiner aus und tragen dickere Zellwände. Im Querschnittbild eines Stamms heben sie sich deutlich vom Frühholz ab. Auf diese Weise kommt es über die Jahre hin zu einer periodischen, ringförmigen Musterung des Holzkörpers. Früh- und Spätholz bilden zusammen einen Jahresring. Das Auszählen der Ringe am gefällten Stamm ergibt die zuverlässigste Methode der Altersbestimmung eines Baums. Jahresringe entstehen nur in Bäumen mit jahresrhythmischem Wachstum und einer längeren, winterlichen Vegetationspause. Im gleichförmigen Klima der Tropen, das ganzjähriges Wachstum ermöglicht, bilden sich die abgesetzten Ringe nicht oder nur sehr undeutlich aus.

Für den Wassertransport von den Wurzeln bis in die Krone muß der Baum eigenartigerweise keine Energie aufbringen, obwohl das Wasser gegen die Schwerkraft von unten nach oben strömt. Dies gilt auch dann, wenn der Weg von der wasseraufnehmenden Wurzelspitze bis zum wasserabgebenden Blatt 50, 100 oder mehr Meter beträgt. In dem Maß, wie die Blätter Wasser über ihre Spaltöffnungen abgeben, strömt von unten Flüssigkeit nach. Bei den langen Wasserwegen sehr hoher Bäume stehen die Gefäße des Xylems unter gewaltigen Drücken: einige Dutzend bis über hundert Atmosphären. Kohäsions- und Adhäsionskräfte gewährleisten den Zusammenhalt geschlossener Wasserfäden von der Wurzel bis zur letzten Zweigspitze. Für die Wasserversorgung der Krone hat es fatale Folgen, wenn im unteren Stammbereich Luft in die Gefäße eindringt und Wasserfäden zum Abreißen bringt. Verschiedene Schadinsekten verursachen mit ihrer Minierarbeit solche Störungen des Holzes, das damit seiner wichtigsten physiologischen Funktion nicht mehr nachkommen kann.

In einem Nadelbaum strömt das Wasser mit einer Geschwindigkeit von rund 1–2 m je Stunde. Für einen Laubbaum mit gut entwickeltem Gefäßsystem wurden Werte von 4–6 m ermittelt. Die verschiedenen Baumarten zeigen unterschiedliche Wasserbedürfnisse. Je Quadratmeter Blattfläche verbraucht eine Weide jährlich rund 160 l Wasser, eine Erle 110 und ein Berg-Ahorn etwa 90. Ein großer Baum setzt diese Wassermenge schon an einem einzigen Tag um. Dann kann es an ungünstigen Standorten zu erheblichen Nachschubschwierigkeiten kommen. Man erweist einem in Straßenpflaster und Gehwegplatten eingekeilten Stadtbaum durchaus eine Wohltat, wenn man ihm an heißen Tagen ein paar Eimer Wasser zukommen läßt.

Mehr als Bäume: der Wald

Bäume bedeuten im dörflichen und städtischen Lebensraum ebenso belebende, dem Auge und Gemüt wohltuende Elemente wie in der freien Landschaft. Im Alleinstand oder gruppenweise an Straßenrändern, auf Plätzen oder in Grünanlagen entfalten Bäume ihre zahlreichen wohltätigen Wirkungen, ohne die sehr vielen Lebewesen unter Einschluß des Menschen das Leben schwerer würde. Das gilt erst recht für den Wald, der Pirschrevier und grüner Erholungsraum, Lieferant von Sauerstoff, Holz, Beeren und Pilzen oder Schmuckgrün zugleich ist.

Im Ökosystem, einem empfindlichen Gefüge von Wechselwirkungen, ermöglichen und beeinflussen sich die teilhabenden Le-

bewesen gegenseitig. Die Pflanzen und die Tiere, die Produzenten und Konsumenten fügen sich zu Lebensgemeinschaften, die voneinander abhängen. Ein Ökosystem wie der Wald ist ein außerordentlich dynamisches Gebilde. Im Lauf eines Jahres ändert sich das Zusammenspiel der beteiligten Arten von Tag zu Tag. Die artgebundenen Rhythmen des Keimens, Wachsens, Blühens, Reifens und Zerfallens durchdringen sich zu einem dichten Netz von Nahrungs- und Wohnraumbeziehungen. Ein gut eingespieltes Ökosystem erweist sich gegenüber äußeren Störungen als erstaunlich anpassungsfähig, weil seine Mitglieder in Fließgleichgewichten zueinander stehen, so daß Ausfälle rasch ausgeglichen werden können. Vom Menschen geschaffene einseitige Produktionsräume, wie Monokulturen, sind dazu nicht in der Lage und geraten bei Belastungen schneller aus ihrem biologischen Gleichgewicht. Massenauftritte von Schadinsekten können die Folge sein, ein Ausgleichsversuch der Natur.

In verschiedenen Landschaften und Höhenstufen entwickeln sich unterschiedlich zusammengesetzte Wälder. Im Nadelholzwald der Gebirge spielen die Laubbäume eine eher untergeordnete Rolle. In tieferen Lagen oder im Flachland stockt vorwiegend Laubwald, der von Natur aus keine Nadelbäume enthält. Dazwischen gibt es viele, vom Standort oder von menschlichen Eingriffen bedingte Übergänge. Die jeweiligen Verhältnisse von Höhenlage, geographischer Breite, Boden, Klima, Wasser und Licht bedingen unterschiedliche Waldgesellschaften wie den lichten, trocken-warmen Eichen-Hainbuchenwald, den eher schattig-feuchten Rotbuchenwald, Fichten-Tannen-Buchenwälder der Mittelgebirge oder gewässerbegleitende Auen- und Bruchwälder.

Etwa ein Drittel der Bundesrepublik Deutschland entfällt auf die Waldflächen. Darin nehmen Fichte und Kiefer als wirtschaftlich wichtigste Nadelhölzer mit annähernd 60 Prozent einen überproportional hohen Anteil ein, der ihnen von Natur aus nicht zusteht. Die Umwandlung der bodenständigen Laubwälder in Nadelholzbestände ist denn auch eine der bedenklichsten Entwicklungen forstlicher Bewirtschaftung.

Heute gibt es in Mitteleuropa keine Urwälder mehr. Nur an wenigen Stellen duldet man sogenannte Naturwaldzellen, wo sich der Wald ohne Axt und Säge ungestört entwickeln darf. Waldbaumaßnahmen unter kurzsichtigen Produktivitätsgesichtspunkten vereinheitlichten nicht nur den ursprünglichen Artenreichtum naturnaher Wälder Mitteleuropas, sondern auch das Lebensalter der Bäume eines Waldes. Rationell und maschinengerecht bewirtschaftete Forste weisen meist gleichaltrige Bestände auf, während der naturnah bewirtschaftete Wald (Plenterwald) Bäume vieler Altersstufen nebeneinander enthält. Dadurch ist er weit weniger anfällig gegen Sturm, Schneebruch und Schädlingsbefall, und er verjüngt sich selbst durch natürlichen Aufwuchs.

Die Bedeutung des Waldes geht über die eines Wirtschaftsfaktors erheblich hinaus. Wälder sind unsere wichtigsten Sauerstoffproduzenten. Wenn Bäume im Licht photosynthetisch aktiv sind, geben sie etwa genausoviel Sauerstoff an die Atmosphäre ab, wie sie Kohlendioxid aus dem Luftraum zur Bindung in organischen Molekülen aufnehmen. Schon eine einzige, ausgewachsene Buche von etwa 25 m Höhe und einer Gesamtblattfläche von 1600 m^2 setzt an einem Tag ungefähr 7000 l Sauerstoff frei. Das ergibt fast 35 m^3 sauerstoffreicher Atemluft – genug, um den Tagesbedarf von über 50 Menschen sicherzustellen. Wenn man solche Zahlen erst auf einen mehrere Hektar großen Buchenwald oder einen anderen hochwüchsigen Gehölzbestand vergleichbarer Leistung umrechnet, dann zeigt sich, wie unentbehrlich Wälder größerer Ausdehnung für Siedlungen und Städte sind. Die stadtnahen Wälder im Umkreis der Ballungsgebiete bedeuten nicht nur beliebte und gern angenommene Freizeit- oder Erholungsräume, sondern erfüllen schon allein aufgrund der Sauerstoffproduktion eine lebenswichtige Aufgabe.

Eine andere landschaftsökologisch wichtige Wirkung der Wälder läßt sich mit dem Stichwort »Immissionsschutz« umschreiben. Bäume haben sich als äußerst wirksame Staubfilter erwiesen. Im dichten Laubwerk wird die Windgeschwindigkeit um mehr als die Hälfte herabgesetzt. Dadurch können sich die mit der Luft herangeführten Staubteilchen absetzen. Ein Kubikmeter Luft über Industrieregionen oder Großstädten enthält bis zu einer halben Million Staubteilchen. In der Waldluft sind es je Kubikmeter nicht einmal mehr 500. Ein Hektar Buchenwald kann jährlich über 50 t Staub binden. Die auf den Blättern abgesetzten Staubteilchen werden vom nächsten Regen abgewaschen, gelangen auf den Boden und tragen dort zur Humusbildung bei. Regenwasser säubert das als Staubfilter wirkende Blattwerk der Bäume – eine preiswerte und unersetzliche Methode zur Luftreinhaltung.

Wälder regulieren auch den Wasserhaushalt der Landschaft. Große Mengen des Niederschlagswassers werden vom Wurzelhorizont des Waldbodens zunächst festgehalten und verzögert als Sicker-, Grund- oder Fließwasser abgegeben. Auch ergiebige Niederschläge fließen in Waldgebieten nur zu einem kleinen Teil unmittelbar in die Gewässer. Dadurch werden Überschwemmungen und Flutkatastrophen vermieden. In bewaldeten Gegenden treten Hochwasser der Bäche und Flüsse nur selten auf. Wo für Ackerbau oder Sonderkulturen (Weinbau) große Flächen gerodet wurden und sich das Oberflächenwasser bei heftigen Güssen rasch in den Abflüssen sammelt, gibt es immer wieder Probleme.

Ein großer Teil des festgehaltenen Wassers wird vom Wald verdunstet. Ein Hektar Buchenwald setzt an einem warmen Sommertag etwa 30 m^3 Wasser um. Weil für

diese Wassermenge, die der Füllung eines ansehnlichen Swimmingpools entspricht, ein großer Betrag an Verdampfungswärme aufgebracht werden muß, ist es bei heißem Wetter im Wald und seiner Umgebung merklich kühler als in der freien, unbewaldeten Landschaft. Die Wasserverdunstung unterstützt damit die Schattenwirkung des geschlossenen Kronendachs.
Trotz der großen Wassermenge, die ein Wald umsetzt, gehen die Bäume mit dem kostbaren Naß wesentlich sparsamer um als viele andere Pflanzen: Eine Rot-Buche benötigt zur Erzeugung von 1 g Trockensubstanz nur rund ein Drittel der Wassermenge, die etwa eine Kartoffelpflanze braucht.
Mit dem Wasserhaushalt in waldbestandenen Gegenden hängt der Schutz des Bodens eng zusammen. Wo man Wälder rücksichtslos und großflächig abholzt, gerät der Boden durch Wind und Wasser in Gefahr. Die Folgen solcher Mißwirtschaft wirken jahrhundertelang nach oder sind nie mehr gutzumachen. Das kann man im Mittelmeerraum mit seinen verkarsteten oder allenfalls verbuschten Hängen beobachten. Vor der Entwicklung der antiken Hochkulturen war der Mittelmeerraum überwiegend Waldland. Die bis in unsere Zeit übliche Form der Flächennutzung durch Beweidung mit Ziegen und Schafen hat eine Wiederbewaldung verhindert.
Ein Aspekt, der in unserer Zeit zunehmend an Bedeutung gewinnt, sind die schallschluckenden Eigenschaften von Wald und Gehölzanpflanzungen. Eine einreihige Allee hochgeschossener Pappeln gewährt nur unbedeutenden Schallschutz. Je nach Gehölzwahl und Bestandsdichte kann in Verlärmungszonen jedoch wirksame Abhilfe durch Anpflanzungen geschaffen werden. Dichtkronige, großlaubige Gehölze wie Ahorn, Linde, Platane oder Buche haben sich besonders bewährt. Schon ein etwa 200 m breiter Waldstreifen zwischen einer Autobahn und einer Siedlung verringert den aufkommenden Verkehrslärm auf ein erträgliches Gemurmel. Ohne die ausgleichenden, puffernden und regenerierenden Leistungen des Waldes gäbe es auf Dauer kein höheres Leben der jetzigen Form auf der Erde. Dennoch sind wir auf dem besten Weg, diese wichtige Lebensgrundlage zu vernichten.

Waldsterben

Seit einigen Jahrzehnten stellen die Forstleute fest, daß auch fernab von Großindustrieanlagen in der sogenannten Reinluftzone sowohl Einzelbäume als auch zusammenhängende Waldteile erkranken und schließlich absterben. Die Schäden traten bisher vor allem in den oberen Lagen der Mittelgebirge auf. Am stärksten ist die Weiß-Tanne betroffen. Etwa 90 Prozent der Bestände sind in Süddeutschland entweder schon abgestorben oder erkrankt. In Mitteleuropa scheint diese Baumart akut vom Aussterben bedroht – eine schlimme Bilanz!
Die Schadensbilder sind immer die gleichen: Zunächst kann man im Kronenbereich einen Verlust der Benadelung von unten nach oben und von innen nach außen beobachten. Was übrig bleibt, sind skelettierte Stämme und Äste. Vom ersten Auftreten bis zum völligen Absterben vergehen meist nicht einmal drei Jahre. Beim Fällen der Stämme tritt eine unnatürliche Vernässung des Kernholzes zutage. Ähnlich verläuft der Befall bei der Fichte, deren Bestandsschädigungen in den letzten

Jahren Aufsehen erregt haben. In Nordrhein-Westfalen zeigen annähernd 60 Prozent aller erfaßten Fichtenbestände Schadensbilder, und nur 7 Prozent können derzeit noch als gesund bezeichnet werden. Inzwischen beobachtete man auch an anderen Baumarten Schädigungen, so an Kiefern, Eichen, Buchen und anderen. In der Bundesrepublik Deutschland sind nach vorsichtigen Schätzungen mindestens 2,5 Millionen Hektar Wald vom Baumsterben betroffen. Das ist etwa ein Drittel des gesamten Waldbestands. Angesichts dieser Zahlen stellt sich nicht mehr die Frage, ob der Wald im Sterben liegt, sondern das Problem, warum das so ist und was zur Abhilfe geschehen kann.

Der zeitliche Zusammenhang des Betreibens von Großkraftwerken im 750 MW-Bereich mit Schornsteinen bis 250 m Höhe und der Schädigung der Wälder läßt vermuten, daß ein unnatürlich weiträumig wirkender Umweltbelastungsfaktor an den Ursachen des Waldsterbens beteiligt sein muß. Es besteht heute kein Zweifel mehr daran, daß die von Verbrennungsanlagen (Industrie, Kraftwerke, Verkehr, Haushalte) in die Luft abgelassenen Rauchgase und deren Bestandteile (Schwefeldioxid, Stickoxide und andere) am Schadensbild ursächlich mitwirken.

Ein einzelnes Kraftwerk entläßt in jedem Jahr über 50 000 t Schwefeldioxid in die Atmosphäre. In der Bundesrepublik Deutschland sind es jährlich an die 3,5 Millionen Tonnen. Schwefeldioxid und Stickoxide bilden zusammen mit Wasser starke Mineralsäuren und werden in dieser Form besonders in den niederschlagsreichen Mittelgebirgen – den gewöhnlich waldreichsten Gebieten – als saurer Regen abgesetzt. Andererseits können säurebildende Schwebeteilchen aus Verbrennungsprozessen auch trocken abgelagert werden. Die Staubfilterleistung der Bäume wirkt sich dabei wie ein Bumerang aus: Im Traufwasser, das von Blättern, Nadeln, Zweigen, Ästen oder Stämmen abläuft, sind die Säuregehalte mitunter zehnmal höher als in den Niederschlägen selbst. Durch diesen massiven Säureeintrag über die Atmosphäre in den Boden wird den Bäumen und sicher auch den übrigen Organismen das Leben sauer gemacht.

Die Folgen dieser hausgemachten Versäuerung kann man überall in den Mittelgebirgen in Form von Baumleichen oder hektarweise abgestorbenen Bäumen, vor allem Nadelbäumen, sehen. Auf eine Bekämpfung der zunehmenden Bodenversäuerung durch die technisch mögliche Entschwefelung von Rauch- und Abgasen zielen denn auch die ersten Abhilfeprogramme. Solche Maßnahmen müssen bald und umfassend getroffen werden, sonst droht für das Jahr 2000 der Alptraum eines entwaldeten Mitteleuropa.

Fachkundliche Begriffe

Achsel: Winkel zwischen Blattstiel und Sproßachse (= Blattachsel) oder zwischen den größeren Blattnerven (Nervenachsel).

Anemogam: Windblütig, siehe dort.

Apfelfrucht: Scheinfrucht, deren »Fruchtfleisch« aus vergrößertem Achsengewebe besteht, das innen mehrere Balgfrüchte einschließt (Beispiele: Apfel, Birne, Weißdorn, Mehlbeere). (Zeichnung).

Arboretum: Großer Park oder Garten mit einer bedeutenden Sammlung seltener oder alter Bäume.

Areal: Natürliches Verbreitungsgebiet einer Art.

Arillus: Samenmantel, Sonderbildung aus Gewebewucherungen zum Einschluß eines Samens (Beispiel: Eibe).

Balgfrucht: Wie Kapselfrucht, entsteht jedoch nur aus einem einzelnen Fruchtblatt, hat also nur eine Naht, an der sie aufplatzt, um den Samen freizugeben.

Bastard: Individuum, das durch Kreuzung artverschiedener Eltern entstanden ist (Beispiel: Sommer-Linde × Winter-Linde = Holländische Linde). Sehr selten sind Bastarde, deren Eltern verschiedenen Gattungen angehören (Beispiel: Leyland-Zypresse). Die Bastardnatur wird im wissenschaftlichen Namen durch ein ›X‹ vor dem Artzusatz angegeben (Tilia X vulgaris).

Bedecktsamer (Angiospermen): Pflanzen, deren Samenanlagen nicht mehr frei zugänglich sind, sondern im Fruchtknoten eingeschlossen werden.

Beere: Frucht, deren Fruchtwand nur aus fleischigen, meist saftigen Gewebeanteilen besteht (Zeichnung).

Blattspindel: Bei zusammengesetzen Blättern (gefiederten Blättern) verbleibende Mittelrippe, die die einzelnen Blättchen trägt (Zeichnung).

Blattspreite: Flächig entwickelter Teil eines Blatts, im Gegensatz zum Blattstiel und Blattgrund.

Brakteen: Besonders auffällig ausgefärbte Hochblätter, die die Funktion einer Blütenkrone (Anlockung bestäubender Insekten) übernehmen (Beispiel: manche *Cornus*-Arten).

Dornen: Scharfe, meist verlängerte und ziemlich spitze Gebilde, die durch Umwandlung von Blättern (= Blattdornen) oder von Sproßachsen (= Sproßdornen) entstehen (Beispiel: Robinie mit Nebenblattdornen; Weißdorn mit Sproßdornen).

Drüsig behaart: Behaarung (von Trieb, Blattstiel oder Blattspreite) besteht aus Drüsenhaaren, die beim Abstreifen ein klebriges oder duftendes Sekret freisetzen.

Eiförmig: Blatt von ovalem Umriß. Am breiteren Ende angewachsen (vgl. verkehrt-eiförmig). (Zeichnung).

Eingeschlechtig: Blüten sind entweder rein männlich oder rein weiblich, enthalten also entweder nur Staubblätter oder nur Fruchtknoten.

Einhäusig: eingeschlechtige, männliche und weibliche Blüten werden getrennt auf der gleichen Pflanze entwickelt (Beispiel: viele Nadelhölzer, Esche, Hasel, Birke).

Fiederschnittig: Blattspreite bis fast zur Mittelrippe in einzelne Abschnitte geteilt (Zeichnung).

Fiederspaltig: Blattspreite höchstens bis zur Hälfte in einzelne Abschnitte geteilt (Zeichnung).

Fiederteilig: Blattspreite bis über die Hälfte in einzelne Abschnitte geteilt (Zeichnung).

Fruchtblatt: Weiblicher Bestandteil der Blüte; spezialisiertes Blatt, das in den Dienst der Fortpflanzung gestellt wurde und die Samenanlagen entwickelt.

Fruchtknoten: Durch Verwachsung von Fruchtblättern entstandenes, meist stempelförmiges Gebilde in weiblichen und zwittrigen Blüten.

Gabelig: Y-förmige Verzweigung von Ästen oder Blattnerven, wobei die beiden abgehenden Zweige ungefähr gleich stark sind.

Galle: Durch die Einwirkung von bestimmten Insekten (Gallmücken, Gallwespen) hervorgerufene, kugelige oder warzenförmige Gewebewucherungen an Blättern und Stengeln.

Gefiederart: Blattfläche ist in mehrere selbständig erscheinende Teilblätter gegliedert, die Fiedern oder Blättchen genannt werden.

Gegenständig: Blätter stehen sich an einer Sproßachse genau gegenüber; je Knoten sind nur zwei Blätter vorhanden (Zeichnung).

Gelappt: Siehe lappig.

Handförmig: Blattfiedern gehen von einem Punkt aus wie die einzelnen Finger einer Hand (Beispiel: Kastanie) – (Zeichnung).

Herzförmig: Blatt hat die gleiche Form wie ein Spielkarten-Herz.

Insektenbestäubung: Bestäubung mit Pollen durch blütenbesuchende Insekten; in warmen Klimaten auch durch andere Tiere wie Vögel und Fledermäuse.

Insektenblütig: Pollenkörner haben eine klebrige oder rauhe Oberfläche und werden von Insekten auf andere Blüten übertragen.

Kapsel: Frucht zur Reifezeit mit trockenhäutiger, nicht verholzender Fruchtwand. Entsteht aus mehreren verwachsenen Fruchtblättern und ist innen hohl (Zeichnung).

Kätzchen: Ähriger Blütenstand, dessen dicht gedrängt sitzende Einzelblüten meist keine auffällige Blütenhülle entwickeln; überwiegend eingeschlechtige Blüten.

Kegelförmig: Krone nach oben stark verjüngt oder verschmälert (Zeichnung).

Kelch: Äußerer Teil der Blütenhülle, besteht aus freien oder (häufiger) miteinander verwachsenen Kelchblättern (= Sepalen).

Knoten: Stelle an einem Sproß, an der ein oder mehrere Blätter entspringen.

Krone: Innerer Teil der Blütenhülle, besteht aus freien oder miteinander verwachsenen Kronblättern (= Petalen).

Lanzettlich: Blattform erinnert an eine Lanzenspitze (Zeichnung).

Lappig: Blattspreite in mehrere, meist 3–5 größere, lappige Anteile eingeteilt (gelappt). (Zeichnung).

Leittrieb: Triebspitze der Nadelbäume, die das Längenwachstum und damit die Kronenverlängerung übernimmt.

Lentizellen: Kleine, pustel-, punkt- oder strichförmige Öffnungen in der Rinde, die der Durchlüftung der inneren Rindenschichten dienen, farblich meist von der äußeren Rinde unterschieden.

Lichtholz: Baumart, die zu ihrer Entwicklung sehr viel Licht benötigt und im schattigen, dichten Bestand nicht gedeiht.

Linealisch: Blattform sehr schmal, wesentlich länger als breit (Zeichnung).

Macchie: Sehr dichte, aus vielen immergrünen Gehölzen bestehende Gebüschvegetation trockener, felsiger, oft küstennaher Standorte im Mittelmeergebiet.

Nacktsamer (Gymnospermen): Pflanzen, deren Samenanlagen nicht vom Fruchtblatt vollständig eingeschlossen werden, sondern noch frei zugänglich sind (Beispiel: alle Nadelbäume).

Nadelblätter: Nadelförmige Blätter der Nadelgehölze, verkürzt meist als Nadeln bezeichnet.

Nebenblätter: Meist kleine, unscheinbare Blätter, die am Grund der Laubblätter ansitzen.

Naßfrucht: Frucht mit stärker verholzter, nicht fleischiger Fruchtwand (Kastanie, Buchecker, Haselnuß), immer einsamig (Zeichnung).

Paarig gefiedert: Blatt besteht aus einer geraden Anzahl von Fiederblättern (Zeichnung).

Perigon: Blütenhülle, die nicht in (meist farbige) Kronblätter und (meist grünliche) Kelchblätter gegliedert ist, sondern aus untereinander gleichgestalteten Hüllblättern (= Pepalen) besteht.

Petalen: Kronblätter, siehe unter Krone.

Pionierart: Pflanzenart, die als Erstbesiedler eines vegetationsfreien Standorts auftritt.

Quirlständig: Siehe wirtelig.

Rispe: Blütenstand, bei dem die Einzelblüten an verzweigten Seitenachsen stehen (Zeichnung).

Rundlich: Krone kugelig oder leicht oval; Übergänge zu säulenförmigem oder kegelförmigem Wuchs sind möglich (Zeichnung).

Säulenförmig: Krone nach oben nur unwesentlich verschmälert (Zeichnung).

Schattenholz: Baumart, die zu ihrer Entwicklung nicht sehr viel Licht benötigt und auch bei stärkerer Beschattung noch gedeiht.

Schuppenblätter: Stark zurückgebildete, meist nur schuppenförmig entwickelte Blätter mancher Nadelbäume, beispielsweise der Lebensbaum-Arten.

Seitennerven: Blattnerven, die von der Mittelrippe rechts und links abzweigen.

Sitzend: Blätter ohne erkennbaren Blattstiel direkt an der Sproßachse befestigt.

Sproß: Die oberirdischen Teile einer Pflanze = Sproßachse + Blätter.

Sproßachse: Die oberirdischen Gerüstteile einer Pflanze ohne Blätter, Blüten und Früchte, also Stamm, Schaft, Ast, Zweig.

Stacheln: Scharfe, meist zugespitzte oder auch hakenförmig gekrümmte Auswüchse, an denen sich nur Oberflächengewebe beteiligen und die man daher leicht abbrechen kann (Beispiel: Rose, Brombeere).

Staubblatt: Im Dienst der Fortpflanzung spezialisiertes Blatt, besteht aus Filament (= Stielchen) und den davon getragenen Pollensäcken, in denen der Pollen (= Blütenstaub) entwickelt wird (Zeichnung).

Steinfrucht: Frucht mit außen fleischiger, innen stark verholzter Fruchtwand (Kirsche, Walnuß) (Zeichnung).

Traube: Blütenstand, bei dem die Einzelblüten an unverzweigten Seitenachsen stehen (Zeichnung).

Trieb: Jährlich zuwachsender Teil am Ende von Ästen und Zweigen.

Ungeteilt: Blattspreite bildet eine zusammenhängende, nicht in Lappen oder Abschnitte gegliederte Fläche (Zeichnung).

Unpaarig gefiedert: Blatt besteht aus einer ungeraden Anzahl von Fiederblättern (Zeichnung).

Varietät: Abgrenzbarer, vom Typ abweichender Formenkreis innerhalb einer Art; gärtnerischer Ausdruck für genetisch selbständige Formen (Beispiel: Blut-Buche = Varietät der Rot-Buche, jedoch mit dunkelpurpurnen Blättern).

Verkehrt-eiförmig: Blatt von ovalem Umriß, am schmaleren Ende angewachsen (Zeichnung).

Wechselständig: An jedem Knoten der Sproßachse sitzt nur ein Blatt (Zeichnung).

Windbestäubung: Bestäubung mit Pollen durch den Wind, siehe auch windblütig.

Windblütig: Pollenkörner sind nicht klebrig und werden vom Wind auf die Narben der Fruchtknoten übertragen.

Wintergrün: Kurzlebiges Laub, das erst zu Beginn der neuen Vegetationsperiode (im Frühjahr) abgeworfen wird.

Wirtelig: An jedem Knoten der Sproßachse sitzen mindestens drei Blätter (Zeichnung).

Zoidiogam: Tierblütig, siehe unter insektenblütig.

Zweihäusig: Eingeschlechtige, männliche und weibliche Blüten kommen nur auf getrennten und dann männlichen oder weiblichen Pflanzen vor (Beispiele: Weide, Pappel, Eibe, Sanddorn, Stechpalme).

Zweizeilig: Blätter stehen am Trieb in zwei gerade verlaufenden Längsreihen oder Zeilen (Zeichnung).

Zwittrig: Blüten enthalten männliche (Staubblätter) und weibliche (Fruchtknoten) Fortpflanzungseinrichtungen.

Baumgestalten

säulenförmig kegelförmig rundlich

Blattformen und Blattstellungen

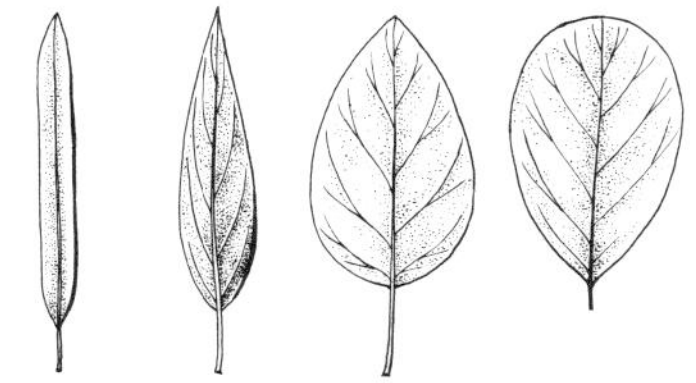

linealisch lanzettlich eiförmig verkehrt-eiförmig

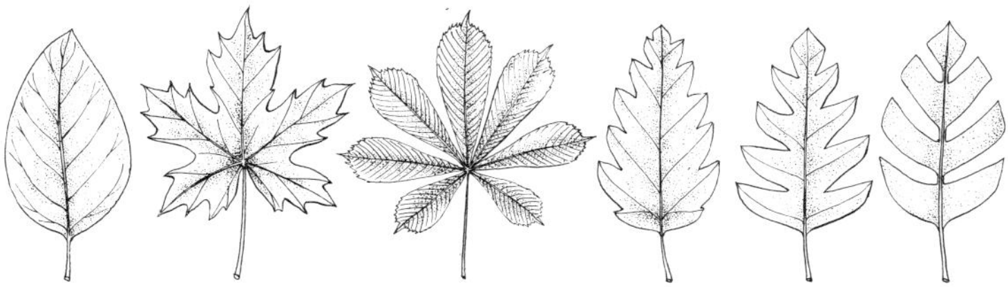

ungeteilt lappig handförmig fiederspaltig fiederteilig fiederschnittig

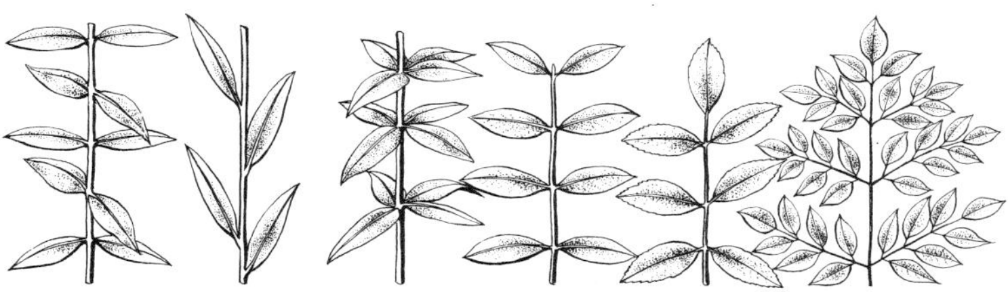

gegenständig wechselständig wirtelig paarig gefiedert unpaarig gefiedert doppelt gefiedert

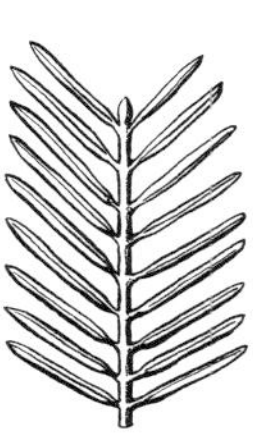

zweizeilig allseitig

Blattränder

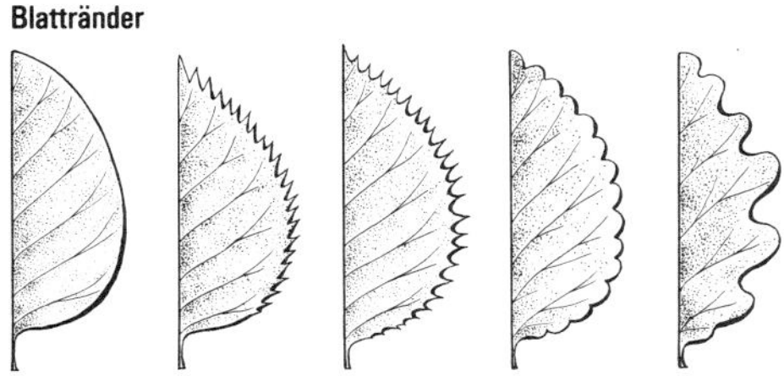

ganzrandig gesägt gezähnt gekerbt gebuchtet

Blütenstände

Traube Rispe

Früchte

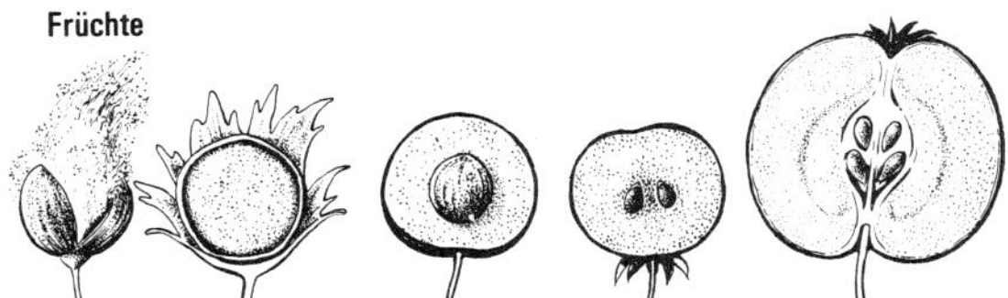

Kapsel Nußfrucht Steinfrucht Beere Apfelfrucht

Bildautoren

J. Apel: 35 u.r., 79 o.r., 95 u.l., 127 o., 131 o.r., 155 o.l., 217 o.r., 231 u., 243, 267 o., 267 u.r.; **K. Baumann**: 183 o.l.; **A. Bärtels**: 15 o.l., 15 o.r., 19 u.l., 19 u.r., 21 o.r., 21 u.l., 21 u.r., 23 o.l., 23 o.r., 23 u.l., 23 u.r., 25 o.l., 25 u.l., 25 u.r., 27 o.l., 29 o., 29 u.l., 36 o.l., 37 u.r., 39 o.l., 39 o.r., 39 M.r., 39 u.l., 41 o.l., 43 u.r., 45 o.l., 46 o.r., 47 o.l., 47 o.r., 49 o.r., 51 o.l., 51 M.l., 53 o., 55 o.l., 55 o.r., 57 o.r., 59 o.l., 59 o.r., 61 o.l., 61 o.r., 63 o.r., 65 o.l., 65 o.r., 65 u.l., 67 o.l., 67 o.r., 67 u.r., 69 o.l., 69 o.r., 71 u.l., 74 o., 74 u., 77 o.l., 77 o.r., 81 o.l., 81 o.r., 81 u., 83 u., 85 M.r., 87 o.l., 89 o.r., 89 u.l., 89 u.r., 91 o.l., 91 o.r., 99 u., 105 u.l., 109 u.r., 111 o.l., 111 o.r., 111 u.l., 111 u.r., 115 o.r., 115 u.r., 119 o.r., 121 o.r., 123 u.l., 125 o., 127 u., 129 o.l., 131 o.l., 131 u.l., 131 u.r., 141 o.l., 141 o.r., 141 u.r., 143 o.l., 145 o.l., 147 o.l., 157 u.l., 159 o., 159 u., 161 o.l., 161 o.r., 161 u.r., 163 o.l., 163 M.l., 163 u.l., 163 u.r., 165 o.l., 167 o.l., 167 o.r., 167 u.l., 169 o.l., 169 o.r., 169 u.l., 169 u.r., 171 o.l., 171 o.r., 179 o.r., 179 u.l., 183 u.r., 191 o.r., 209 u.l., 211 u.l., 215 o.r., 215 u.r., 219 o.l., 225 o.l., 225 o.r., 227 o.l., 229 u.r., 231 u.r., 235 o.l., 237 u., 241 o.l., 247, 253 o.l., 253 u.r., 263 o.r., 263 u.l., 265 o., 265 u., 269 u.l.; **Bio-Info**: Großmann 109 o.l., 109 u.l.; Hollweg 221 M.l.; **R. Cramm**: 47 u., 59 u.r., 233 u.r., 235 u.; **Prof. Dr. J. Grau**: 85 o., 85 u.l.; **H. Heppner**: 19 o.r., 33 o.r., 43 o.l., 171 u.r., 245 u., 249 o.r.; **G. van Hoorn**: 43 u.l., 99 o.l.; **G. Kalden**: 109 o.r.; **W. Layer**: 27 o.r., 73 o.r., 93 u.r., 97 o.r., 135 o., 139 o.r., 153 u.r., 155 o.r., 185 o., 225 u.r.; **G. Lopez**: 15 u., 19 o.l., 19 M.l. 29 u.r., 39 M.l., 49 u.l., 49 u.r., 51 u.r., 53 u.l., 53 u.r., 57 u., 61 u., 63 u., 65 u.r., 69 u., 71 o.r., 73 u.l., 73 u.r., 75 u.l., 83 o.l., 91 u., 103 u.r., 117 u.r., 123 M.r., 133 o., 133 M.r., 135 u.r., 137 M.l., 143 u.r., 149 o.l., 149 o.r., 149 u.l., 149 u.r., 151 o.l., u.; 155 u., 157 u.r., 161 u.l., 165 u.r., 187 u., 189 u.l., 201 o., 203 o.l., 203 o.r., 205 u., 207 u.l., 209 o.l., 209 u.r., 211 o., 213 o.l., 213 u., 217 u.l., 217 u.r., 219 u., 225 u.l., 237 o.l., 239 u.l., 239 u.r., 241 u., 249 o.l., 249 u., 251 o., 251 u., 253 u.l., 257 u.l., 257 u.r., 259 o., 259 u., 261 o., 261 u., 269 o., 269 u.r., 271 u.r., 273 o.; **Dr. J. Nittinger**: 21 o.l., 55 u., 107 o.l., 145 o.r., 181 o.r., 181 u.l., 245 o.r., 255 o.l., 255 o.r.; **Dr. Smettau**: 67 u.l., 83 o.r., 89 o.l., 110 u.l., 110 u.r., 113 u.l., 151 o.l., 165 M.l., 179 o.l., 241 o.r.; **H. Partsch**: 99 o.r., 233 u.l.; **M. Pforr**: 17 M.r., 31 o.l., 37 u.l., 45 u., 46 M.l., 59 u.l., 97 o.l., 97 u.l., 101 u.l., 103 u.l., 105 o.l., 107 o.r., 115 o.l., 119 o.l., 119 u.l., 119 u.r., 121 u.l., 125 u.l., 125 u.r., 129 u.l., 135 M.l., 135 u.l., 137 u.l., 145 u.r., 147 u.r., 153 u.l., 175 o.l., 175 u.r., 183 o.r., 187 o.r., 191 u.r., 215 o.l., 221 o.r., 221 u., 223 M., 229 o.l., 229 u.l., 253 o.r.; **R. Podloucky**: 117 o.r.; **Dr. E. Pott**: 27 u.r., 73 o.l., 87 u.l., 87 u.r., 93 o.r., 101 o.l., 101 o.r., 113 u.r., 117 M.l., 121 o.l., 123 u., 139 o.l., 191 u.l., 221 o.l., 223 u.l., 223 u.r., 273 u.r.; **W. Schacht** 77 u., 79 o.l., 79 u., 163 o.r., 167 u.r., 217 o.l., 227 o.r., 245 o.l., 267 u.l.; **F. Schmidle**: 35 o.r., 63 o.l.; **H. Schrempp**: 6, 17 o.l., 17 o.r., 31 u.r., 33 o.l., 33 u.r., 39 u.r., 41 o.r., 45 o.r., 46 u.r., 49 o.l., 51 o.r., 57 o.l., 71 o.l., 73 u.r., 73 o.l., 73 o.r., 85 u.r., 95 o., 95 u.r., 97 u.r., 101 u.r., 103 o.l., 103 o.r., 107 u.l., 107 u.r. 110 o., 117 u.l., 121 u.r., 123 o., 129 o.r., 135 M.r., 137 o., 137 u.r., 139 u.l., 139 u.r., 141 u.l., 147 o.r., 151 o.r., 153 o., 157 o.l., 165 o.r. 165 u.l., 171 u.l., 173 o., 173 u., 175 o.r., 177 o.l., 177 o.r., 177 u.l., 177 u.r., 179 u.r., 181 o.l., 181 u.r., 185 u.l., 184 u.r., 187 o.l., 189 o.l., 189 o.r., 191 o.l., 193 o.r., 193 u., 195 o.l., 195 u., 199 o., 199 u.l., 199 u.r., 201 u., 205 o., 211 u.r., 213 o.r., 215 u.l., 219 o.r., 223 o., 231 o.l., 233 o.l., 233 o.r., 237 o.r., 239 o., 255 u.l., 255 u.r., 263 o.l., 263 u.r.; **T. Schuhmacher**: 17 u.r., 27 u.l., 31 u.l., 33 u.l., 35 u.l., 41 u.l., 41 u.r., 71 u.r., 93 o.l., 93 u.l., 129 u.r., 145 u.l., 229 o.r.; **G. Steinbach**: 17 u.l., 175 u.l. 193 o.l., 197 o.l., 197 o.r., 197 u.l., 197 u.r.; **G. Synatzschke**: 25 o.r., 51 u.l., 87 o.r., 195 o.r., 207 o.r., 209 o.r., 271 o.r.; **H. Wöhler**: 203 u., 271 u.l., 273 u.l.; **K. Wothe**: 31 o.r., 37 o., 43 o.r., 115 u.l., 133 u.l., 133 u.r., 139 u.r. 207 o.l., 207 u.r., 257 o., 271 o.l.; **H. Zettl**: 105 o.r., 105 u.r., 113 o.l., 113 o.r., 117 o.l., 143 o.r., 143 u.l., 147 u.l., 183 u.l.

Allgemeiner Teil: **A. Bärtels**: 11, 13; **Dr. J. Nittinger**: 275; **H. Schrempp**: 6; **G. Steinbach**: 277, 280, 281.

Register der Arten

Steinbachs Naturführer

Weitere Bände

Säugetiere · Landvögel · Süßwasserfische
Insekten (außer Schmetterlingen) · Schmetterlinge
Strauchgehölze · Wildblumen
Pilze · Orchideen · Alpenblumen · Mineralien

Der Autor
Bruno P. Kremer, geboren 1946. Er studierte Biologie und Chemie an der Universität Bonn und promovierte 1973. Bis 1979 war er Wissenschaftlicher Assistent am Botanischen Institut, seit 1979 ist er Akademischer Rat an der Universität Köln. Er veröffentlichte zahlreiche wissenschaftliche Arbeiten, schrieb und übersetzte Bücher.

Der Zeichner
Hans Held (†), geboren 1914, studierte an der Akademie für Bildende Künste in München bei Prof. Emil Preetorius. Held konstruierte Flugkörper, produzierte Filme, zeichnete, malte, modellierte und lehrte. Er lebte in Oberbayern, wo er seinen »Rosenhof« als Naturschutzinsel gestaltete und zahlreiche Tiere hielt.

Der Herausgeber
Gunter Steinbach, geboren 1938, hat sich in zahlreichen Publikationen über die heimische Tier- und Pflanzenwelt einen Namen gemacht. Nach zwei Jahrzehnten Verlagstätigkeit lebt er heute auf seinem Einödhof im Westallgäu. Dort widmet er sich artgerechter Tierhaltung, dem biologischen Gartenbau in Höhenlagen und seinen Veröffentlichungen im Themenkreis Natur.